(a)　不透明な場合

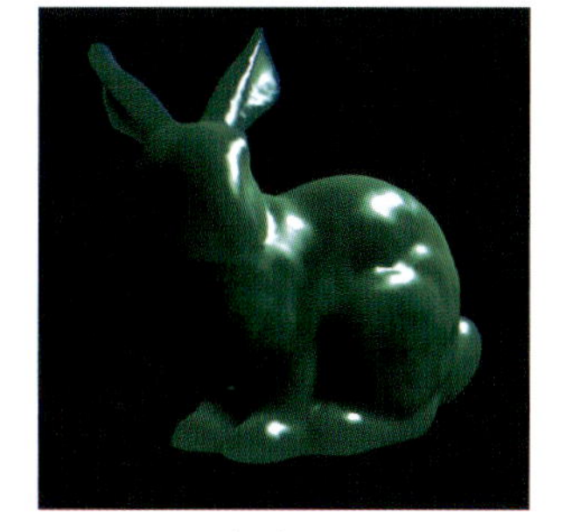

(b)　半透明な場合

(c)　曲率の擬似カラー表示

口絵 1　曲率に依存する反射関数を用いた半透明な材質のレンダリング結果（99 ページ，図 4.16）

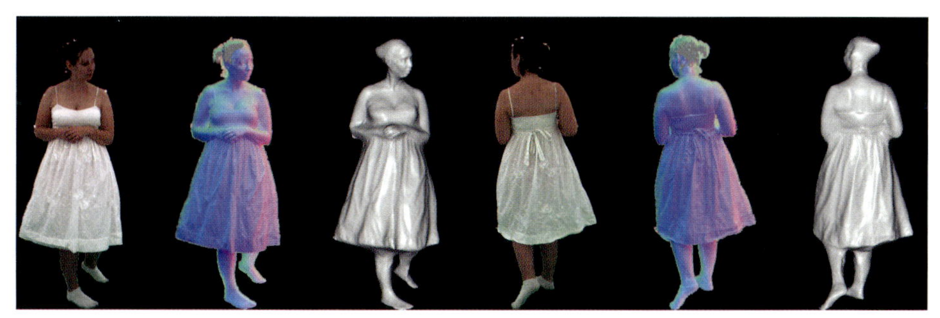

左から撮影画像，推定された法線マップ，複数視点の
法線マップを統合して得られたメッシュモデル。

口絵 2　照度差ステレオ法による人物計測の例[5)]（105 ページ，図 5.4）

口絵 3　統計的形状モデル SMPL[7)]（106 ページ，図 5.5）

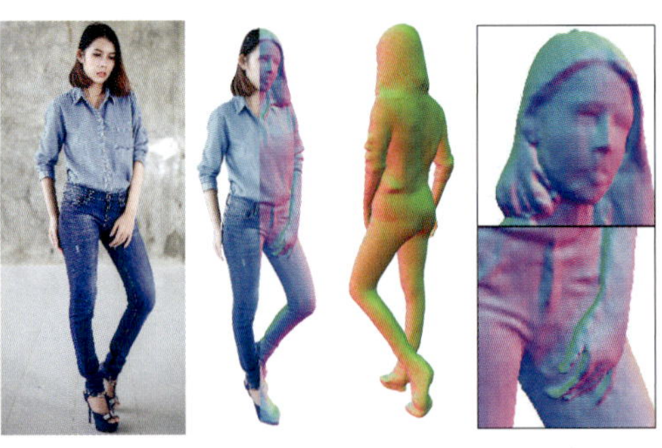

(a)　画像から表面形状を推論する手法[11]

(b)　画像から 3D モデル表面の UV 座標を推論する手法[9]

口絵 4　画像から人体 3 次元形状を直接推論する手法の例（107 ページ，図 5.6）

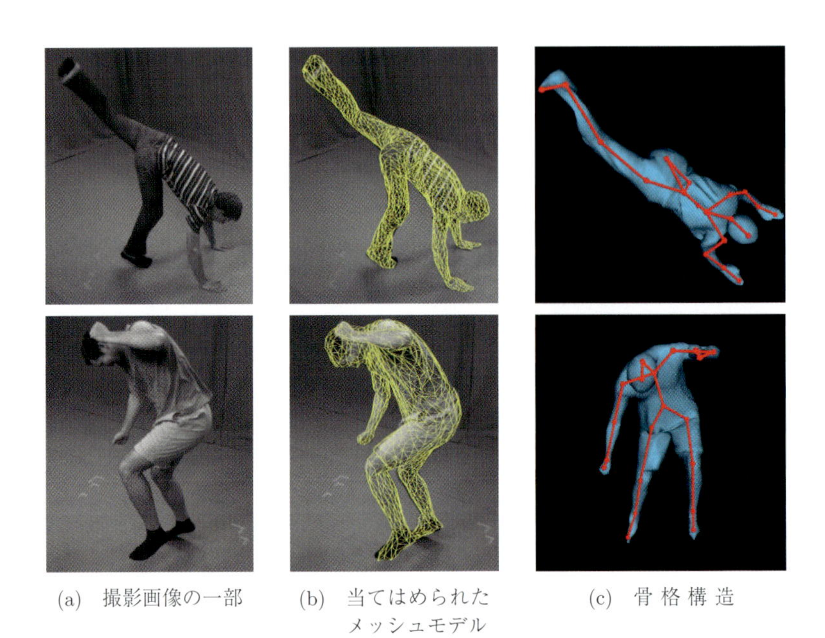

(a)　撮影画像の一部　　(b)　当てはめられた メッシュモデル　　(c)　骨 格 構 造

口絵 5　全周囲 3 次元形状計測に基づくマーカーレスモーションキャプチャ[30]（112 ページ，図 5.8）

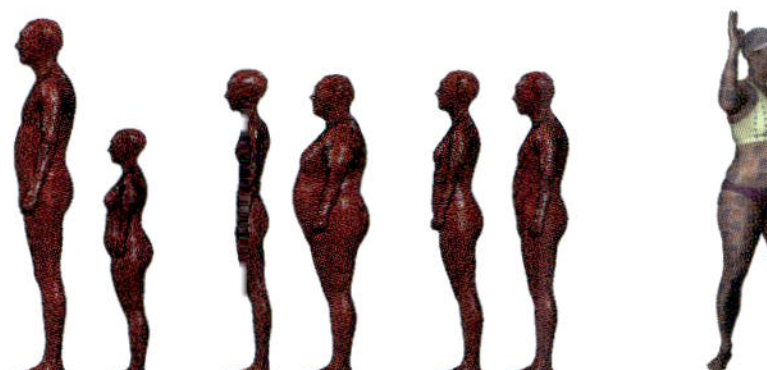

(a)　MPII Human Shape[15]

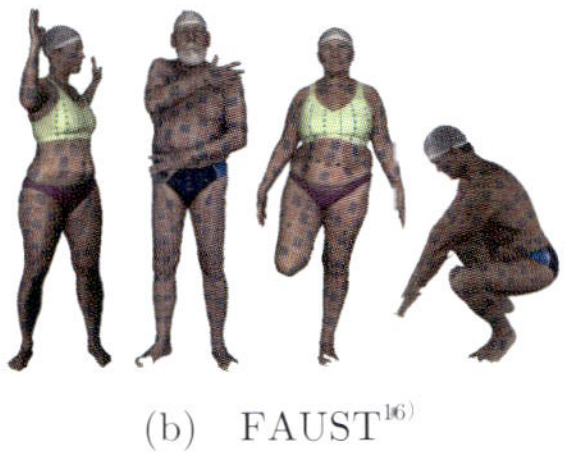

(b)　FAUST[16]

(c)　THUman2.0[17]

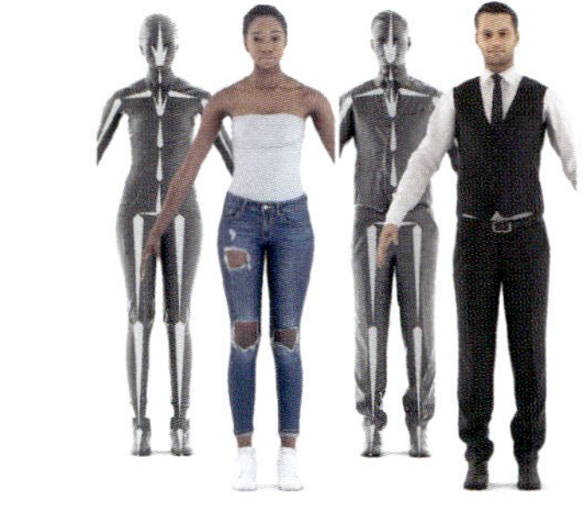

(d)　Renderpeople[18]

(e)　Dynamic FAUST[19]

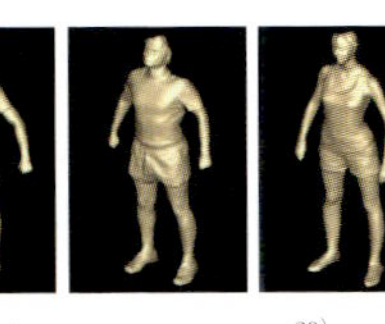

(f)　Human3.6M[20]

(g)　BUFF[21]

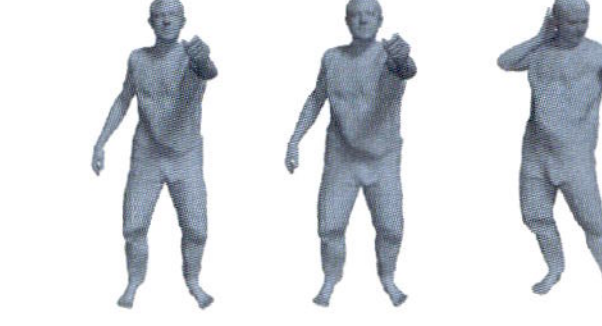

(h)　CAPE[22]

(i)　People Snapshot[23]

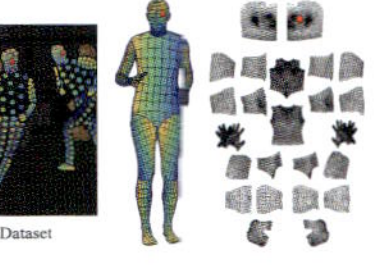

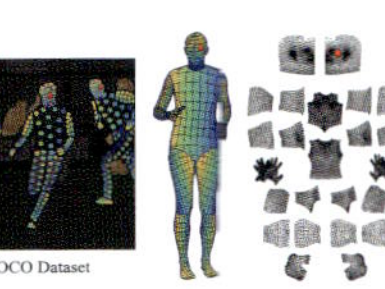

(j)　DensePose-COCO[9]

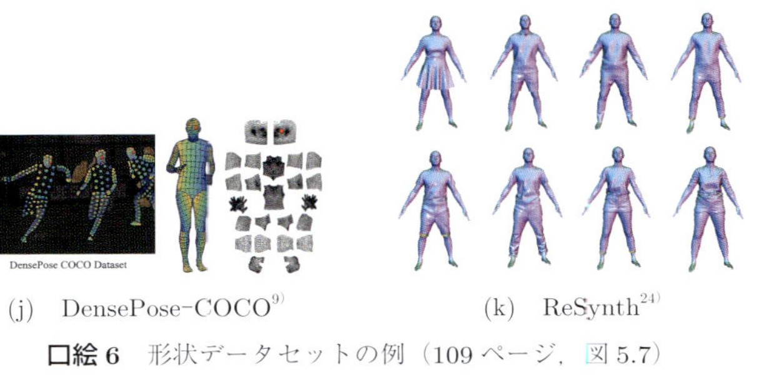

(k)　ReSynth[24]

(l)　KIST SynADL[25]

口絵 6　形状データセットの例（109 ページ，図 5.7）

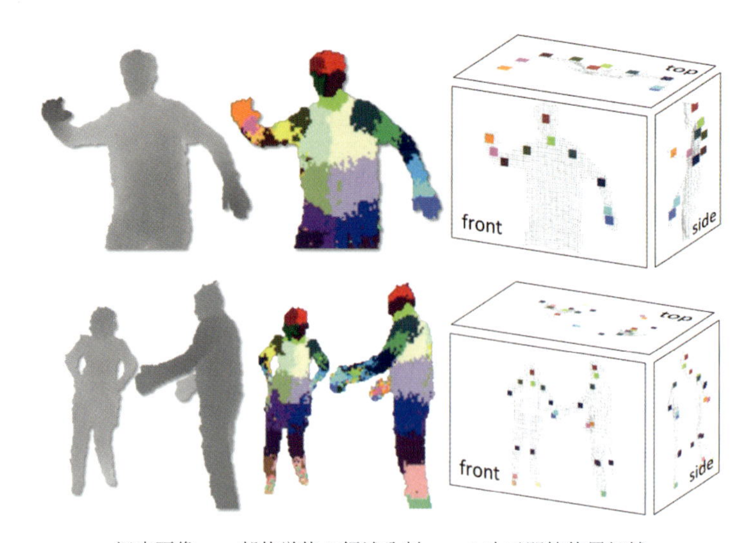

深度画像 ➡ 部位単位の領域分割 ➡ 3次元関節位置候補

口絵 7　深度画像を入力とした姿勢推定[31]（113ページ，図5.9）

(a)　入 力 画 像

(b)　関節尤度マップ

(c)　PAF

(d)　2部グラフマッチング
による接続関係の推定

(e)　最 終 結 果

口絵 8　2次元骨格姿勢を推論する手法の例[32]（115ページ，図5.10）

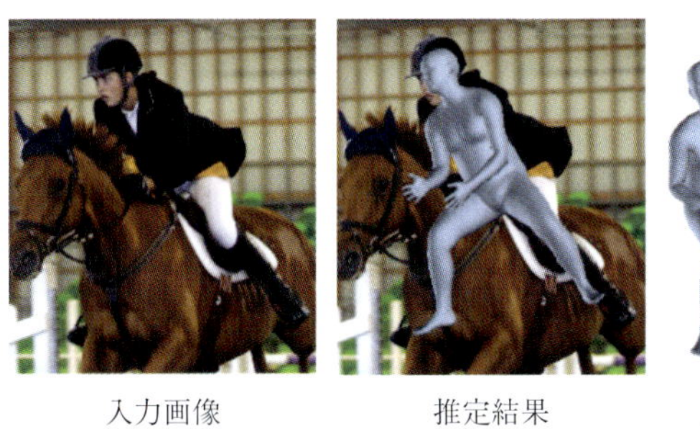

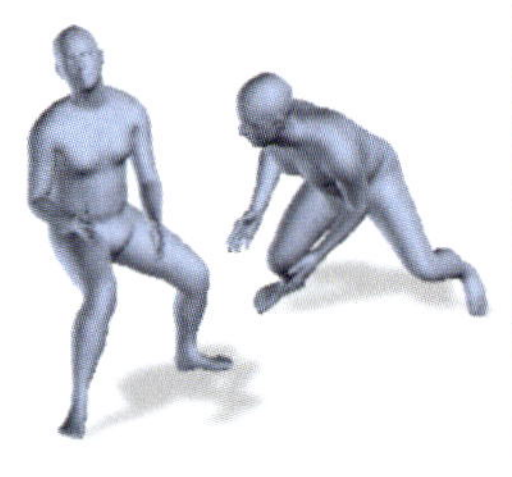

(a)　HMR[35)]

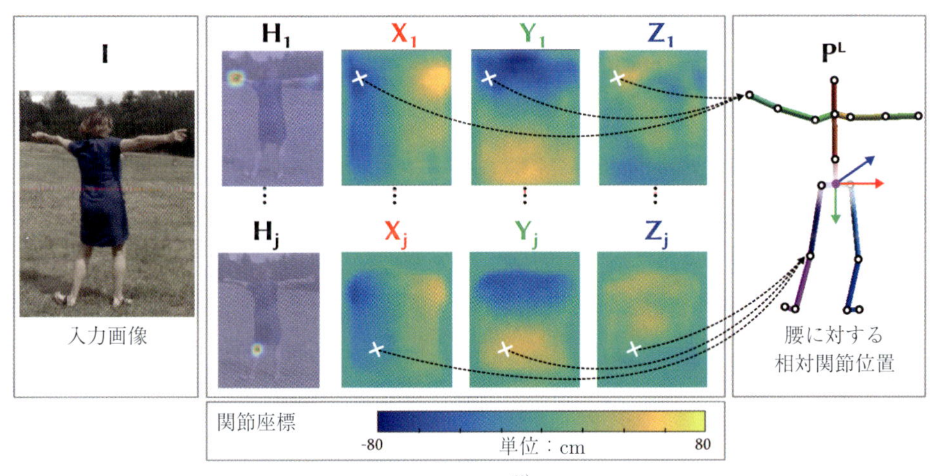

(b)　VNect[36)]

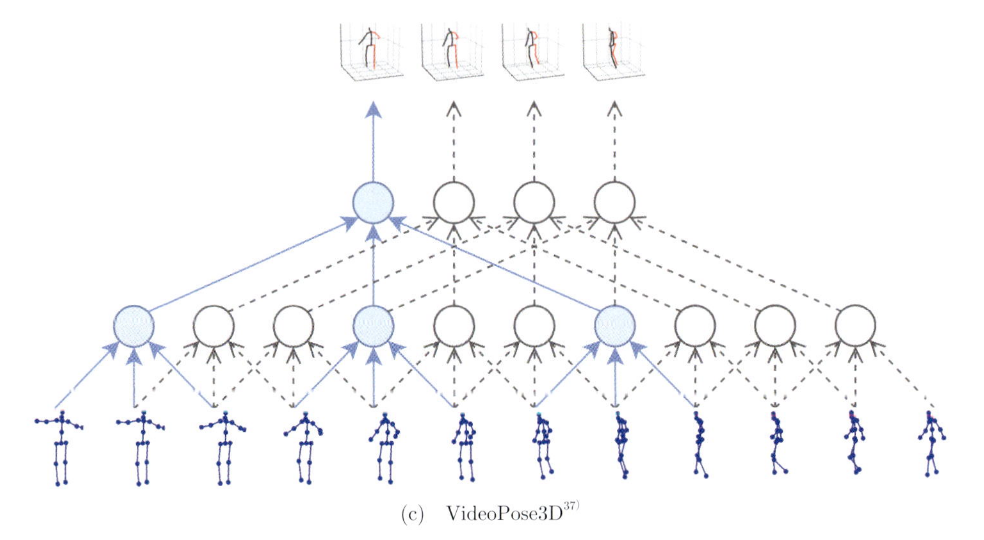

(c)　VideoPose3D[37)]

口絵 9　3 次元骨格姿勢を推論する手法の例（116 ページ，図 5.11）

(a)　MS-COCO データセット[38]

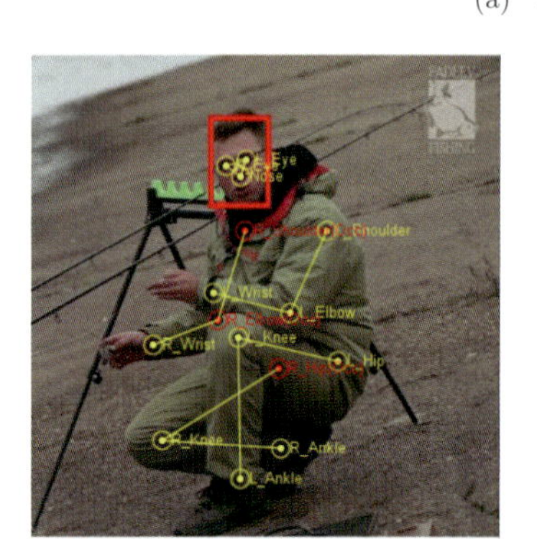

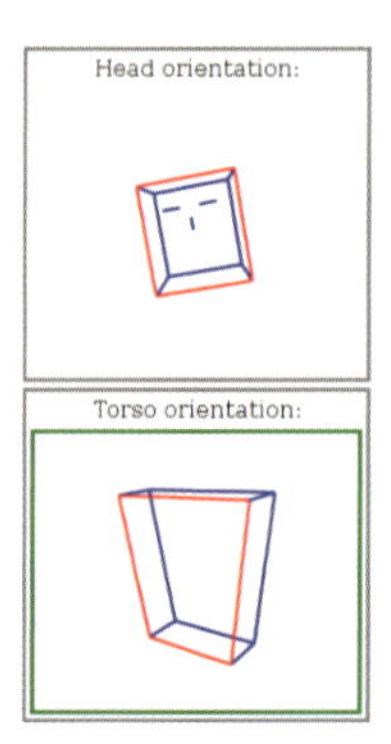

(b)　MPII データセット[39]

口絵 10　2 次元骨格姿勢データセットの例（118 ページ，図 5.12）

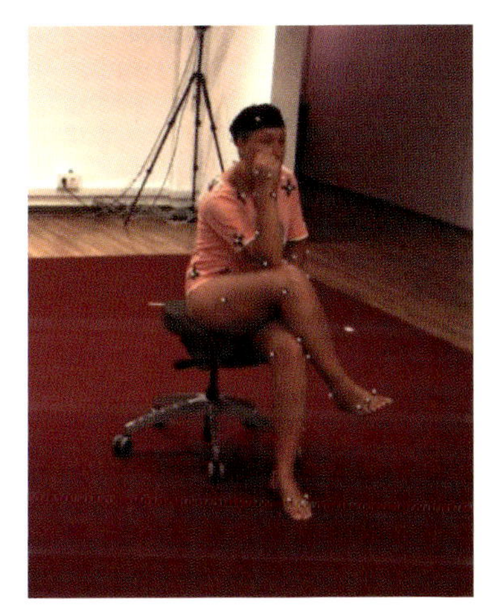

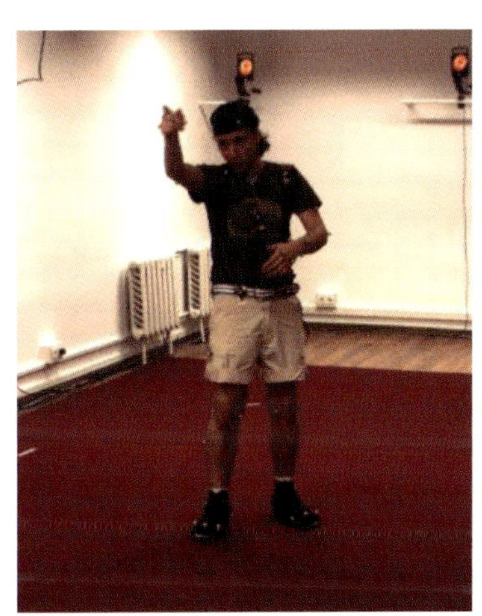

(a) Human3.6M データセット[20]

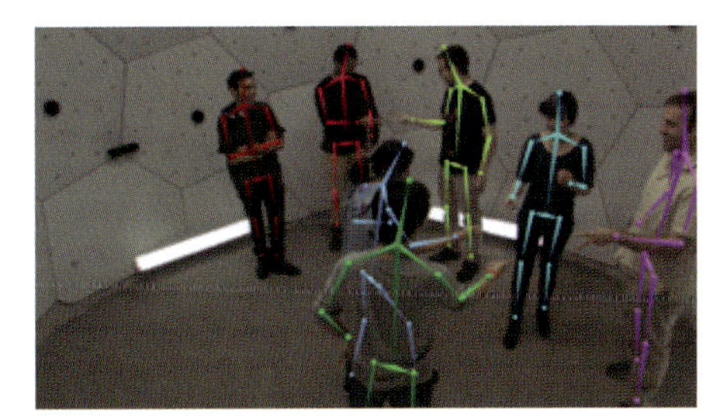

(b) Panoptic データセット[41]

口絵 11 3 次元骨格姿勢データセットの例（118 ページ，図 5.13）

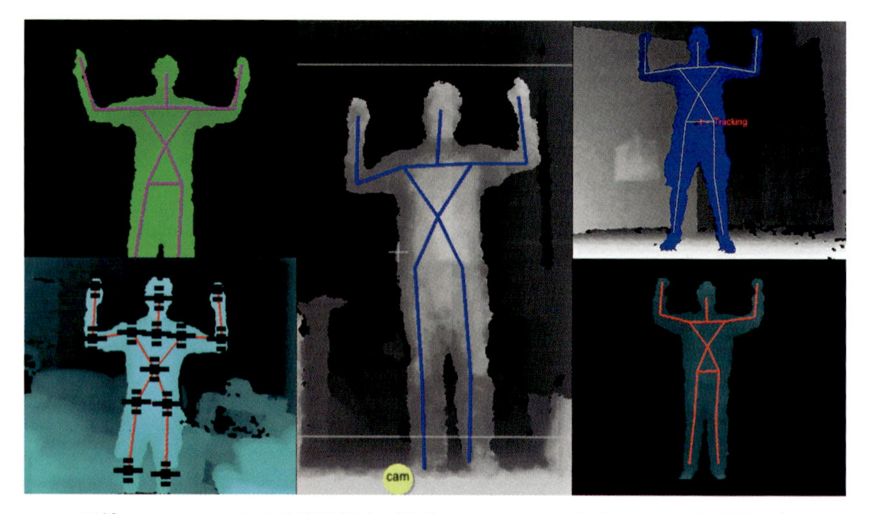

口絵 12　Kinect による姿勢推定〔出典：Golan Levin〕（126 ページ，図 6.3）

(a)　Harris コーナー

(b)　GFTT

(c)　FAST コーナー

(d)　DoG

口絵 13　特徴点検出器による検出結果〔出典：Diliff〕（128 ページ，図 6.5）

メディアテクノロジーシリーズ 7

コンピュータビジョン

― デバイス・アルゴリズムとその応用 ―

日浦慎作

【編】

香川景一郎・小池崇文・久保尋之
延原章平・玉木　徹・皆川卓也

【共著】

コロナ社

メディアテクノロジーシリーズ 編集委員会

編者・執筆者一覧

編　　者	日浦　慎作	
執 筆 者（執筆順）	香川景一郎（1, 2 章）	小池　崇文（3 章）
	久保　尋之（4 章）	延原　章平（5 章）
	玉木　　徹（6 章）	皆川　卓也（7 章）

刊行のことば

“Media Technology as an Extension of the Human Body and the Intelligence”

「メディアはメッセージである（The medium is the message）」というマクルーハン（Marshall McLuhan）の言葉は，多くの人々によって引用される大変有名な言葉である。情報科学や情報工学が発展し，メディア学が提唱されたことでメディアの重要性が認識されてきた。このような中で，マクルーハンのこの言葉は，つねに議論され，メディア学のあるべき姿を求めてきたといえる。

人間の知的コミュニケーションを助けることができるメディアは生きていくうえで欠かせない。このようなメディアは人と人との関係をより良くし，視野を広げ，新しい考え方に目を向けるきっかけを与えてくれる。

また，マクルーハンは「メディアはマッサージである（The medium is the massage）」ともいっている。マッサージは疲れた体をもみほぐし，心もリラックスさせるが，メディアは凝り固まった頭にさまざまな情報を与え，考え方を広げる可能性があるため，マッサージという言葉はメディアの特徴を表しているともいえるだろう。

さらにマクルーハンは“人間の身体を拡張するテクノロジー”としてメディアをとらえ，人間の感覚や身体的な能力を変化させ，社会との関わりについて述べている。現在，メディアは社会，生活のあらゆる場面に存在し，五感を通してさまざまな刺激を与え，多くの技術が社会生活を豊かにしている。つまり，この身体拡張に加え，人工知能技術の発展によって“知能拡張”がメディアテクノロジーの重要な役割を持つと考えられる。このために物理的な身体と情報や知識を扱う知能を融合した“人間の身体と知能を拡張するメディアテクノロジー”を提案・開発し，これらの技術を活用して社会の構造や仕組みを変革し，どのような人にとっても住みやすく，生活しやすい社会を目指すことが望まれている。

一方，大学におけるメディア学の教育は，東京工科大学が1999年にメディア学部を設置して以来，全国の大学でメディア関連の学部や学科が設置され文理芸分野を融合した多様な教育内容が提供されている。その体系化が期待されメディア学に関する教科書としてコロナ社から「メディア学大系」が発刊された。この第一巻の『改訂メディア学入門』には，メディアの基本モデルの構成として「情報の送り手，伝達対象となる情報の内容（コンテンツ），伝達媒体となる情報の形式（コンテナ），伝達形式としての情報の提示手段（コンベア），情報の受け手」と書かれている。これからわかるようにメディアの基本モデルには文理芸に関連する多様な内容が含まれている。

メディア教育が本格的に開始され20年を過ぎるいま，多くの分野でメディア学のより高度で急速な展開が見られる。文理芸の融合による総合知によって人間生活や社会を理解し，より良い社会を築くことが必要である。

そこで，このメディア分野の研究に関わる大学生，大学院生，さらには社会人の学修のため「メディアテクノロジーシリーズ」を計画した。本シリーズは“人間の身体と知能を拡張するメディアテクノロジー”を基礎として，コンテンツ，コンテナ，コンベアに関する技術を扱う。そして各分野における基本的なメディア技術，最近の研究内容の位置づけや今後の展開，この分野の研究をするために必要な手法や技術を概観できるようにまとめた。本シリーズがメディア学で扱う対象や領域を発展させ，将来の社会や生活において必要なメディアテクノロジーの活用方法を見出す手助けとなることを期待する。

本シリーズの多様で広範囲なメディア学分野をカバーするために，電子情報通信学会，情報処理学会，人工知能学会，日本ソフトウェア科学会，日本バーチャルリアリティ学会，ヒューマンインタフェース学会，日本データベース学会，映像情報メディア学会，可視化情報学会，画像電子学会，日本音響学会，芸術科学会，日本図学会，日本デジタルゲーム学会，ADADA Japanなどにおいて第一線で活躍している研究者の方々に編集委員をお願いし，各巻の執筆者選定，目次構成，執筆内容など検討を重ねてきた。

本シリーズの読者が，新たなメディア分野を開拓する技術者，クリエイター，研究者となり，新たなメディア社会の構築のために活躍されることを期待するとともにメディアテクノロジーの発展によって世界の人達との交流が進み相互理解が促進され，平和な世界へ貢献できることを願っている。

2023 年 5 月

編集委員長　近藤邦雄

編集幹事　伊藤貴之

表紙・カバーデザインについて

私たちは五感というメディアを介して世界を知覚し，自己の存在を認知することができます。メディア技術の進歩によって五感が拡張され続ける中，「人」はなにをもって「人」と呼べるのか，そんな根源的な問いに対する議論が絶えません。

本書の表紙・カバーデザインでは，二値化された五感が新しい機能や価値を再構築する様子をシンプルなストライプ柄によって表現しました。それぞれのストライプは 5 本のゆらぎを持った線によって描かれており，手描きのような印象を残しました。

しかし，この細かなゆらぎもプログラム制御によって生成されており，十分に細かく量子化された表現によって「ディジタル」と「アナログ」それぞれの存在がゆらぐ様子を表しています。乱雑に描かれたストライプをよく観察してみてください。本書を手に取った皆さんであれば，きっともう一つ面白いことに気づくでしょう。

デザインを検討するにあたって，同じコンセプトに基づき，いくつかのグラフィックパターンを生成可能なウェブアプリケーションを準備しました。下記 URL にて公開していますので，あなただけのカバーを作ってみてください。読者の数だけカバーデザインが存在するのです。世界はあなたの五感を通じて存在しているのですから。

馬場哲晃

〈**Cover Generator**〉　ぜひお試しください

https://tetsuakibaba.github.io/mtcg/

（2023 年 5 月現在）

まえがき

メディアテクノロジーについて述べる上で，コンピュータビジョン技術の発展と最新動向は欠くことができない。特に深層学習に代表されるAI技術の高度化と普及は目覚ましく，メディアの生成から消費に至るすべての領域を変革しつつある。また一方で，デプスカメラやライトフィールドディスプレイなどに見られるように，画像入出力デバイスも多様化・高機能化が進んでおり，インタラクション，アート，エンタテインメントなどさまざまなメディア体験のデザインに影響を与えている。

そこでこの書籍では，画像メディア機器とコンピュータビジョンの分野から，メディアテクノロジーにとって影響が大きいにもかかわらず，従来の教科書等では漏れがちであった領域や，体系的な記述がなされていない切り口を特に選び，各分野の第一人者により俯瞰的に解説いただくこととした。前半ではまず画像メディアデバイスのうち，画像処理・認識やメディア応用分野の教科書ではほとんど深掘りされることのなかった画像センサについて多くの紙幅を割いた。1章ではCMOSイメージセンサについて，ダイナミックレンジやノイズなどの諸特性をその根源から理解できるよう平易に解説した。つぎに2章では，光子計数型カメラやイベントカメラ，LiDARなど，従来型のカメラとは目的や特性がまったく異なるセンサについて取り上げた。3章では2次元画像を入出力する従来型のカメラ・ディスプレイを超える体験を提供し得る，ライトフィールドカメラ・ディスプレイについて概観した。

コンピュータビジョンはその応用分野として，生産工程の自動化などに主眼をおいたマシンビジョンなどの研究開発も活発に行われているが，近年では家庭用ロボットや自動車の自動走行など，一般生活環境への応用の広がりが著しい。そこで本書では特に「人による鑑賞」と「人を対象とした画像認識」に関係の深いトピックを選定した。具体的には，4 章でリアルな CG や自然なバーチャル環境の生成に重要な，反射特性のモデル化と計測について述べる。続いて 5 章では，人とのコミュニケーションや共存のために必須となる，画像による人体の計測・認識・モデル化を取り上げた。6 章ではいまやコンピュータビジョン分野の中核をなすといっても過言ではない機械学習を軸に，各技術の関係や発展の歴史・経緯，さらには近年の深層学習の急速な発展普及に至る流れについて俯瞰し，最後に 7 章ではそれらの研究成果を利用するためのソフトウェアフレームワークとビジネス事例を紹介した。

以上のように，本書はあまたある一般のコンピュータビジョン教科書のような網羅性は求めておらず，むしろ意図的に，相当に偏ったトピック構成となっていることをご理解いただきたい。本書が画像メディア機器およびコンピュータビジョン技術の最新動向をメディアテクノロジーの研究・開発に活かす上で，新たな手掛かりを得る助けとなれば幸いである。

2024 年 8 月

編者　日浦慎作

1　本書の書籍詳細ページ（https://www.coronasha.co.jp/np/isbn/9784339013771/）にカラー図面などの補足情報があります。

2　本書で使用している会社名，製品名は一般に各社の登録商標です。本書では ® や TM は省略しています。

3　本書で紹介している URL で参照日のないものは 2024 年 5 月現在のものです。

目　　　次

第 1 章
CMOS イメージセンサの機能と特性

第 2 章
特化した機能・性能を持つイメージセンサ

第 3 章
ライトフィールド カメラ・ディスプレイ

第 4 章
反射・光伝搬のモデル化と計測

第 5 章
人物の計測・認識・モデル化

第6章 現代のCV基盤技術

第7章 CVをとりまく環境

第 **1** 章

CMOSイメージセンサの機能と特性

本章では，コンピュータビジョン研究者の CMOS イメージセンサに対する疑問や不満の根源を解明するために，集積回路であるイメージセンサの常識と非常識を解説する。集積回路は製造費用と歩留まりの制約から，限られた面積の中に回路を詰め込む。したがって，CMOS イメージセンサでは回路の共有による省面積化が当然のように行われる。そのため，画素の機能とイメージセンサのアーキテクチャが一緒くたに説明されることが多い。本章では，できるだけ機能とアーキテクチャを分離して説明する。

まず，広い意味の「画素」を定義し，イメージセンサが捉える画素値をノイズを含めて定式化する。それを用いて，ダイナミックレンジなどイメージセンサの重要な特性値を解説する。つぎに，CMOS イメージセンサがアナログ・デジタル混載集積回路として実装されることにより生じる制約を明らかにし，その制約が CMOS イメージセンサの構造（アーキテクチャ）を決めることを説明する。その後，CMOS イメージセンサでよく用いられる受光回路，選択回路，アナログ・デジタル変換回路を紹介する。

なお，アナログ集積回路技術の詳細については，文献 1)〜6)，CCD/CMOS イメージセンサの詳細については，文献 7)〜14)，半導体デバイスについては文献 15) などを参照されたい。

1.1 CMOS イメージセンサの正体

CMOS イメージセンサ（**相補型金属酸化膜半導体イメージセンサ**，complementary metal-oxide-semiconductor image sensor）は，実世界の画像情報をデジタル情報に変換する，コンピュータビジョンの入口とも言えるデバイスである。現在では，スマートフォンやノート PC の内蔵カメラ，アクションカム，監視カメラなどさまざまなカメラに使われている。かつてはイメージセンサと言えば**CCD**（**電荷結合素子**，charge coupled device）であった。しかし，多画素化，高フレームレート化，処理機能の内蔵，低消費電力化などの要求に応えることができず，わずかな応用を除いて CMOS イメージセンサに置き換えられた。

CMOS イメージセンサが注目され始めた頃，CCD イメージセンサよりも自由な画素読出しができて，さまざまな処理回路が内蔵できること（いわゆる **SoC**: system on chip）が利点とされた。しかし，市販の CMOS イメージセンサを見ると，シャッターを押した瞬間，または一定時間間隔で連続的に，画像を出力するという機能はどれも大差ない。また，画像処理から認識まで，イメージセンサの中で自由にプログラムして実行できれば便利そうに思われるが，そういう製品は多くない。応用に特化したさまざまな機能を持つ CMOS イメージセンサも研究されてきたが，容易に入手できるものはなかなかない。あっても，光感度が低くノイズが大きいなど，基本性能が弱いことが多い。

CMOS イメージセンサは，シリコン基板に 2 次元的に配置した多数の画素から構成される。画素は受光素子と電子回路により，受光素子が置かれた平面内の座標 (x, y) を中心とする画素領域において，時刻 t から露光時間 T の間に入射する「光子数」を計測し，それをデジタル値に変換して画素値として出力する。イメージセンサ全体としては，デジタル画素値の 2 次元配列が出力される。

CMOS イメージセンサは，一般的なシリコン集積回路製造プロセスに埋込みフォトダイオードなどのイメージセンサ特有の製造技術を追加した専用プロセスで作られる。受光素子とそのごく周辺を除き，一般的なアナログ・デジタル混載（アナデジ混載，mixed signal）集積回路として実装されるため，アイデア次第でさまざまな機能を集積できる。

しかし，多くの電子回路を詰め込むと，画素面積が大きくなって空間分解能が低下する。さらに，画素面積における受光素子面積の割合が減り，光感度が低下する。また，後述するように，回路そのものが発生する 3 種類の「ランダムノイズ」と，画素ごと・素子ごとの特性ばらつきによる「固定パターンノイズ」に配慮しなければならない。つまり，ソフトウェアとしての信号処理アルゴリズムをそのまま集積回路化しても，ノイズが大きく光感度の低い，実用性に問題があるイメージセンサができあがる。

また，受光素子と電子回路をシリコン基板内にびっしりと詰め込むために，アナログ・デジタル混載集積回路設計の定石から外れた設計を強いられる。さらに，試作には量産を前提としたビジネスプランが要求されたり，原理的には製造可能でも，標準から外れる構造の製造やプロセスのチューニングができないといった制限も生じ得る。

1.1.1　CMOS イメージセンサの画素の基本機能

本章では，まずイメージセンサの具体的なアーキテクチャや回路実装を無視して，広い意味の「画素」を考える。つまり，CMOS イメージセンサを単なる「画素の 2 次元配列」と考え，「個々の画素がどのような機能と信号の流れを持つか」だけに注目する。

現在の CMOS イメージセンサの多くは，**図 1.1**（a）に示すように，画素内にフォトダイオードとわずかな回路だけを持ち（これを狭い意味の「画素」とする），信号処理回路を列回路として並列に備えている。そして，画素値は行と列を走査しながら読む。しかし，そのようなことはいったんすべて忘れる。本章の後半で，CMOS イメージセンサのアーキテクチャを決める要因を解説したあと，実際の姿に再び戻ってくることにする。このような手順を踏むことで，CMOS イメージセンサがなぜ現在の姿になったのか，その理由が理解できる。

図（b）に CMOS イメージセンサの広い意味の「画素」の基本機能と信号の流れを示す。図中の電圧信号 v_{FD}, v_{SF}, v_{CDS} は絶対値ではなく，基準電圧（普通はリセット電圧）からの変化を表す。なお，狭い意味の「画素」は破線で囲まれた部分に対応する。

まず，時刻 t〔s〕から露光時間 T〔s〕の間に画素領域に入射した光子数 n_{ph} を考える。これを**埋込みフォトダイオード**（pinned photodiode, **PPD**）により電子数 n_{e} に変換し，埋込みフォトダイオード内に蓄積する。このため，露光

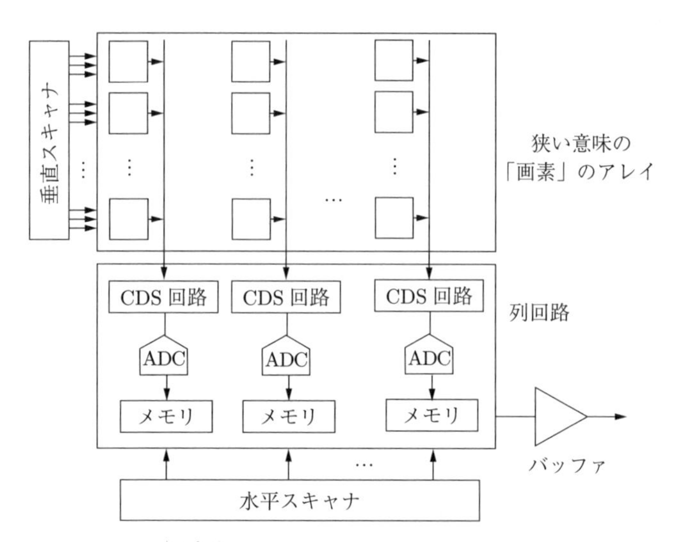

(a)　通常描かれる CMOS イメージセンサの構造

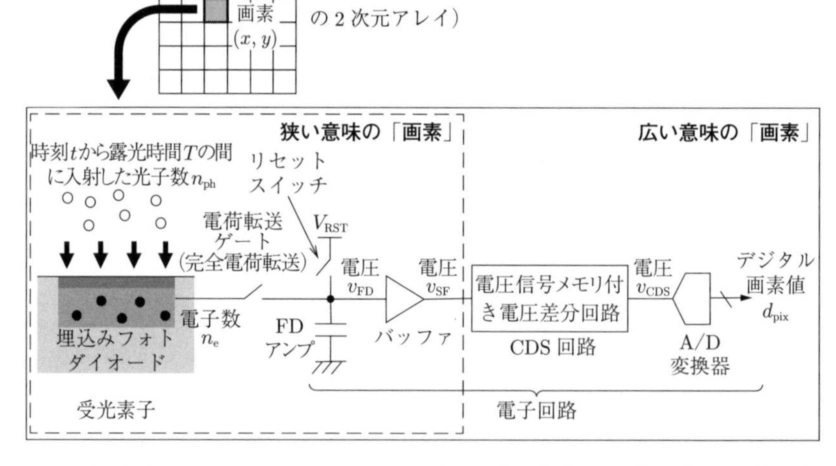

(b)　本章で定義する CMOS イメージセンサの広い意味の「画素」の基本機能と信号の流れ

図 1.1　CMOS イメージセンサの構成

時間＝蓄積時間となる。なお，この電子は**光電子**とも呼ばれる。埋込みフォトダイオードは，光電変換と信号蓄積の二つの機能を併せ持つことが重要である。

ただし，画素領域に入射したすべての光子が，信号として有効な電子になるわけではないので

$$n_{\mathrm{e}} = \eta \cdot n_{\mathrm{ph}} \qquad (\eta \leqq 1) \tag{1.1}$$

の関係がある。η は**量子効率**（quantum efficiency, **QE**）と呼ばれ，画素構造によって決まる。また，光の波長と撮像レンズの F 値によって変化する。

露光時間 T〔s〕が終わると，信号読出しの準備として，**浮遊拡散層**（floating diffusion, **FD**）**アンプ**と呼ばれる容量 C_{FD}〔C〕を用いたアンプをクリアする。すなわち，リセットスイッチをオンにして，FD アンプの電圧をリセット電圧 V_{RST} に設定する。その後，電荷転送ゲートをオンにして，埋込みフォトダイオードに蓄積した電子 n_{e} 個のすべてを FD アンプに転送する。この操作は**完全電荷転送**と呼ばれ，普通の pn 接合フォトダイオードでは実現できない[16),†]。

FD アンプは

$$v_{\mathrm{FD}} = -n_{\mathrm{e}} \cdot \frac{q}{C_{\mathrm{FD}}} \tag{1.2}$$

の容量の式に従って，電子数 n_{e} をアナログ電圧信号 v_{FD}〔V〕に変換する。ここで，q〔C〕は素電荷（$\simeq 1.6 \times 10^{-19}$C）を表す。負号は電子が負の電荷を持つためである。FD アンプの 1 電子当たりの電圧への変換ゲインは，単に**変換ゲイン**〔V/e$^-$〕と呼ばれる。「e$^-$」は電子の個数を意味する便宜上の単位である。つぎに，電圧ゲインが 1 以下のバッファを介して，この電圧を v_{SF}〔V〕として読み出す。

なお，v_{FD} には**リセットノイズ**（リセットごとにわずかに電圧がランダムに変わる），バッファ出力 v_{SF} には出力電圧オフセットのばらつきといったノイズが重畳している。そこで，**相関二重サンプリング**（correlated double sampling, **CDS**）回路により，これらのノイズを除去する。CDS 回路は，リセット後のバッファ出力電圧 $v_{\mathrm{SF,RST}}$ を回路内に記憶し，それを電荷転送後の出力

† 肩付きの番号は巻末の引用・参考文献を示す。

電圧 $v_{SF,SIG}$ から引いた電圧を v_{CDS}〔V〕として出力する。ここではCDS回路の電圧ゲインは1と考えるが，1より大きいゲインを選べる**可変ゲインアンプ**（programmable gain amplifier, **PGA**）を用いる場合もある。

最後に，CDS回路の出力電圧を**アナログ・デジタル**（analog to digital, A/D）**変換器**によりデジタル信号 d_{pix}〔LSB〕に変換する。LSBはデジタル値の便宜上の単位で，least significant bitを意味する。**DN**（digital number）とも書かれる。

1.1.2 CMOSイメージセンサの画素特性の定式化

CMOSイメージセンサの特性には，以下の3点が深く関わっている（**図1.2**）。

① 光子および電子の「粒子性」

② 集積回路の構成素子の「特性ばらつき」

③ 集積回路の主要素子である**金属酸化膜半導体電界効果トランジスタ**（metal-oxide-semiconductor field effect transistor, **MOSFET**）自身が発生する3種類のランダムノイズ

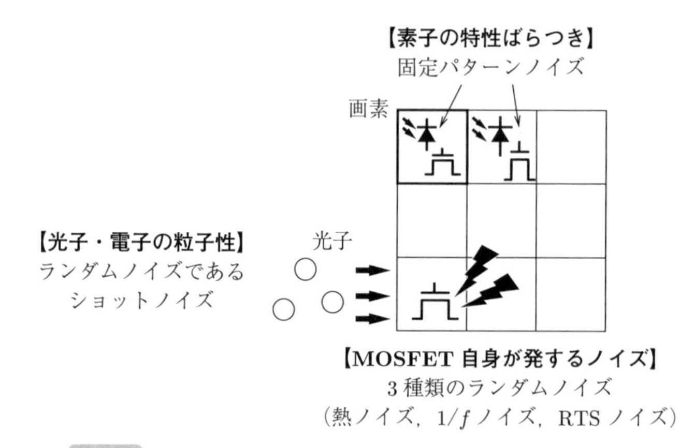

図1.2　CMOSイメージセンサの画素特性を理解するための三つのノイズ源

まず，CMOSイメージセンサの入力は連続量である光強度ではなく，量子化された光子数 n_{ph} であることに注意しなければならない。これはCCDイメージセンサも同様である。画素値は，時刻 t〔s〕から露光時間 T〔s〕の間に画素

領域に入射した光子数に比例するため，本来は飛び飛びの値である。通常，光強度〔W〕は連続量と考えられるが，それは光子数が多い場合にそうみなしているだけである。イメージセンサの画素レベルでは光強度は非常に弱く，光は量子と考えなければならない。

一般的な CMOS イメージセンサでは，シリコンが 1 個の光子を吸収して 1 対の電子とホールを生み，そのうち信号として検出される有効な電子の個数が，画素値の原信号 n_{e} となる。したがって，画素の電子回路から見た入力は電子数（0 以上の整数）であり，やはり量子化されている。しかし，電子数を電圧信号としてアナログ回路で増幅していく過程で，回路を構成する MOSFET 自身が発するノイズが重畳されて，電圧信号としては連続量のように見える。

市販されているほとんどの CMOS イメージセンサは A/D 変換器を内蔵している。そのため，電圧信号は再び量子化されてデジタル値となり，画素値として出力される。しかし，これは入力信号である光子やそれが変換された光電子が，本質的に個数であることとは，当然異なるものである。

〔1〕 **画素値の定式化**　　光子数 n_{ph} の代わりに，画素で検出される電子数 n_{e}（= FD アンプで検出される電子数）を画素の電子回路の入力と考えると，画素の出力信号 d_{pix}（= 画素値）は次式で表される。ただし，電子回路の非線型性は無視する。また，小文字は時間変動する確率変数，大文字は静的だが画素ごとにばらつきを持つ確率変数を表す。

$$\text{画素の電子回路の入力信号}\qquad n_{\mathrm{pix}}\,[\mathrm{e}^-] = n_{\mathrm{e}} + n_{\mathrm{d}} + n_{\mathrm{c}} + \Delta_{\mathrm{c}} \qquad (1.3)$$

$$\text{画素の電子回路の出力信号}\qquad d_{\mathrm{pix}}\,[\mathrm{LSB}] = A \cdot n_{\mathrm{pix}} + n_{\mathrm{A/D}} \qquad (1.4)$$

文字の定義を**表 1.1** に示す。

画素の電子回路の入力信号 n_{pix} は四つの項からなる。第 1 項 n_{e} の平均値 N_{e0} が目的の信号であり，それ以外はノイズである。つまり，第 1 項自身もノイズを含む。第 2 項 n_{d} はシリコンの結晶欠陥などによる暗電流である。第 3, 4 項 n_{c}, Δ_{c} は電子回路によるもので，もともとの単位は〔V〕だが，電子回路の変換ゲインで割って FD アンプにおける電子数に換算した量である。これは**入力**

表 1.1　画素の出力信号式の文字の定義

n_e〔e$^-$〕	信号電子数	平均 $N_{\mathrm{e}0}$〔e$^-$〕のポアソン分布に従い，時間的に変動する確率変数。$N_{\mathrm{e}0}$ が信号電子数の真値であることに注意。
n_d〔e$^-$〕	暗電流電子数	平均 $N_{\mathrm{d}0}$〔e$^-$〕のポアソン分布に従い，時間的に変動する確率変数。$N_{\mathrm{d}0}$ は温度に依存し，画素ごとにばらつきを持つ静的な確率変数。
n_c〔e$^-$〕	回路ランダムノイズ	平均 0〔e$^-$〕，標準偏差 σ_c〔e$^-$〕のガウス分布に従い，時間的に変動する確率変数。
Δ_c〔e$^-$〕	回路オフセット	画素ごとにばらつきを持つ静的な確率変数。
A〔LSB/e$^-$〕	回路の変換ゲイン	画素ごとにばらつきを持つ静的な確率変数。
$n_{\mathrm{A/D}}$〔LSB〕	量子化ノイズ	平均 0 LSB で，±1/2 LSB の範囲における一様分布に従い，時間的に変動する確率変数。

換算ノイズと呼ばれる。A/D 変換器の量子化ノイズは，ほかのノイズとは特性が異なるため，出力信号におけるノイズ（単位は〔LSB〕）として別に扱う。

〔**2**〕 **ランダムノイズと固定パターンノイズ**　　ノイズには時間的に変動する**ランダムノイズ**（以降，単に「ランダムノイズ」）と，静的な**固定ノイズ**（以降，「固定ノイズ」）がある。固定ノイズの量は画素ごとに異なり，イメージセンサの画素アレイにおいて空間的にランダムに分布するため，画像に**固定パターンノイズ**（fixed pattern noise, **FPN**）を生じる。

〔**3**〕 **ショットノイズ**　　まず，信号電子数 n_e と暗電流電子数 n_d は時間的に揺らぐ**ショットノイズ**を持つ。そのため，仮に回路ランダムノイズ n_c が 0 になったとしても，信号 n_{pix} の時間的な揺らぎはなくならない。また，ショットノイズはポアソン分布に従うため，負にはならない。したがって信号電子数 n_e と暗電流電子数 n_d は必ず 0 以上の整数となる。ただし，平均値 $N_{\mathrm{e}0}$, $N_{\mathrm{d}0}$ は実数となり得る。

〔**4**〕 **回路ランダムノイズ**　　それに対して，**回路ランダムノイズ** n_c は平均 0 e$^-$ のガウス分布に従うため，信号電子数 n_e と暗電流電子数 n_d がほぼ 0 の場合，画素回路の入力信号 n_{pix} は負になり得る。ただし，市販の多くの CMOS イメージセンサでは，負の画素値は 0 LSB にクリップされる。

〔**5**〕 **回路オフセットと固定パターンノイズ**　回路オフセット Δ_c は，MOSFET の閾値電圧ばらつきなどが原因である。これは，**固定パターンノイズ**を生じる。また，入射光がない暗状態において，dark signal non-uniformity（**DSNU**）と呼ばれる画素値の不均一性となる。

〔**6**〕 **回路の変換ゲインと PRNU**　最終的な画素値 $d_{\rm pix}$ は，画素回路の入力信号 $n_{\rm pix}$ に電子回路全体の変換ゲインを掛け，A/D 変換器の量子化ノイズを加えたものになる。回路の変換ゲイン A は，FD アンプの変換ゲイン，バッファと CDS 回路のそれぞれの電圧ゲイン，A/D 変換器の変換ゲインのすべてを掛け合わせた総合的なゲインで，通常は静的とみなせる。しかし A が画素によってばらつきを持つと，photo-response non-uniformity（**PRNU**）と呼ばれる感度の不均一性（固定パターンノイズの一種）を生じる。PRNU は量子効率 η，FD アンプ容量 $C_{\rm FD}$ などの画素ばらつきによって生じる。

〔**7**〕 **画素値の分布と回路ランダムノイズの影響**　**図 1.3** に画素値 $n_{\rm pix}$ の分布を示す。ここで，信号電子数 $n_{\rm e}$ 以外の項は十分小さく無視できるとすると，信号電子数は本来離散的なので，図（a）の白丸で示すように，画素値は飛び

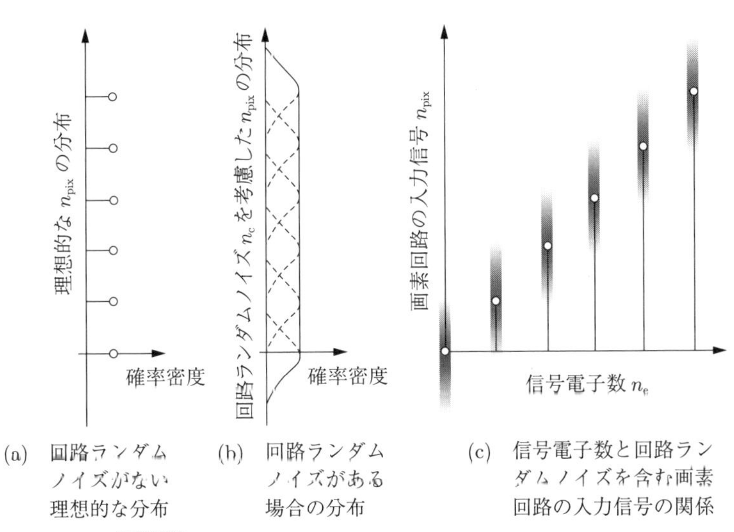

図 1.3　回路ランダムノイズの有無による画素値の分布

飛びになる。この場合，信号電子数を数えることができる[17) の 3.4.2 項]。これは**電子計数**，もしくはその元となる光子に遡って**光子計数**と呼ばれる。しかし，通常の CMOS イメージセンサでは回路ランダムノイズ n_c が無視できないため，図 (b) に示すように，画素値の分布が広がって重なり合い，連続的な分布になる。そのため，信号電子数を正確に数えることはできない。信号電子数とノイズを含む画素値の関係を示すと，図 (c) のようになる。横軸は電子数なので離散的であるが，縦軸は回路ランダムノイズにより，画素値が広がりを持つことを表している。

1.1.3 画素に関する重要な事項

〔1〕 フォトダイオードの蓄積モードと空乏層容量による信号検出　光通信などでは，光電流 I を抵抗 R に流して，オーム則 $v = R \cdot I$ により抵抗に発生する電位差を読み出す方式が用いられる（図 **1.4** (a)）。しかし，イメージセンサのようにごくわずかな光電流しか流れない場合には，とてつもなく大きい R を用いなければならない。例えば，10 fA の光電流を 100 mV の信号に変換するには，10 TΩ の抵抗が必要になる。これは，蓄積時間 T に関係しないことに注意が必要である。集積回路で大きい R を小面積で作ることは難しいため，この方法は非現実的である。

それに対し，pn 接合フォトダイオードの空乏層容量に光電子を蓄積し，容量の式 $Q = C \cdot v$ から電圧変化 v を検出する方法がある（図 (b)）。光電流 I の蓄積時間を T とすると，$v = IT/C$ となる。$T = 30\,\mathrm{ms}$ とすると，上記の信号変換は $C = 3\,\mathrm{fF}$ のときに実現される。集積回路により fF オーダの微小容量を作ることは容易であるため，この方法はイメージセンサで広く使われている。

このように電流ではなく，電荷を蓄積して検出するフォトダイオードの動作を，**蓄積モード**[18)]と呼ぶ。ただし，つぎで述べるように，埋込みフォトダイオードの場合には蓄積だけを行い，検出は FD アンプが行う。

なお，図 (c) に示すように，チャージアンプを用いて，小さい容量に電荷を積分して検出することもできる。しかし，回路を用いると消費電力とノイズが

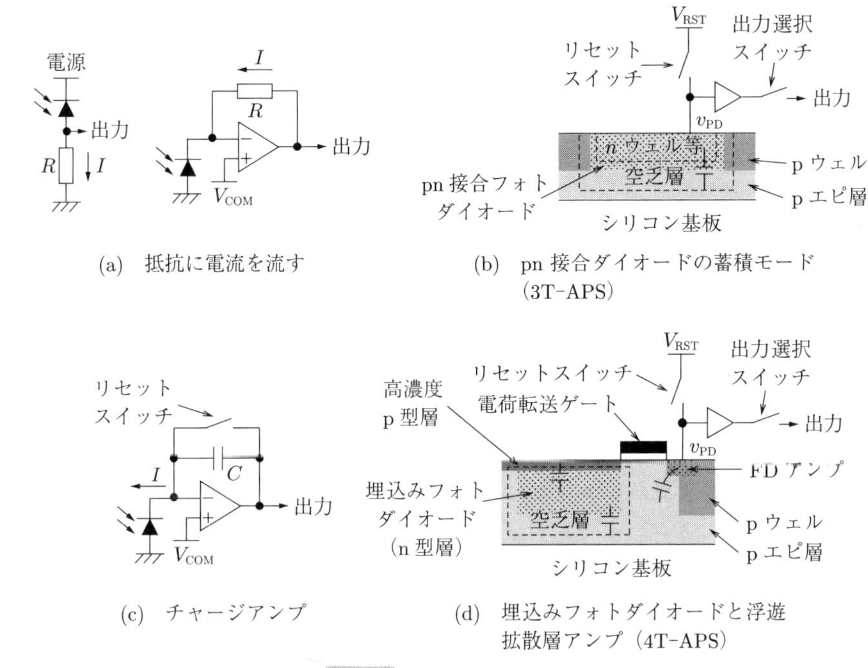

(a)　抵抗に電流を流す

(b)　pn 接合ダイオードの蓄積モード（3T-APS）

(c)　チャージアンプ

(d)　埋込みフォトダイオードと浮遊拡散層アンプ（4T-APS）

図 1.4　電子数の検出方法

発生する。イメージセンサにおいて全画素が同時に積分を行うと，全体としては画素数分だけ消費電力が生じる。フォトダイオードを蓄積モードで使うことは，受動素子である容量により，消費電力を生じることなく，わずかな電子数から大きい信号電圧変化を生むことができる点で優れている。

〔2〕　**埋込みフォトダイオード**　　シリコン表面は結晶欠陥が多いため，空乏層が結晶欠陥に触れると，大きな暗電流が流れて画質を著しく劣化させる。そこで，n 型層のごく表層に高濃度の p 型層を作り，結晶欠陥をホールで埋めると，暗電流が大きく減少する（図（d））。この構造は n 型層がシリコン内部に埋め込まれているので，**埋込みフォトダイオード**[19),20)] と呼ばれる。これはもともと CCD イメージセンサで発明された技術であり，暗電流と残像を劇的に低減する。また，高濃度 p 型層は，フォトダイオードの n 型層との間に大きい空乏層容量を作るため，蓄積できる電子数が増える効果もある。

この構造を用いると，n 型層全体を完全に空乏化して（伝導）電子がない状態にできる。これを**完全空乏化**と呼ぶ。このときの n 型層と p 型層の電位差は**空乏化電位**と呼ばれる。通常，高濃度 p 型層の電位は 0 V に固定されているため，完全空乏化時の n 型層の電位は空乏化電位に固定される。これを**電位のピン留め**と呼ぶ。

現在の CMOS イメージセンサは，埋込みフォトダイオードに FD アンプを組み合わせて用いる（図（d））。FD アンプの電位が埋込みフォトダイオードの空乏化電位よりも十分高ければ，電荷転送ゲートをオンにすると，埋込みフォトダイオード内の電子はすべて FD アンプに転送される。これは**完全電荷転送**と呼ばれる。

ただし，電荷転送時に n 型層と FD アンプの間に電位の障壁やくぼみがあると，電子の一部が埋込みフォトダイオード内に残留する。これは**転送不良**と呼ばれ，残像の原因になる。また，電荷転送ゲートをオフにするときに，FD アンプ内の電子の一部が埋込みフォトダイオードに戻る場合があり，これも残像になる。残像は確率的な量になるため，新たなランダムノイズを生じる。そのため，残像のない受光素子を開発することが不可欠である。

ところで，埋込みフォトダイオードは表面に現れないため電極がない。そのため，n 型層の電圧を直接計測することはできず，信号を読み出すときには，必ず FD アンプへの完全電荷転送が必要になる。

埋込みフォトダイオードと FD アンプの組合せは，蓄積可能な最大電子数と変換ゲインのトレードオフを解消できる。普通の pn 接合フォトダイオードでは，光感度を上げるために面積を増やすと，それにほぼ比例して空乏層容量が増加するため，変換ゲインは低下する。それに対し，埋込みフォトダイオードを用いると，フォトダイオードと FD アンプの空乏層容量を別々に設定できる。これは，やり方次第では，高感度化と高ダイナミックレンジ化（HDR，2.2 節参照）を同時に達成できることを意味する。

〔**3**〕 **3T/4T-APS**　　図 1.1 のように，（狭い意味の）画素内に信号読出し用のバッファを持つ画素は active pixel sensor（**APS**）と呼ばれる。APS の

うち，図1.4 (b) は**3T-APS**，図1.4 (d) は**4T-APS**と呼ばれる。Tはトランジスタを意味し，これらの名称は（狭い意味の）画素に含まれるトランジスタ数に由来する。

4T-APSは前述のように，露光期間Tに埋込みフォトダイオードに信号電子を溜める。その後，FDアンプをリセットして電圧$v_{SF,RST}$をCDS回路に記憶してから，電荷転送ゲートをオンにする。FDアンプのリセット電位が，埋込みフォトダイオードの空乏化電位よりも十分高い場合，信号電子はFDアンプに完全転送される。電荷転送終了後，電圧$v_{SF,SIG}$をCDS回路に読み込む。相関2重サンプリングの結果，FDアンプのリセットノイズとバッファの回路オフセットが除去される。

それに対し，3T-APSは普通のpn接合フォトダイオードを用いる。埋込みフォトダイオードを用いる場合であっても，信号電子を埋込みフォトダイオードではなく，それに接続したFDアンプに蓄積する場合は，実質的に3T-APSと同じ動作になる。

3T-APSでは，pn接合フォトダイオードまたはFDアンプに信号電子を蓄積し，電荷転送を行わずに，その電圧を直接読む。そのため，露光時間T経過後，まず信号$v_{SF,SIG}$を読み出してCDS回路に記憶する。つぎにpn接合フォトダイオードまたはFDアンプをリセットして，その電圧$v_{SF,RST}$をCDS回路に読み込む。このように，4T-APSとは信号を読み出す順番が逆になる。この方法では，バッファの回路オフセットや一部の回路ランダムノイズは除去されるが，フォトダイオードのリセットノイズを除去することができない。つまり，4T-APSと同じCDS回路を用いても，非相関2重サンプリングになる。そのため，ランダムノイズが大きくなる。

〔4〕 画素値の非破壊/破壊読出し　3T-APSは暗電流とリセットノイズが大きいため，ノイズ性能が4T-APSに劣るが，利点もある。蓄積途中の電圧信号を連続的，または任意のタイミングで何回も読み出す**非破壊中間読出し**ができる（**図1.5** (a)）。これはダイナミックレンジの拡大[21),22)]などに利用できる。

それに対し，4T-APSで画素値を読み出すためには，埋込みフォトダイオー

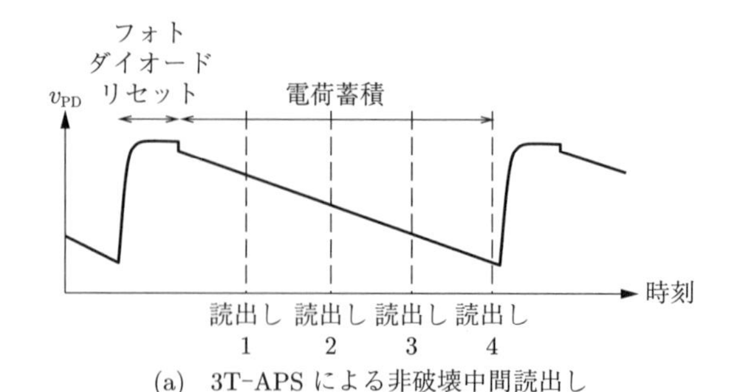

(a) 3T-APS による非破壊中間読出し

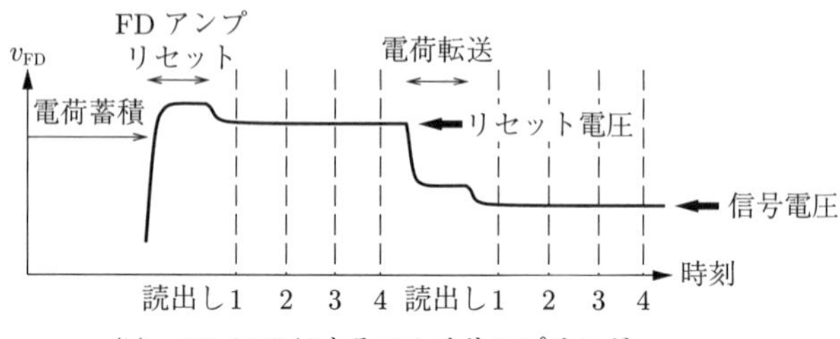

(b) 4T-APS によるマルチサンプリング

図 1.5　非破壊中間読出しとマルチサンプリング

ドから FD アンプに信号電子をすべて転送する必要がある。この操作は不可逆であるため，4T-APS では画素値を**破壊読出し**することになる。

ただし，4T-APS でも，FD アンプの暗電流が問題にならない程度の短い間であれば，信号を何度でも読み出すことができる（図 (b)）。これは**マルチサンプリング**と呼ばれ，回路ランダムノイズの低減や[23)]，複数画素の画素値を回路により加算する場合に利用される[24)]。

〔**5**〕 **オーバフロー**　　埋込みフォトダイオードに電子が蓄積されて満タンに近づくと，電子は電荷転送ゲートの電位障壁を乗り越えて FD アンプにあふれ出す。この現象は**オーバフロー**と呼ばれる。

オーバフローした電子を，3T-APS 方式で，FD アンプに蓄積することができる。ただし，FD アンプの暗電流は埋込みフォトダイオードよりも大きいことに注意する必要がある。また，電子があふれ出し始める電子数は，画素によってばらつきがある。さらに，あふれ出す電子数は，露光時間および入射光子数に対して非線型性がある。これらの点に注意すれば，オーバフローをダイナミックレンジの拡大に活用できる。

〔6〕 **FD アンプ容量 C_{FD} の非線型性**　FD アンプを用いた電子数から電圧信号への変換には非線型性がある。pn 接合ダイオードの空乏層容量 C_{dep}〔F〕は次式で表される[15) の p.38 など]。

$$C_{\mathrm{dep}}(V) = \frac{C_{\mathrm{dep},0}}{\sqrt{1 - \dfrac{V}{V_{\mathrm{bt}}}}} \tag{1.5}$$

ここで，V〔V〕は逆バイアス電圧，$C_{\mathrm{dep},0}$〔F〕は $V = 0\,\mathrm{V}$ のときの空乏層容量，V_{bt}〔V〕はビルトイン電圧を表す。この式から，C_{dep} は逆バイアス電圧 V によって変化することがわかる。つまり，式 (1.2) において C_{FD} が v_{FD} に依存するため，電子数 n_{e} に対して電圧 v_{FD} は非線型に変化する。

式 (1.5) において，V が小さいほど C_{dep} の変化が大きいことに注意が必要である。CCD イメージセンサは CMOS イメージセンサよりも電源電圧が高いため（10 V 以上[8) の p.98]），FD アンプのリセット電圧が高く，非線型性があまり問題にならなかった。それに対し，CMOS イメージセンサは電源電圧が 3.3 V 以下のことが多いため，CCD イメージセンサよりも非線型性が大きくなる。

〔7〕 **回路の追加によるランダムノイズ，固定パターンノイズの発生**　現在の CMOS イメージセンサでは，多数の CDS 回路や A/D 変換器が 1 次元のアレイ状に配置されており，それらが並列に信号処理する方式が主流である。しかし，集積回路において，たとえ同じ回路構成であってもそれが複数あると，それらの素子特性にばらつきが生じる。そのため，個々の回路ごとに異なるオフセット誤差とゲイン誤差を持ち，固定パターンノイズが生じる。

例えば，CDS 回路と A/D 変換器を，画素アレイの列ごとに並列に設ける場合，画像には縦筋状の固定パターンノイズが発生する（**図 1.6**）。これは，CDS 回路により画素内のバッファのオフセットばらつきは除去されるが，CDS 回路がそれぞれの列に，新たなオフセットばらつき（$\Delta_{\mathrm{CDS},i}$）を生じるためである。これは A/D 変換器についても同様である（$\Delta_{\mathrm{ADC},i}$）。なお，ここでは「画素」

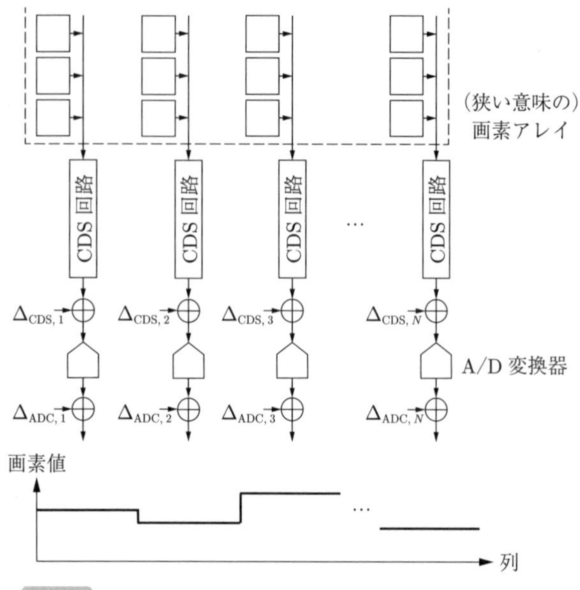

図 1.6　回路の追加による新しい固定パターンノイズの発生

は，埋込みフォトダイオードと少数の MOSFET からなる，狭い意味の画素を意味する。

さらに，CDS 回路の中にある電圧信号メモリは，新たなランダムノイズ（正確には 1.2.6 項〔4〕の kT/C ノイズ）を生じる。このように，回路を追加すると，それが新たな固定パターンノイズとランダムノイズを生み，いたちごっこになる。

〔8〕 デジタル相関 2 重サンプリングによる回路オフセットの除去　CDS 回路による新たなオフセットばらつきは，A/D 変換器のあとに，デジタル領域で相関 2 重サンプリングを実行することで除去される。現在の CMOS イメージセンサは，まず CDS 回路にリセット電圧 $v_{\mathrm{SF,RST}}$ を記憶した状態で CDS 回路の出力 $v_{\mathrm{CDS,RST}}$ を A/D 変換する。続いて，$v_{\mathrm{SF,SIG}}$ から CDS された出力信号 $v_{\mathrm{CDS,SIG}}$ を A/D 変換する。これらの二つの値は同じ CDS 回路のオフセットとランダムノイズ，および A/D 変換器のオフセットを含む。そのため，デジタル回路で差分をとると，これらのノイズは除去される。一度デジタル値に変換されてしまえば，その後一切ノイズは混入しない。

A/D 変換器の方式によっては，CDS 回路を A/D 変換器で兼ねることができる。そのため，独立した CDS 回路を持たない CMOS イメージセンサもある。さらに，バッファと CDS 回路の両方を A/D 変換器が兼ねることもある[25)]。

1.1.4 重要なイメージセンサの仕様・特性値

イメージセンサにはさまざまな仕様値，特性値があるが，ここでは特に時空間的なサンプリング性能，光感度，信号対ノイズ比（signal-to-noise ratio，以下 SNR），ダイナミックレンジ（dynamic range，以下 DR）に注目する。簡単のために，固定パターンノイズはここでは考えない。

イメージセンサの時空間的なサンプリング性能は，画素数とフレームレート〔fps〕で決まる。ここで，fps は枚/秒（frames per second）を意味する。画素数が空間サンプリング分解能，フレームレートが時間サンプリング分解能を決める。なお，イメージセンサの消費電力〔W〕は，画素数×フレームレートに関係して増加する。

画素値の特性は，光感度，ランダムノイズ，飽和電子数によって決まる。光感度は，入射 1 光子に対するデジタル画素値〔LSB〕の変化，つまり〔LSB/photon〕で表される。これはフォトダイオードの量子効率，FD アンプの変換ゲイン〔V/e^-〕，バッファと CDS 回路の電圧ゲイン，A/D 変換器の電圧・デジタル値の変換ゲイン〔LSB/V〕の積で与えられる。

〔1〕 量 子 効 率　　**量子効率**は，画素領域に入射する光子数に対する，画素信号に寄与する有効な光電子数の比率で与えられる。これは，フォトダイオードの大きさや光を感じない無感度領域とは無関係に決まる。

量子効率は，画素の開口率（fill factor, FF）とフォトダイオードの量子効率の積で表される。FF とは，画素面積のうち，光電変換に寄与する受光素子の面積の比率である。画素が矩形の場合，画素面積は画素の縦のピッチ×横のピッチとなる。イメージセンサのデータシートにはマイクロレンズを考慮した実効的な FF が示されるが，マイクロレンズを考慮しない素の FF が併記されることもある。マイクロレンズを考慮した実効 FF の場合には，利用する撮像レンズのF値によってFFが変化することに注意が必要である（一般に，F値が小さくなるとFFは低下する）。

埋込みフォトダイオードの量子効率は，表面の高濃度p型層の厚みと，空乏層の深さによってほぼ決まる。シリコンの光の吸収長は，短波長では短く（吸収が強い），長波長では長い（吸収が弱い）。紫外線や青色の光はシリコンの表面付近で吸収されるが，赤色や近赤外光ではシリコンの深部まで光が侵入する。光感度を持つのはおもにフォトダイオードの空乏層であるため，短波長では，空乏化しない表面の高濃度p型層が無感度領域となる。そこでは，光はシリコンに吸収されるものの，信号には寄与しない。それに対し，長波長では空乏層だけでは光を吸収しきれず，多くが透過する場合がある。

なお，マイクロレンズ，カラーフィルタ，集積回路表面の保護膜，シリコン表面などさまざまな界面での反射による損失も量子効率に含まれる。

〔2〕 **FDアンプの変換ゲイン**　　一般に，多段の増幅回路では，回路全体のノイズ性能を決める上で，初段のノイズ性能が支配的になる。そのため低ノイズ化には，電子回路の入り口であるFDアンプの変換ゲインを高めることが重要である。

〔3〕 **SNR**　　画素値のランダムノイズに関する性能は，SNR〔dB〕で表される。SNRは信号の真値であるN_{e0}のパワーと，それ以外のノイズのパワーの総和の比で表される。したがって，N_{e0}に依存して変化する。A/D変換器のビット数が多いことも重要だが，それに見合ったSNRが得られているかにも注意を払う必要がある。

A/D変換器のビット数が十分多く，量子化ノイズが無視できるとすると，SNRは次式で表される。

$$\mathrm{SNR}\,〔\mathrm{dB}〕 = 10\log\frac{N_{\mathrm{e0}}^2}{N_{\mathrm{e0}} + N_{\mathrm{d0}} + \sigma_{\mathrm{c}}^2} \tag{1.6}$$

画素が検出できる最大の電子数は，**飽和電子数**（N_{sat}）と呼ばれる。平均信号が最大飽和電子数と等しいとき（$N_{\mathrm{e0}} = N_{\mathrm{sat}}$），SNRは最大（$\mathrm{SNR_{max}}$）になる。通常$N_{\mathrm{sat}} \gg \sigma_{\mathrm{c}}^2$なので，暗電流が無視できるほど小さいとすると，$\mathrm{SNR_{max}}$は

次式で近似される。

$$\mathrm{SNR}_{\max}〔\mathrm{dB}〕\simeq 10\log\frac{N_{\mathrm{sat}}^2}{N_{\mathrm{sat}}} = 10\log N_{\mathrm{sat}} \tag{1.7}$$

このように，画素値の最大 SNR はほぼ飽和電子数で決まる。

〔4〕 **DR** 検出可能な光量範囲を示す DR〔dB〕は，最大信号のパワーと，入射光子数が 0 のときの暗時ランダムノイズ（またはダークランダムノイズ）のパワーの比で定義される（信号電子のショットノイズを考慮した定義もある[9) の p.79]）。ここで，最大信号は $N_{\mathrm{e0}} = N_{\mathrm{sat}}$ なので，暗電流と A/D 変換器の量子化ノイズが十分小さいとすると，DR は次式で与えられる。

$$\mathrm{DR}〔\mathrm{dB}〕\simeq 10\log\frac{N_{\mathrm{sat}}^2}{\sigma_{\mathrm{c}}^2} - 20\log\frac{N_{\mathrm{sat}}}{\sigma_{\mathrm{c}}} \tag{1.8}$$

〔5〕 **飽和電子数** 飽和電子数は画素ピッチに大きく依存する。スマホに搭載される微細画素を使ったイメージセンサで 5 000 電子程度，画質重視のコンパクトデジカメだと数万電子程度である。光干渉計測用では，光のショットノイズを抑えるために 200 万電子というものもあった（CMOSIS 社 CSI2100）。画素ピッチ 1 μm 以下の微細画素では，単位面積当たりの飽和電子数を増やすための工夫がされている[26),27)]。

〔6〕 **SNR と DR の例** 仮に飽和電子数 $N_{\mathrm{sat}} = 10\,000\,\mathrm{e}^-$，回路ランダムノイズの標準偏差 $\sigma_{\mathrm{c}} = 2\,\mathrm{e}^-$ とすると，式（1.7），（1.8）から，$\mathrm{SNR}_{\max}$ は約 40 dB，DR は約 74 dB となる。

〔7〕 **A/D 変換器のビット数と SNR** 一般的には，A/D 変換器のビット数が多いと量子化ノイズが小さくなるため，性能が良いと考えられる。式（1.3），（1.4）より，すべてのランダムノイズを考慮した画素値の SNR は次式で表される。

$$\mathrm{SNR}〔\mathrm{dB}〕= 10\log\frac{N_{\mathrm{e0}}^2}{N_{\mathrm{e0}} + N_{\mathrm{d0}} + \sigma_{\mathrm{c}}^2 + 1/(12A^2)} \tag{1.9}$$

この式の log の中の分母がノイズパワーの総和で，その最後の項は A/D 変換器の量子化ノイズのパワーである。A は電子回路の全変換ゲインなので，N_{sat} が

A/D 変換器のフルレンジに対応し，ビット数を N とすると，$A = (2^N - 1)/N_{\mathrm{sat}}$ となる。式 (1.9) からわかるように，A/D 変換器の量子化ノイズだけをむやみに小さくしてもほかのノイズがあるため，性能が有意に向上するとは限らない。

1.2 アナログ・デジタル混載集積回路としての CMOS イメージセンサ

1.2.1 設計の流れ

CMOS イメージセンサの設計フローは，受光素子とその周辺を除けば，通常のアナログ・デジタル混載集積回路とほぼ同じである。集積回路は，直径 200 mm や 300 mm といったウェハに作られ，多数の層と層間の接続で構成される。各層の構造は，成膜，フォトマスクを用いたフォトリソグラフィ，エッチング，不純物の打込みなどにより作製される。そのため，信号処理アルゴリズムを記述したソースコードや回路図などの高レベルの設計情報を，フォトマスクのパターンに変換しなければならない。

設計者が作成するフォトマスクの元となる図形データは，**レイアウト**と呼ばれる。レイアウトは自動生成される部分もあるが，CMOS イメージセンサの場合，多くが手作業で作成される。

〔**1**〕 **アナログ回路設計**　　アナログ回路は，GUI ベースのツールで回路図を描き，**回路シミュレータ**（simulation program with integrated circuit emphasis, SPICE）によりシミュレーションを行って設計する。半自動化ツールも利用できるが，レイアウトは手作業で行うことが多い。特に画素ピッチに合わせた幅の狭い回路は，手作業でレイアウトするのが一般的と思われる。

〔**2**〕 **デジタル回路設計**　　イメージセンサの制御信号を生成するタイミングジェネレータなどのデジタル回路は，ハードウェア記述言語（Verilog-HDL や VHDL）を用いて設計し，自動配置配線によりレイアウトを自動生成する。しかし，画素ピッチに合わせた面積の制約が大きいデジタル回路については，アナログ回路と同様に SPICE を用いてシミュレーションし，手作業でレイアウトを行う。例えば，自動配置配線に用いられるスタンダードセルや，自分で

新たに作成したセルを手作業で配置する。

〔3〕 **画素設計**　埋込みフォトダイオード，電荷転送ゲート，リセットトランジスタなどの受光素子とその周辺は，通常のアナログ・デジタル混載集積回路設計ツールとは異なる専用のシミュレータが必要となる。まず，プロセスシミュレータにより，画素内の3次元的な不純物濃度分布を求める。つぎにデバイスシミュレータにより，設定した印加電圧と波形に対して，静的または動的な画素内の電位分布，電子やホールの分布を計算する。また，光学シミュレータを併用することで，マイクロレンズ，反射防止膜などの光学設計を行うとともに，光感度，光学的クロストークなどの光学特性を予測する。

1.2.2　回路設計のポイント

CMOS イメージセンサでは，多数の同じ回路が1次元または2次元のアレイ状に並ぶことが多い。そのため，回路全体をシミュレーションすると膨大なメモリと時間を必要とする。しかし，要素回路（例えば CDS 回路と A/D 変換器）の1組を抜き出してシミュレーションするだけでは，致命的なミスを見逃すことになる。

回路設計時のポイントを図 **1.7** に示す。回路が単体で動作しても，たとえ同じ回路であっても，それを多数接続したときに正しく動作するとは限らない。この原因は，寄生素子の影響と，バスへのアクセスの設計ミスにあることが多

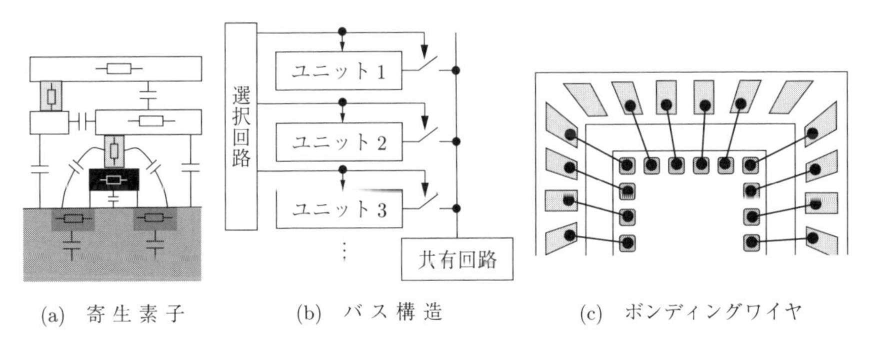

(a)　寄生素子　　(b)　バス構造　　(c)　ボンディングワイヤ

図 1.7　CMOS イメージセンサの回路設計のポイント

い。また，チップの外の回路も考えなければならない。

〔1〕 **設計ポイント 1：寄生素子**　　例えば，配線は有限の抵抗値を持つし，配線間には容量が生じる。このような本来の機能とは異なる付随的な素子は，**寄生素子**と呼ばれる。単体の回路であれば問題にならない大きさかもしれないが，これらが数千個も直列または並列に接続されると，話は別である。

抵抗が直列に接続されて大きな抵抗値を持つと，そこに電流が流れたときに電圧降下が起こる。大きい容量が付くと信号に遅れが生じるし，小さい容量であっても，それを介して信号が洩れるおそれがある（**容量結合**と呼ばれる）。MOSFET を用いたアナログ回路は**浮遊ノード**（スイッチとしての MOSFET により遮断された，電流が流れない高インピーダンスのノード）を多く持つため，そこに容量結合により電圧変化が起こると，回路出力に大きな誤差が生じる。特に，高いゲインを持つ回路の入力端子への容量結合が危険である。そのため，レイアウトから寄生素子を抽出して，回路特性をシミュレーションすることが重要となる。これらは**バックアノテーション**および**ポストレイアウトシミュレーション**と呼ばれる。

〔2〕 **設計ポイント 2：バス構造**　　多数の要素回路（ユニット）をバスで接続する場合，原則として，同時に一つのユニットしかバスにアクセスすることが許されない。しかし，複数のユニットが同時にバスにアクセスするミスが生じることがある。または，アクセスするユニットを指定する選択回路に問題があることもある。その結果，複数画素の信号が混じって何か映っているようだがはっきりはわからない（回路の誤動作の結果なので，信号の分離は困難），画素回路は動いているようだが画素信号が読み出せない，などのさまざまな不具合が生じ得る。

〔3〕 **設計ポイント 3：ボンディングワイヤ**　　高周波数で動作し，大電流を消費する回路の場合，イメージセンサチップの外の回路要素を考慮しないと，期待する特性が得られない。イメージセンサチップとパッケージを接続するボンディングワイヤのインダクタンスは，ワイヤの長さに依存する。そのため，回路設計時に考慮するとともに，ワイヤの長さが適切になるように，設計の段階

で利用するパッケージを選択しておく必要がある。また，適宜パッケージと電子基板の寄生素子や実装部品の電気特性も考慮しなければならない。

〔4〕 **その他の注意点**　　なお，設計の勘所がわかってくると，複雑な回路を少ない素子でモデル化して，シミュレーション時間を短縮することができる。しかし，設計者の経験と技量に依存するため，熟練者による相互チェックが欠かせない。CMOS イメージセンサの設計経験が浅い場合や，少しのミスも見逃したくない場合には，手間でも回路全体をシミュレーションすることが望ましい。

残念ながら，完全電荷転送を伴う受光素子部分は，SPICE でシミュレーションできない。そのため，受光素子を回路図に組み込んで検証する場合には，その動作を模擬する回路を作成するか，動作は無視して，画素の制御信号が正しく与えられているかを確認することになる。

また，フォトダイオード周辺は構造が複雑なため，回路図とレイアウトの照合（layout versus schematic, LVS）が正しく行われないことがある。最終的には設計者の目視による確認を要する場合があるので，細心の注意を払わなければならない。

1.2.3　CMOS イメージセンサの製造

CMOS イメージセンサを含む半導体集積回路の製造は，初期費用が高く，原則として製造後に修正が不可能であることに注意しなければならない。

〔1〕 **フォトマスク**　　高い初期費用は**フォトマスク**の製造費用に起因する。製造プロセスの微細化が進むほど，フォトマスクの製造には高価な微細加工技術が必要とされ，フォトマスクの枚数も増える。なお，集積回路の製造後に設計ミスが見つかった場合，一部のフォトマスクだけを新たに作り直すことがある。フォトマスクの修正がごく軽微であれば，収束イオンビーム（focued ion beam, FIB）によりマスクパターンを切る・つなぐといったことが，追加費用を許容すれば可能な場合もある。いずれの場合でも，ウェハは一から作り直しになる。いったん製造した集積回路の修正は容易ではなく，基本的には一度作るとソフトウェアのように簡単には修正できないと考えたほうがよい。

〔**2**〕 **レチクル**　半導体集積回路は**レチクル**と呼ばれる大きさを1単位として作られ，1インチ角程度である。ウェハ上に，レチクルをびっしり並べて作る。レチクルはかなり大きいサイズなので，開発段階では複数のチップを相乗りさせるのが普通である。製造後，ダイシングによりそれぞれのチップを切り離す。

〔**3**〕 **マルチプロジェクトウェハ**　少量多品種のチップでは，おたがいに知らない複数のユーザでレチクルを相乗りすることで，費用を抑える**マルチプロジェクトウェハ**（multi-project wafer, **MPW**）と呼ばれる方式がよく用いられる。レチクル内に他人の回路が載っているため，基本的にはダイシングされたあとに，自分が設計したチップだけが納品される。

〔**4**〕 **歩留まり**　半導体集積回路の製造には**歩留まり**がある。ある確率でウェハの所々に欠陥が生じるために，製造したすべてのチップが正しく動作するわけではない。チップの面積が大きくなるほど，欠陥が含まれる可能性が高くなり，歩留まりが低下する。

イメージセンサの場合，画素に欠陥が生じても，それがほかの画素に影響を及ぼさず，かつごく少数であれば，周辺の画素の画素値を用いて補間できる。このような欠陥画素補正を許容する応用が大部分である。しかし，行や列で共有されている回路に動作不良が生じると，画像に線状の大きな欠陥が生じるか，最悪の場合，画像が出力されなくなる。そのようなチップは不良品とせざるを得ない。

〔**5**〕 **CMOSイメージセンサプロセス**　CMOSイメージセンサは，埋込みフォトダイオードだけでなく，マイクロレンズや，画素間の光学的クロストークを抑える金属マスクなどを備えることが多い。最近は，受光素子とその周辺の回路のためのウェハと信号処理回路のウェハを別々に製造し，積層する技術が一般的になった[28)]。このように，市販されている高性能なCMOSイメージセンサは，特別に開発されたプロセスにより製造されている。

〔**6**〕 **プロセスのカスタマイズ**　イメージセンサの性能を上げようとすると，受光素子とその周辺回路の製造工程を，標準的なものからカスタマイズする

必要性が生じる。CMOS イメージセンサで用いられる埋込みフォトダイオードは，n 型および p 型の不純物の打込みにより作られる。不純物の打込み量（ドーズ量）の変更だけで済む場合もあれば，打込みのエネルギーを変更したい場合もある。また，マスクを追加して別の打込みを行う必要性に迫られることもある。

製造側はできるだけ工程に手を加えずに標準的なプロセスで製造したいので，これらの変更は必ずしも聞き入れられない。マルチプロジェクトウェハなら，なおさらである。標準的な製造工程から大きく外れた新たなプロセス開発が必要ということになると，さらにハードルが高くなる。製造プロセスの選択の際には，チューニングの可否とその自由度を確認する必要がある。

1.2.4 集積回路における回路素子

〔1〕 **主要素子**　　シリコン半導体集積回路の主要素子は，MOSFET，抵抗，容量である。さらに，pn 接合ダイオード，pnp 型バイポーラトランジスタ，インダクタを派生的に作製し，利用できる。

図 1.8 に示すように，レイアウトにおいて，それぞれの素子の幅 W，長さ L を決める。しかし，これらの素子サイズは，製造工程の持つ不均一性や素子の周辺環境に依存して，製造時に設計値からの誤差が生じる。さらに，MOSFET は素子ごとに閾値電圧のばらつきを持つ。

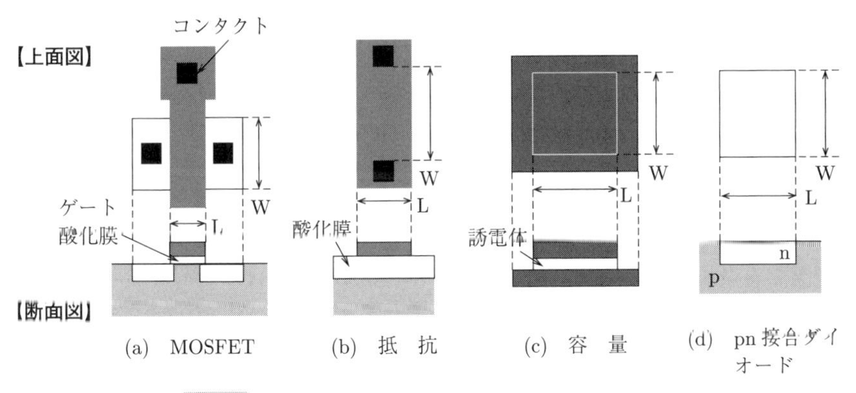

図 1.8　集積回路の主要素子と特性を決めるパラメータ

抵抗と容量については，それぞれシート抵抗と単位面積当たりの容量が，チップまたはウェハ内の位置によってわずかに異なる。なお，シート抵抗（単位は〔Ω/□〕）とは，長さ L と幅 W の比が 1:1 のときの抵抗値のことで，これに抵抗の L/W を掛けると実際の抵抗値になる。

〔**2**〕 **寄生素子**　集積回路は層状の構造から構成されており，シリコン基板に一体化して作られる。そのため，絶縁膜が導電体にサンドイッチされた形になっており，寄生容量が至る所に発生する。同層内でも，さまざまな構造体がびっしりと配置されるため，より大きな寄生容量が生じることがある。また，導電体は有限の抵抗値を持つ。**図 1.9** にその概要を示す。

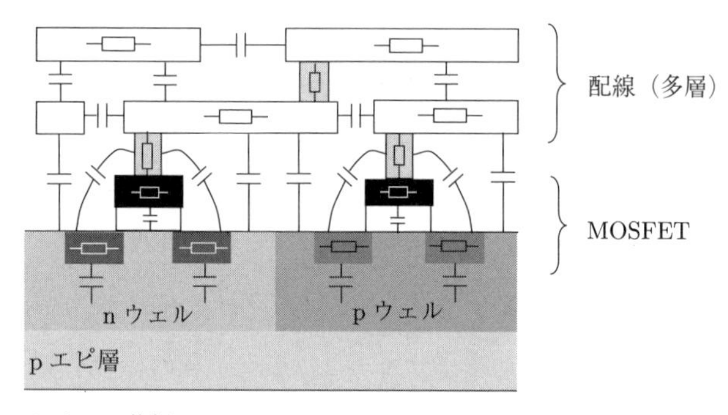

図 1.9　集積回路の断面図と寄生素子

素子の中でも MOSFET は特に寄生素子が多い。ゲート，ソース，ドレインは表面が金属化（シリサイド化）されて抵抗が下げられているが，それでも有限の抵抗値を持つ。また，MOSFET は n 型の場合には p 型，p 型の場合には n 型のウェルの中に作られるため，ソース/ドレインはウェルとの間に pn 接合ダイオードを作る。通常これらのダイオードは逆バイアス状態になっており，空乏層容量を持つ。また，ゲートと，チャネルもしくはボディ（ゲート直下のウェル）の間にはゲート酸化膜を介した容量，ゲートとソース/ドレインの間にはオーバラップ容量がある。

配線も小さいながら抵抗を持つ。抵抗値は前述のように，L/W×シート抵抗で計算される。金属配線のシート抵抗は普通 0.1 Ω/□以下であるため，短い配線の場合には問題にならない。しかし，細長い配線の場合には大きな寄生抵抗が生じる。例えば，シート抵抗 0.1 Ω/□で，幅 0.2 μm，長さ 2 mm の配線の抵抗値は 1 kΩ になる。また，異なる層の金属配線同士はビアにより接続され，これも有限の抵抗を持つ。MOSFET のゲート，ソース/ドレインといったシリコンと金属配線の接続はコンタクトでつながれ，やはり抵抗として働く。

同層の隣接する配線，上下の層の配線やシリコン基板との間には，寄生容量が生じる。なお，微細プロセスになるほど，同層の配線間の最小間隔が狭くなる。そのため，最小間隔で並走する配線間では，異なる層の配線との間よりも大きい寄生容量が生じる場合がある。

MOSFET をスイッチとして用いる場合，スイッチをオンからオフにする瞬間に，ゲートに印加されるデジタル信号が，ソース/ドレインのアナログ信号にオーバラップ容量を介して洩れる。この現象は，**クロックフィードスルー**と呼ばれ，アナログ信号電圧にオフセットが生じる原因になる。この時同時に**チャージインジェクション**と呼ばれる，チャネルからソース/ドレインへの電荷の移動が起こる。これもまたオフセットとなる。

ところで，前述のように pn 接合ダイオードの表面は，低抵抗化のために金属化されている。そのため，寄生素子としての pn 接合ダイオードをフォトダイオードとして用いる場合は，金属化を無効にする指定をしなければならない。これを忘れると，著しく光感度の低いフォトダイオードができるので，注意が必要である。

1.2.5 素子の特性ばらつきの抑制

アナログ集積回路では，素子特性を揃える，または，ばらつきを抑制するためのさまざまなテクニックがある。アナログ集積回路設計が職人芸と呼ばれる所以でもある。素子特性を揃えることを，**素子マッチング**と呼ぶ。

レイアウトに関しては

- 素子を流れる電流の向きを揃える。

- 回路を並進対称に並べる（鏡面対称，回転対称などは不可）。
- 素子の周辺環境を揃えるために，素子の周辺にダミー素子を配置する。
- MOSFET や容量，抵抗を対で用いる場合，素子の重心を一致させる（コモンセントロイド）。
- 素子の L, W は自由に決めない。基本サイズの L, W を定めて，それを並べる個数で L, W を決める。

などがある†。

回路的な技術としては

- オートゼロにより回路のオフセットを低減する。
- 負帰還により素子のゲインばらつきを小さく見せる。
- ゲインは単体の容量や抵抗の絶対値ではなく，素子の個数の比で決める。
- バイアスは電圧で分配するのではなく，小さい電流で分配して電源線の電圧変動の影響を抑える。
- MOSFET スイッチにダミースイッチを設けて，クロックフィードスルーとチャージインジェクションを吸収する。

などがある。

1.2.6 回路素子が生じるランダムノイズ

冒頭で述べたように，光（もしくは光電子）そのもののショットノイズに加えて，MOSFET（と抵抗）もランダムノイズを生じる。純粋な容量とインダクタはノイズを生じないが，抵抗成分があればランダムノイズを生じる。

なお，ここで言うノイズとは素子そのものが発生する避けられないものであり，信号のクロストークなどによるノイズは含まない。例えば，アナログ・デジタル混載集積回路のレイアウトでは

- 電源・グラウンド線とウェルを，デジタル回路とアナログ回路とで分離する。

† 詳細は文献 2) の 18 章「レイアウトとパッケージ」，文献 3) の 9 章「素子マッチングとレイアウト」，文献 6) などを参照されたい。

- ウェル電圧を固定するためにガードリングをする。
- 浮遊ノードなどの敏感な信号線をシールドする。

など，さまざまなレイアウトの定石がある。SPICE シミュレーション通りの性能を達成するには，これらを適切に実行しなければならない。

また，ウェル，エピ層など，シリコンも有限の抵抗値を持ち，それらを介したノイズは基板ノイズ[1)の 18.3 節]と呼ばれる。アナログ・デジタル混載集積回路では，設計時に考慮すべき重要なノイズである。

〔1〕 ランダムノイズのパワースペクトル密度とノイズシェイピング　ここで，時間的な電圧信号 $x(t)$〔V〕を考える。$x(t)$ はランダムノイズ $n_{\mathrm{x}}(t)$〔V〕を持ち，そのパワースペクトル密度を $S_{\mathrm{nx}}(f)$〔V^2/Hz〕とする。なお，$S_{\mathrm{nx}}(f)$ は周波数 f〔Hz〕の 1 Hz 帯域幅におけるランダムノイズの平均パワーで定義される。

電圧信号 $x(t)$ が，伝達関数 $H(f)$ を持つ回路を通り，出力信号 $y(t)$ が得られるとする。このとき $y(t)$ が持つランダムノイズ $n_{\mathrm{y}}(t)$ のパワースペクトル密度 $S_{\mathrm{ny}}(f)$ は次式で表される。

$$S_{\mathrm{ny}}(f) = S_{\mathrm{nx}}(f)\,|H(f)|^2 \tag{1.10}$$

このように，ノイズのパワースペクトル密度の分布が，回路の伝達関数により変化することを，**ノイズシェイピング**と呼ぶ。

通常，回路のランダムノイズはガウス分布に従うため，電圧信号 $y(t)$ のランダムノイズ $n_{\mathrm{y}}(t)$ の標準偏差を σ_{y}〔V〕とすると

$$\sigma_{\mathrm{y}}^2 = \int_0^{\infty} S_{\mathrm{ny}}(f)df \tag{1.11}$$

の関係がある。

これらの式からわかるように，低ノイズ化には，まずノイズのパワースペクトル密度自身を低くすることが重要である。さらに，ノイズシェイピングを用いて，ノイズが存在する周波数帯域を狭くすることが有効である。

〔2〕 MOSFET の熱ノイズと 1/*f* ノイズ　MOSFET は熱ノイズと **1/*f* ノイズ**（**フリッカーノイズ**とも呼ばれる）の 2 種類の主要なノイズを持

つ。これらのノイズのパワースペクトル密度を**図 1.10** に示す。縦軸の値が大きいほどノイズが大きい。実際に計測されるノイズの大きさは，前項の式(1.10)，(1.11) で定義されるように，スペクトルの形状が回路によりが整形されたあとに積分された量となる。

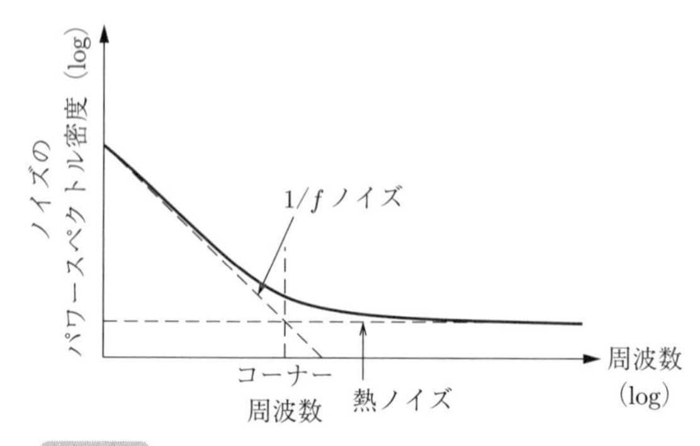

図 1.10　MOSFET のノイズのパワースペクトル密度

熱ノイズのパワースペクトル密度は，周波数 f に依存せず一定であるのに対し，1/f ノイズは f に反比例して減少する。したがって，1/f ノイズは低周波で問題になる。二つのパワースペクトル密度が等しくなる周波数は，**コーナー周波数**と呼ばれる。

熱ノイズは MOSFET のチャネルを流れる電子が，シリコン結晶中の原子の熱振動により散乱されてランダムに動くために生じるノイズである。抵抗も同様の熱ノイズを生じる。

1/f ノイズは表面型デバイスである MOSFET に特有のノイズである。結晶の表面は結合の手が余ることから，多くの欠陥がある。MOSFET では電子がシリコンの表面付近を流れるため，電子がチャネルにある結晶欠陥により捕獲，再放出されることで生じるのが 1/f ノイズである。なお，1/f ノイズのパワースペクトル密度はゲート面積に反比例するため，小さい MOSFET では 1/f ノイズが大きくなる。

1/f ノイズを低減するために，電子が流れるチャネルをシリコン表面から離した埋込みチャネル MOSFET がある。しかし，MOSFET の電圧・電流変換ゲイン（相互コンダクタンス g_{m} と呼ばれる）が小さくなる欠点がある。

〔3〕 **MOSFET の RTS ノイズ**　小さい MOSFET では random telegraph signal（**RTS**）ノイズ（**RTN** とも書かれる）と呼ばれる大きな階段状の低周波ノイズが問題となる。これは MOSFET のゲート絶縁膜の欠陥に電子が捕獲・再放出されることが原因と考えられている[17) の 3.2.6〔3〕]。CMOS イメージセンサでは，画素のバッファを構成する MOSFET の RTS ノイズが特に問題となる。

RTS ノイズはすべての MOSFET に起こるわけではないが，光に無関係に明滅する画素を生じて目立つため，影響が大きい。また，RTS ノイズは MOSFET の微細化に伴って顕在化するため，その抑制が CMOS イメージセンサ製造プロセスの開発において重要になっている。

〔4〕 **kT/C ノイズ**　もう一つのランダムノイズとして，kT/C ノイズを取り上げる。これは MOSFET の熱ノイズに由来するもので，独立したノイズではない。しかし，FD アンプのリセットノイズの原因であり，容量に電圧信号を記憶する際に生じる重要なノイズである。

ある入力電圧を，スイッチとして機能する MOSFET を介して容量に記憶する回路は，**サンプル・ホールド**（sample and hold, S/H）**回路**と呼ばれる（**図 1.11**）。スイッチをオンにして信号をサンプルしている間，MOSFET は抵抗値 R_{ON}〔Ω〕を持つ抵抗と等価になる（R_{ON} は**オン抵抗**と呼ばれる）。そのため抵抗には熱ノイズが生じる。さらに抵抗と容量は 1 次のローパスフィルタを構成する。熱ノイズが 1 次のローパスフィルタでノイズシェイピングされた波形が容量の端子に現れ，これは時間的にランダムに揺らぐ。

その後スイッチをオフにすると，その時刻の電圧が容量に記憶（ホールド）さ

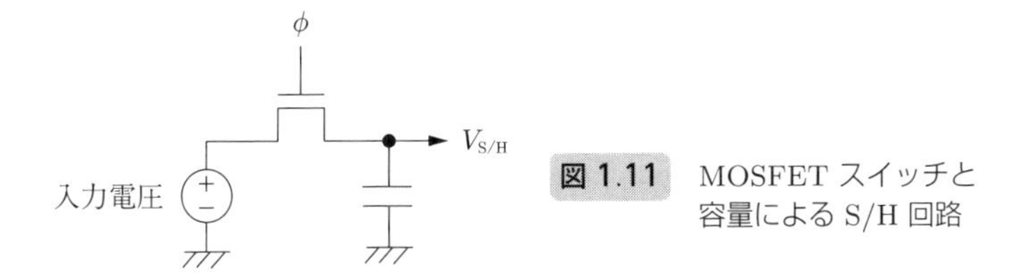

図 1.11　MOSFET スイッチと容量による S/H 回路

れる。この電圧はホールドするたびに，平均 0 V，標準偏差 σ〔V〕を持つガウス分布に従ってランダムに変動する。σ^2 は次式で表される。

$$\sigma^2 = \frac{kT}{C} \tag{1.12}$$

このノイズは，式の形から **kT/C ノイズ**と呼ばれる。または，容量に現れるノイズ電荷のパワーが kTC〔C^2〕であるため，**kTC ノイズ**とも呼ばれる。

この式からわかるように，C を大きくすることで kT/C ノイズを低減できる。しかし，それはレイアウト面積やサンプルにおけるセトリング時間または消費電力を増加させる。

なお，FD アンプのリセットは S/H 回路と同じ構造を持ち，リセット電圧 $V_{\rm RST}$ を容量に記憶する回路とみなすことができる。変換ゲインを上げるために $C_{\rm FD}$ を小さくすると，必然的に kT/C ノイズが大きくなる。しかし，4T-APS の場合，FD アンプにおける kT/C ノイズは CDS 回路により除去される。そのため，$C_{\rm FD}$ を小さくすると変換ゲインが大きくなり，バッファのランダムノイズが相対的に小さく見えることで，SNR がよくなる。

なお，信号をホールドしたあとは，容量に記憶された電圧は変化しない（それ以上のノイズは生じない）ことに注意が必要である。いわば，ある一瞬のノイズのスナップショットが容量に記憶される。

1.3 CMOS イメージセンサの特異性とアーキテクチャの選択

ここまでは，CMOS イメージセンサのアーキテクチャと実装には目をつぶり，画素の機能と基本特性だけを見てきた。しかしそれだけでは，CMOS イメージセンサに対する疑問は解消されない。本節では CMOS イメージセンサの特異性と，それに対応するためのアーキテクチャについて述べる。

1.3.1 CMOS イメージセンサ設計の特異性と制約

イメージセンサの設計が特異な原因は，まず電荷転送にある。つぎに，非常に小さい画素が2次元的にびっしりと敷き詰められていることにある。

スマホ用CMOSイメージセンサの画素ピッチは1μmを下回っており，1千万画素は当たり前で1億画素を超えるものもある。イメージセンサの出力画像は，もともとは人が鑑賞するためのものであったので，縦筋や横筋などの人が視認できる固定パターンノイズは一切許されない。さらに，薄暗い所でもできるだけ鮮明に撮影できる（つまりランダムノイズをできるだけ抑える）ことが要求される。

図1.12にCMOSイメージセンサの設計上の制約をまとめる。以下，それぞれについて説明する。

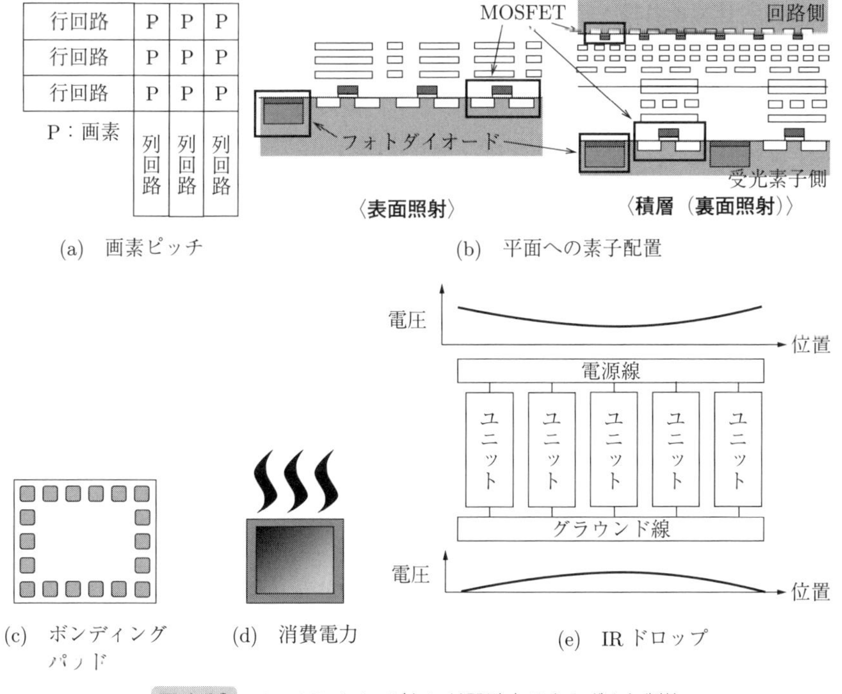

図1.12　CMOSイメージセンサ設計上のさまざまな制約

〔**1**〕　**画素ピッチ**　　研究レベルでは必ずしもそうではないが，量産品のCMOSイメージセンサは，完成品のカメラを想定して開発される。そのため，撮像レンズの大きさに制約が加わり，イメージサークル（光学像の直径）の大

きさが限定される。イメージセンサの受光面積はイメージサークルよりも小さい必要があるので，これにより画素アレイ全体の大きさ（**光学フォーマット**と呼ばれ，インチで表される）が決まる。さらに応用上必要な空間分解能から画素ピッチが決まる。

一般的に，アナログ集積回路では，素子特性のばらつきや信号のクロストークの低減のために，素子サイズと回路のレイアウトが大きくなる傾向がある。しかし，CMOS イメージセンサの回路は（A/D 変換器を含めて）大部分がアナログ回路であるにもかかわらず，画素ピッチが狭いため，回路のレイアウト面積が厳しく制限される。そのため，素子特性のばらつきの補正や低減が回路により可能であれば，定石を破ってでもレイアウトを小さくすることを優先する。また，それが回路設計者の工夫のしどころでもある。

〔2〕 平面への素子配置　前述のように集積回路は層構造を持ち，MOSFET 層，配線層などのように分けられる（MOSFET 層はさらに複数の層からなる）。配線層は普通多層であるが，MOSFET は 1 層しかないので，多数の MOSFET を平面内に展開して配置して，それらを配線で接続することになる。そのため，画素回路の構成素子数が多いと，どうしても画素面積が大きくなる。

MOSFET は n 型と p 型の相補的な特性を持つ 2 種類が併用され，これらは異なるウェルの中に作られる。ウェルには製造上の最小サイズがあるため，2 種類の MOSFET を混在させるとレイアウト面積が大きくなる。画素ピッチを極力抑えたい場合には，1 種類の MOSFET だけ（通常 n 型）が利用される。

見落としがちだが，画素の制御信号，読出し信号などの配線も面積を消費する。そのため，信号処理回路の規模だけでなく，その制御と信号読出しに必要な配線本数まで考えて，イメージセンサのアーキテクチャと，それを実現する回路構成を設計しなければならない。無理に回路と配線を詰め込んで画素ピッチの仕様を満たそうとすると，開口率が小さくなり，光感度が低下する。

この問題を大きく緩和するのが積層技術である[28)]（図 (b) 左）。これは受光素子とその周辺の電荷転送が関係する部分のウェハと，その後の回路のウェハを別々に製造し，あとから貼り合わせる画期的な技術である。積層技術を用いると，裏面照射により回路や配線がない方向から光を入射して，開口率を高めることができる。

それだけでなく，受光素子側と回路側を別のプロセスで製造することのメリットが大きい。受光素子側は完全電荷転送のために電源電圧を下げることが難しいことから，回路側よりも粗い製造プロセスが用いられる。一方，回路側はデジタル回路が多いため，より微細なプロセスを用いて多くの MOSFET を集積できる。微細プロセスではデジタル回路の電源電圧を下げられるため，消費電力の点でも有利になる。ただし，回路側の消費電力が大きいと，受光素子側の温度も上昇するため，暗電流が大きくなることに注意が必要である。

積層技術を適用するには，受光素子側と回路側のチップサイズが完全に一致している必要がある。このため，回路規模によっては，受光素子側または回路側の面積に無駄が生じることがある。この問題を解決するために，ウェハの上にダイシングしたチップを積層する**チップオンウェハ**（chip on wafer, CoW）と呼ばれる技術を用いる場合もある[28)の Fig. 6]。

積層技術におけるウェハ間の接続は年々高密度化されている。従来は画素アレイの外側で接続していたものが，画素内の接続が可能になっている。さらに受光素子側のウェハの MOSFET を 2 層化して，画素ピッチを小さくする技術も発表されている[29)]。

〔**3**〕 **ボンディングパッド**　　集積回路はそれだけで完結するわけではなく，電源と外部との信号の入出力が必要である。そのために，チップの周辺に**ボンディングパッド**（もしくは単に**パッド**）と呼ばれる四角い電極が配置される。チップはそのままでは電子基板に実装できないので，パッケージに貼り付けて金属細線などでパッドとパッケージの電極を接続する。chip on board（**COB**）と呼ばれる技術を使えば，チップを直接電子基板に実装できるが，接続方法はパッケージの場合とほぼ同じである。

パッドはあまり小さくできないため（通常 100 μm 角前後），チップに搭載可能なパッド数はほぼチップサイズで決まる。また，普通はパッド部には回路を載せないため，信号処理の観点からは無駄な領域になる。仮にパッドのピッチが 100 μm で，チップの周囲に 1 周分配置したとすると，5 mm 角のチップには 200 個程度のパッドが置ける。しかし，例えば画素数が 2 000 万画素のイメージセンサに対して 200 個のパッドは明らかに少ない。そのため，イメージセンサの画素値をチップ外に読み出すには，信号を多重化する必要がある。なお，パッドはチップの外周に 2 周以上置くことも可能だが，それでもパッド数はたかだか数倍にしかならない。また，3 次元実装技術として**シリコン貫通電極**（through silicon via, **TSV**）[30] が近年急速に進歩しているが，それでも画素数に対しては圧倒的に少ない。

〔**4**〕 **消 費 電 力**　　多数の回路が同時に動作する CMOS イメージセンサでは，チップ全体の消費電力に注意が必要である。消費電力はカメラ筐体の放熱能力，バッテリの持続時間などにより制限される。一般に，アナログ回路を高い周波数で動かすためには大きい電流が必要となり，消費電力が増加する。また CMOS 論理素子を用いるデジタル回路の場合には，駆動周波数に比例した消費電力が発生する。設計時には，チップ全体の消費電力とピーク電流を抑える回路構成および駆動方法を考えることが重要である。

〔**5**〕 **IR ドロップ**　　同じ回路を 1 次元的に多数並べる場合，共通の電源線から電流が要素回路（ユニット）に分岐し，グランド線に再び合流する。その結果，どちらの配線にも大きい電流が流れる。配線は有限の抵抗値を持つため，オーム則 $V = RI$ によって電源電圧が低下する。この現象は **IR ドロップ**と呼ばれる。なお，グラウンド線については電流が流れ込むため，電圧が上昇する。電源線の真ん中で電圧の降下量が最大となり，その結果，回路特性が劣化する。具体的には，アナログ信号の電圧振幅の減少，アナログ回路のバイアス条件のずれ，デジタル回路の動作速度の低下などの問題が起こる。

これを避けるには，電源線とグラウンド線を太くする，配線層を何層か重ねて接続するなどの方法で，配線抵抗を下げなければならない。また，CMOS デジタル回路のように瞬間的に電流が流れる場合には，電源・グラウンド線間に十分な大きさの容量（**パスコン**と呼ばれる）を接続し，瞬時電流をパスコンから供給して，電源線の電圧変動を抑えるといった対策が必要になる。

1.3.2 回路の稼働率と共有・時分割多重による稼働率の向上

集積回路の製造費用はチップ面積にほぼ比例する。そのため，回路が占有する面積とその効果についてよく考えなければならない。

ここで思考実験を行う。イメージセンサは電子の蓄積によって高感度を実現している。したがって，できるだけ多くの光子を検出するには，露光時間以外の時間（＝信号処理の時間）を短くし，露光時間をフレームレートの逆数に極力近づけることが望ましい。例えばフレームレートが 100 fps であれば，露光時間はほぼ 10 ms にしたい。

仮に，図 1.1 の信号処理回路が画素ごとに個別に用意されており（**画素並列**と呼ばれる），信号処理は CDS 回路と A/D 変換器を順番に動かして行うとする。露光時間を最大にするには，これらの信号処理回路はほんの一瞬だけ動くことが望ましい。この場合，信号処理回路はチップの面積を消費しているにもかかわらず，ほとんどの時間は何もせず待っているだけである。

もし，何らかの工夫をして，蓄積の裏で同時に信号処理を行えるようにしたらどうだろうか？ それでも，この信号処理に 10 ms も掛かるとは考えられない。どんなに長くても数 10 μs 程度だろう。この場合でもやはり，回路はほとんど待機しているだけである。

そこで，回路の稼働率（＝回路が実際に働いている時間の比率）を考える。集積回路という，とてつもなく土地単価が高い面積を消費する回路は，無駄に存在することは許されない。つねに，チップ面積を削減して単価を下げよ，という要求にさらされている。稼働率を上げる良い方法は，信号処理回路を複数の画素で時分割多重により共有することである。そのため，イメージセンサのアーキテクチャは，機能そのものよりも，回路の共有の仕方により大枠が決まると言える。

なお，回路の動作を意図的に遅くして（信号帯域を狭くして），ノイズや消費電力を低減する方法もある。また，像の歪みをなくすには，ローリングシャッタ方式ではなくグローバルシャッタ方式が望ましい。そのような大きな効果が得られるのであれば，貴重な面積を使ってでも，回路を共有せずに並列にたくさん配置する価値がある[25)]。

1.3.3 バス構造を用いた回路の共有化と時分割多重

回路やパッドなどの物理的な資源は，バス構造により時分割多重で共有化できる。**図 1.13** (a) に 1 次元のバス構造を示す。ユニットを選択信号により順番に指定して，ユニットの出力信号を共有される回路で時系列に処理する。こ

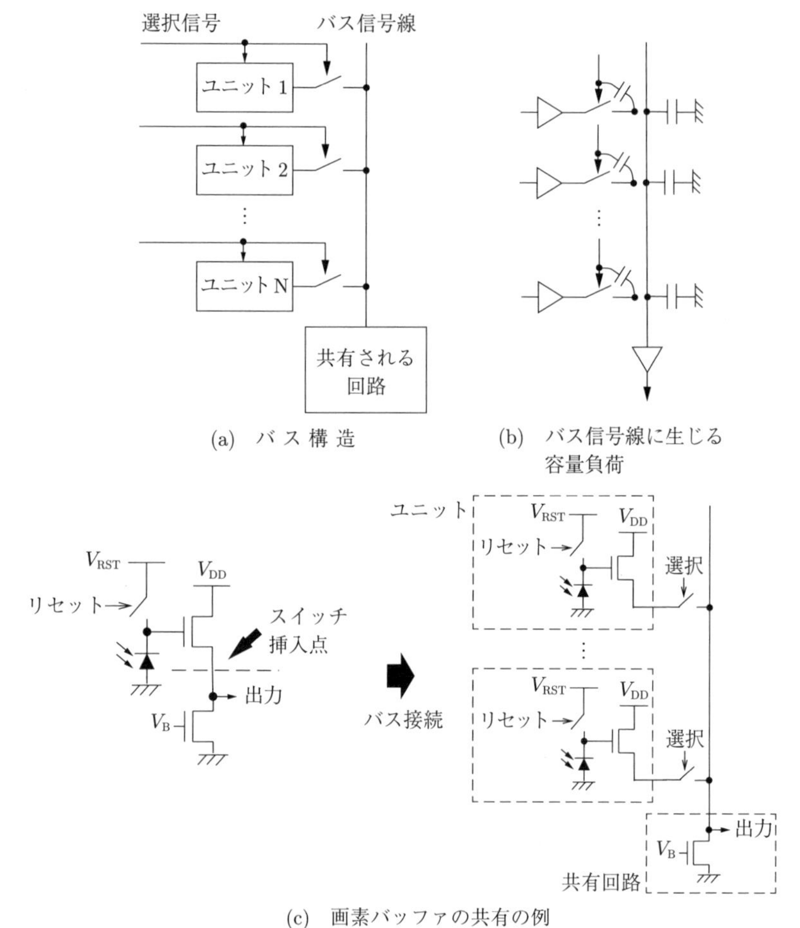

図 1.13 バスを用いた回路の共有

れにより，共有される回路の稼働率を 100 % に近づけることができる。CMOS イメージセンサでは，列回路を複数の画素で共有するときなどに利用される。

バス構造はチップ面積の削減に効果があるが，副作用もある。スイッチは実際には MOSFET で実装されるため，バス信号線には配線間容量に加えて，オーバラップ容量と呼ばれるゲートとソース/ドレイン間の寄生容量がユニット数だけ並列にぶら下がる（図 (b)）。例えば，信号処理回路を画素アレイの列で共有したとすると，バス信号線には行数分のオーバラップ容量が付く。一つが数 fF と小さい容量であったとしても，1 000 行集まると数 pF になる。これは集積回路においては大きい容量である。

各ユニットがバス信号線に信号を出力するためには，この大きい容量を駆動しなければいけない。その結果，信号出力のスピードが低下する（信号のセトリング時間が長くなる）。スピードを上げるには，回路を駆動する電流を大きくする必要があるため，消費電力が増える。

なお，アナログ回路においてバス構造を利用する場合，必ずしも独立したユニットと回路をスイッチで接続するとは限らない。もともと一つだった回路の途中にスイッチを挿入して回路を二つに分割し，一方をユニット，他方を共有回路とする場合がある。

図 (c) は画素のバッファを列で共有する場合である。画素のバッファとして**ソースフォロア**と呼ばれる回路がよく用いられる。これは二つの MOSFET からなり，信号入力側が増幅用，もう一つは負荷として働く。これらの間にスイッチとして一つの MOSFET を挿入し，増幅用トランジスタ側をユニット，負荷トランジスタを共有回路とする。このような手法は，CMOS イメージセンサでは頻繁に用いられる。

1.3.4 並列度によるイメージセンサアーキテクチャの分類

図 1.14 に，イメージセンサの信号処理のアーキテクチャを並列度で分類して示す。ただし，シリアル方式以外は A/D 変換後に，多数のデジタル画素値が同時に得られる。そのため，それらを時分割多重で限られた数のパッドから

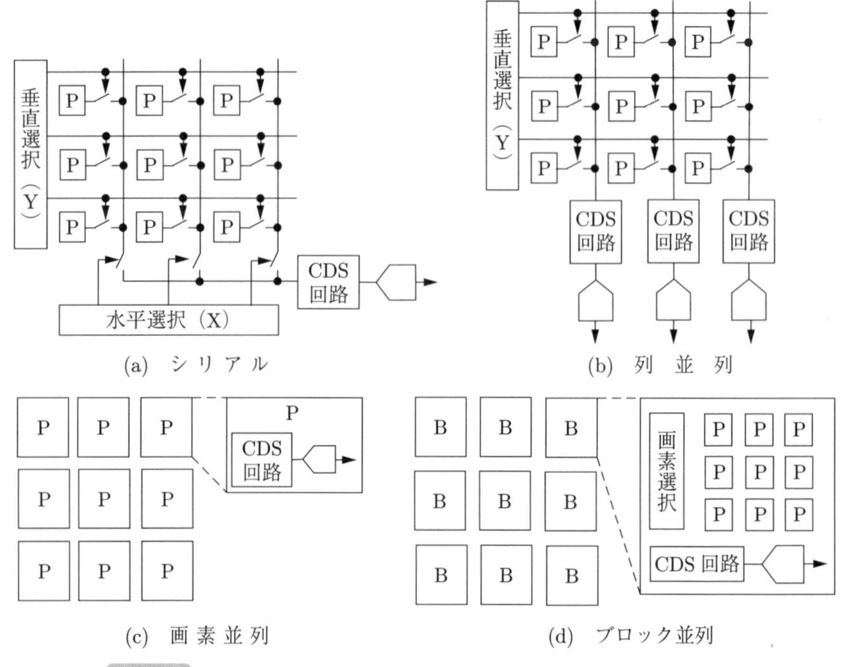

図 1.14　イメージセンサのアーキテクチャ（P：画素，B：ブロック）

チップ外に出力するための機構が別に必要になるが，煩雑になるので図には示していない。

〔**1**〕 **シリアル方式**　　チップ全体で 1 組の CDS 回路と A/D 変換器を共有し，1 画素ずつ画素値を読み出す。読出し画素の指定には 2 種類あり，XY アドレスで 1 画素だけを指定する場合と，Y アドレスにより 1 行分の画素を指定したあとに，X アドレスにより 1 列を指定する直列的なアドレス方式（Y アドレス＋X アドレス）がある。図（a）はより一般的な後者の方式を示している。

なお，シリアル方式で画素値を読む場合には，すべての画素の露光時間を同じにするために，ほかの画素に影響を与えないように，1 画素だけ XY アドレスでリセットする回路構成が用いられることがある（**図 1.15**）[31]。

シリアル方式では，CDS 回路と A/D 変換器は，「画素数×フレームレート」の周波数で動作するため，広い信号帯域が必要である。その結果，回路ランダ

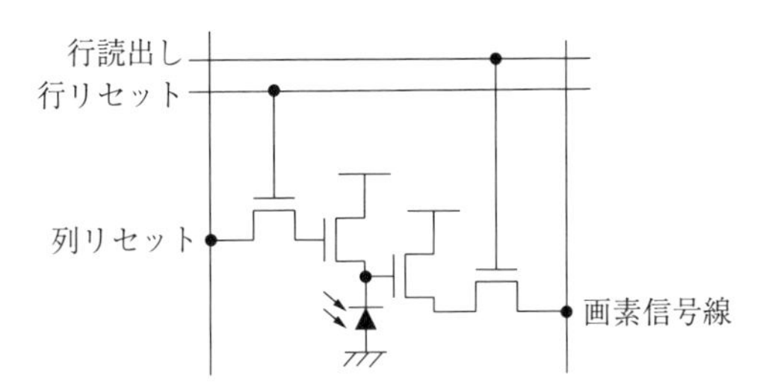

図 1.15　XY アドレスによるリセットの画素例

ムノイズが大きくなる。CCD イメージセンサは実装の仕方は違うものの，この方式に相当する。そのため，多画素化と高フレームレート化が進むと，消費電力だけでなく回路ランダムノイズが増加することが問題となる。

〔2〕 **列並列方式**　CDS 回路と A/D 変換器が各列に個別に設けられており，これらは**列回路**と呼ばれる。Y アドレスにより 1 行分の画素を同時に読み出し，列回路の 1 次元アレイにより同時に信号処理する（図（b））。

シリアル方式に比べて，CDS 回路と A/D 変換器の動作周波数が行数分だけ低くなるため，信号帯域が狭くなり，回路ランダムノイズが低減される。フレームレートを向上するために，画素アレイの上下に列回路を設ける場合もある。

また，CDS 回路（と S/H 回路）だけを列並列とし，A/D 変換器は一つの場合もある。この場合，CDS の結果を 1 列ずつ時分割多重で A/D 変換器に入力するため，列並列方式と Y アドレス＋X アドレスのシリアル方式が混在したアーキテクチャになる。

〔3〕 **画素並列方式**　画素内に A/D 変換器を含むすべての信号処理回路を持つ（図（c））。コンセプトは古くからあるが，すべての回路を画素面積内に収めるため，大きい画素ピッチと低い光感度が課題であった。実用的なイメージセンサは画素内接続を持つ積層技術により初めて実現された。全画素が同時に露光と信号処理を行うため，通常の 4T-APS によりグローバルシャッタを実現できるメリットがある。ただし，すべての画素回路が同時に動くため，画素回路の低消費電力化が重要となる。

〔4〕 **ブロック並列方式**　これは画素並列方式の変形である。CDS 回路と

A/D 変換器をブロック内の $N \times N$ 画素で共有することで，回路面積の制約を緩和する（図 1.14 (d)）。この方式も積層技術が前提となる。問題として，ブロック内でローリングシャッタ歪が生じ，画像にブロック状の構造が生じる可能性がある[32)]。

1.4 要素回路

CMOS イメージセンサの主要な要素回路を紹介する。なお，アナログ回路を適切な条件で動かすためのバイアス回路，電源電圧を安定化させるレギュレータ回路，デジタル回路のクロックを生成する phase-locked loop（PLL）回路，デジタル画素値を高速・低消費電力で出力するための low-voltage differential signaling（LVDS）回路などもよく使われる重要な構成要素だが，アナログ・デジタル混載集積回路の汎用部品なので，ここでは省略する。

1.4.1 受光回路

受光回路として，以下のようなものがある（図 **1.16**）。

〔**1**〕 **ソースフォロア方式**（source follower, **SF**）　画素のバッファに**ソースフォロア**（**ドレイン接地増幅回路**とも呼ばれる）を用いる方式で，最も広く使われている（図 (a)）。電圧ゲインは 1 以下であるが，増幅回路内に負帰還が掛かっているため，電圧ゲインが MOSFET の電流・電圧変換ゲインのばらつきの影響を受けにくい。ただし，MOSFET の閾値電圧ばらつきが出力電圧に現れるため，CDS 回路で除去する必要がある。3T-APS と 4T-APS の両方の方式がある（図は 3T-APS の場合）。

なお，ソースフォロアの代わりに，電圧ゲインが 1 より大きいソース接地増幅回路[33)]や差動増幅回路[25),34)]を用いて，回路ランダムノイズを低減する方式もある。

〔**2**〕 **パルス幅変調方式**（pulse width modulation, **PWM**）　バッファの代わりに比較器（コンパレータ）を用い，pn 接合フォトダイオードまたは FD

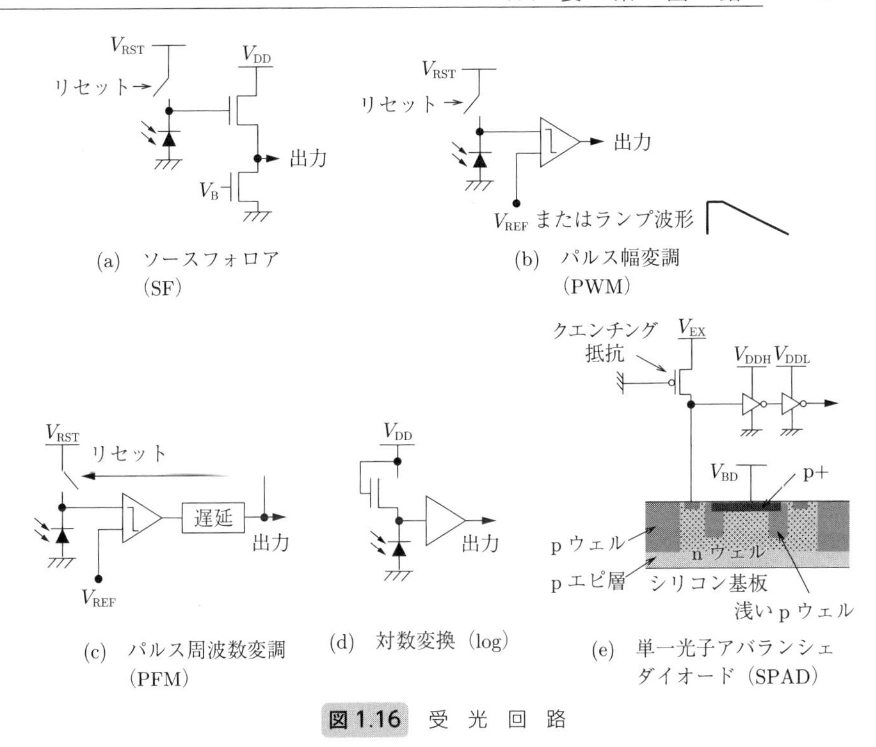

図 1.16 受 光 回 路

アンプの電圧をデジタルパルスの幅に変換する（図（b））[35),36)]。例えば，低光量では短いパルス，高光量では長いパルスが出力される。この方式では CDS 回路は使われない（もしくは比較器が CDS 回路を兼ねる）。また，このあとに接続する A/D 変換器には，パルスの長さをデジタル値に変換する TDC（1.4.6 項〔5〕参照）が用いられる。

蓄積中にフォトダイオード電圧を常時モニタし，ある参照電圧に達するまでの時間を計測する方式と，蓄積後に FD アンプの電圧とランプ電圧（直線的に増加または減少する電圧波形）を比較してパルス幅に変換する方式がある。前者は非破壊中間読出しを行う必要があるため，3T-APS に限定される。また，パルス幅は入射光強度に反比例する。後者は露光時間終了後に読出し動作を行うため，3T-APS と 4T-APS の両方に適用できる。パルス幅は入射光強度に比例する。

〔3〕 **パルス周波数変調方式**（pulse frequency modulation, **PFM**）　入射光強度をデジタルパルスの周波数に変換する（図（c））[37),38)]。画素が自律的に入射光強度をデジタル信号に変換することが特長である。

この方式では，pn 接合フォトダイオードの電圧を比較器で常時モニタし，フォトダイオード電圧が光電流による放電で参照電圧まで低下すると，比較器の出力が L から H に変化する。その出力を遅延を加えてから入力側に帰還して，フォトダイオード電圧を（通常は高い電圧に）リセットする。これは**セルフリセット**と呼ばれる。フォトダイオード電圧の常時モニタが必要なので，3T-APS に限られる。

光感度を上げるためには，フォトダイオードのリセット時の電圧と参照電圧の差を小さくする必要がある。その結果，リセットが不安定になり DR が狭くなる，光感度の画素ばらつきが大きくなるなどの問題が生じる。また，入射光強度にほぼ比例して出力パルスの周波数が増加するため，画素アレイ全体に強い光が入射すると，消費電力が大きくなることも問題である。

〔4〕 **対数変換方式**　MOSFET の閾値電圧以下（サブスレッショルド）の電流・電圧特性が対数であることを利用して，光電流を対数変換した電圧値を出力する（図（d））[39)]。高照度の信号が圧縮されるため，DR を拡大する効果がある。ただし，電荷ではなく電流を入力信号として用いるため，蓄積による信号増幅効果がない。また，MOSFET のランダムノイズが加わるため，SNR が悪いことが課題である。このため，低照度での利用には向かないと考えられている。

〔5〕 **単一光子アバランシェダイオード**（single photon avalanche diode, **SPAD**）　SPAD はフォトダイオードをガイガーモードで動作させることで，光電子を実質的に ∞ の変換ゲインで検出する（図（e））[40)]。

1 光子から生まれた一つの光電子が雪崩増倍を起こし，フォトダイオードのカソード電位を大きく変化させる。SPAD では 1 V オーダでカソード電圧が変化するため，一つの光電子が一つのデジタルパルスに変換される。その後カソード電圧はクエンチング抵抗または回路により元の状態に戻る。ただし，SPAD

内で光電子が発生しても 100 %雪崩増倍を起こすわけではない。

SPAD は雪崩増倍を起こすと，その後しばらく光を検出できない**不感時間** (dead time) が生じる。光子の入射というイベントを取り逃がす現象は**パイルアップ** (pile-up) と呼ばれる。これを避けるために，通常は複数の SPAD をひとまとまりのマクロ画素として扱う。マクロ画素内の SPAD 出力の論理和をとったものを後段で処理する。SPAD を用いるイメージセンサは通常の CMOS イメージセンサとは異なり，ほぼすべてがデジタル回路で構成されることが多い。

1.4.2 ユニット選択回路

バス構造を利用する場合，同時に複数のユニットがバスにアクセスしないように，バスに信号を出力するユニットを選択する機構が必要になる。このために，スキャナとデコーダがよく用いられる。

〔1〕 スキャナ　スキャナは，行や列を端から順番に選択する場合によく用いられる（**図 1.17** (a)）。これは D-FF を直列接続した構造を持ち，シリ

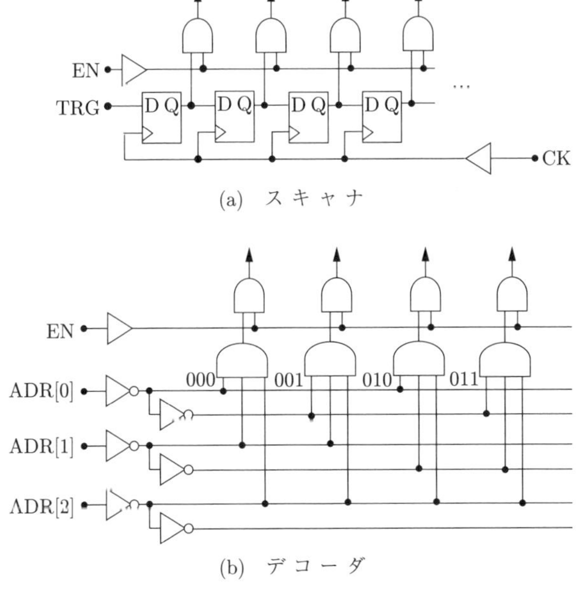

図 1.17　バスのユニット選択に使われる回路

アル・パラレル変換回路とほぼ同じである。通常，TRG は最初の 1 bit だけ H にして，その後は L とする。これにより，CK パルスを入力するごとに H を出力する D-FF が一つずつずれる。

スキャナを通常のシリアル・パラレル変換回路として用いると，任意の 2 値パターンを記憶させることができる。これは，複数ユニットを同時に選択する用途で用いられることがある。また，デジタル回路の構成に手を加えることで，さまざまな拡張が可能である。基本的なスキャナは一方向にしか走査できないが，これを双方向化することもできる。また，**関心領域**（region of interest, **ROI**）に限定した読出しをするために，範囲を指定して走査することもある。

列並列方式の CMOS イメージセンサでは，画素値を読み出す行の指定や，A/D 変換結果を読み出す列の指定にスキャナを用いる。また，読み出す行に対し，FD アンプのリセット，電荷転送ゲートや選択スイッチの制御を行う必要があるため，スキャナの出力にこれらの制御信号（図では EN）との論理積をとる回路が接続される。図には示していないが，その後に，H/L の論理値を適切なアナログ電圧に変換するためのレベルシフタを設ける。

〔**2**〕 **デ コ ー ダ**　　デコーダは，デジタル値 ADR で指定したユニット番号の選択線を H とする回路である（図 (b)）。スキャナよりも回路が複雑になるが，ランダムな選択が可能になる。これについてもスキャナと同様に，制御信号との論理積を取る回路とレベルシフタを接続して用いる。

1.4.3 プライオリティエンコーダ

画素が自律的に動作するイベント駆動型の画素をバスに接続すると，複数の画素で同時にイベントが発生したときに，バスの衝突が起こる。これはバスに調停機構を導入することで解決できるが，イベントに優先順位がある場合には，**プライオリティエンコーダ**が有効である。

プライオリティエンコーダは図 **1.18** に示すように，複数の入力信号線 D のうち H になっている線の番号をデジタル値で出力する。同時に複数の入力信号線が H になった場合，あらかじめ決めた優先順位に従って 1 本だけを選ぶため，

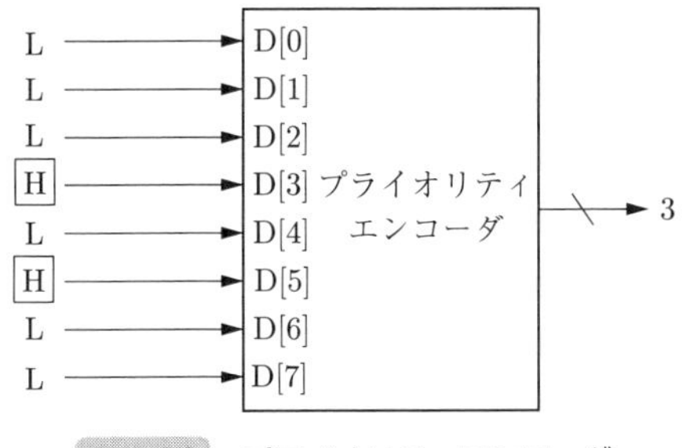

図 1.18　プライオリティエンコーダ

この名前がある。図の例では入力信号のビット 3, 5 が H だが，下位ビットを優先しているため，出力は 3 となる。バスの衝突の問題は回避できるが，ユニットの数だけ信号線が必要なので，ユニット数が多い場合には適用しにくい。

イベント駆動型のイメージセンサ[41)] だけでなく，光切断による 3 次元形状計測に特化したイメージセンサにおける適用例などがある[42)]。

1.4.4 クロックツリー

グローバルシャッタ方式のイメージセンサのように，全画素を同時に駆動する場合には，一つの制御信号 ϕ を多数に分配する必要がある。このために，**クロックツリー**が使われる。**図 1.19** (a) は 2 分木の例である。一つのバッファで複数のユニットに信号を分配すると，バッファからユニットへの距離に応じ

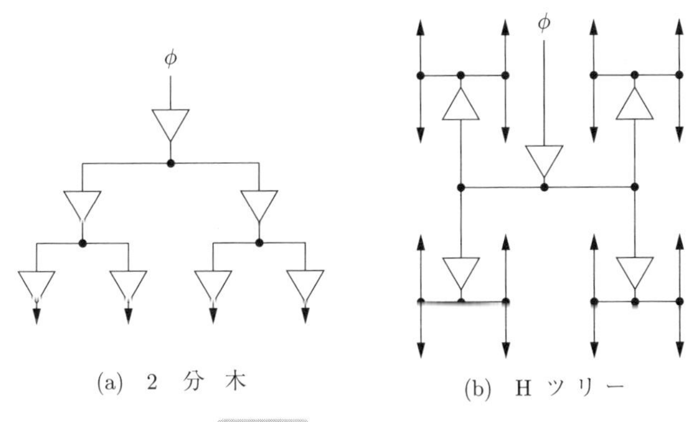

(a) 2 分 木　(b) H ツリー

図 1.19　クロックツリー

て遅延時間が異なる。クロックツリーを利用すると，複製された信号の遅延がすべて同じになる。これは後述の LiDAR 用イメージセンサにも使われる。ただし，2 分木だと多くの段数が必要なので，実際には 4 分木などが使われる[43)]。

2 次元的にアレイ状に配置された画素に 2 分木を適用する場合，2 分木は画素アレイの端に置くことになる。そのため，2 分木と逆の位置にある画素には信号が遅れて届くことになる。信号タイミングの制約が厳しい応用において，2 次元的に配置されたすべてのユニットに同時刻に信号を分配するためには，H ツリーが有効である（図（b））。ただし，画素アレイに対して H ツリーを適用しようとすると，画素アレイ内のところどころに分岐用のバッファを分散して配置することになり，光を感じない部分ができる。そのため，積層技術が前提になると思われる。

1.4.5　スイッチトキャパシタ回路

CMOS イメージセンサでは，複数の画素の出力電圧を順番に読む，リセット電圧のつぎに信号電圧を読むといったように，電圧信号が離散時間で出力されることが多い。そのため，アナログ信号の増幅や処理には，**スイッチトキャパシタ回路**がよく用いられる。

図 1.20（a）は，相関二重サンプリングのための差分回路として機能する。図（b）は離散時間の積分器であり，電圧 V_{REF}〔V〕を基準として，複数の画素電圧を順番に加算することができる。回路構成を変えることで，さまざまなア

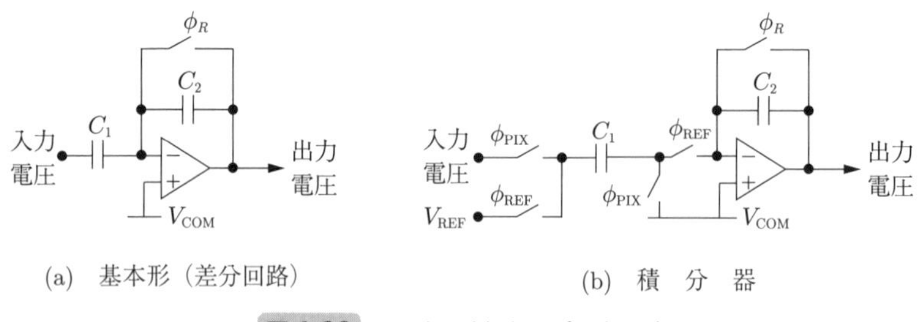

（a）基本形（差分回路）　　（b）積　分　器

図 1.20　スイッチトキャパシタ回路

ナログ演算が実行できる。比較器のアンプとしても用いられる。

1.4.6 A/D 変換器

一般的な列並列方式のCMOSイメージセンサでは，列回路の幅は画素ピッチと同じかその2〜4倍程度のことが多い。そのため，列回路は幅が狭く（数μm）長く（数mm）なる。これは一般的なアナログ回路にはないレイアウトの制約である。そのため，CMOSイメージセンサに適用可能なA/D変換器の方式は限られる。**図1.21**におもな方式をまとめる。

また，複数のA/D変換方式を組み合わせることで，A/D変換のビット数を増やす方式がある。例えばSS-A/D変換器とTDCの組合せ[44]や，サイクリックとSARを組み合わせたもの[45]がある。

〔1〕 シングルスロープ（single slope, SS）A/D変換器　最もよく使われる方式である。PWM方式受光回路に似ている。画素のアナログ信号電圧v_{SF}とランプ信号電圧v_{RAMP}を比較器により比べ，ランプ信号を開始してからこれら二つの電圧が一致するまでのクロック数をカウンタで数える（図（a））。

カウンタとしてアップ・ダウン（U/D）カウンタを用い，リセット電圧$v_{SF,RST}$と信号電圧$v_{SF,SIG}$の差分をデジタル回路で計算して，デジタル領域で相関二重サンプリングを行う方式もある[46]。

アナログ回路が比較器しかなく，ほかの部分が完全にデジタル回路であるため，回路面積の縮小と低消費電力化が可能である。ただし，N bitの変換には2^N回のクロックが必要なため，ビット数が増えると変換時間が長くなるか，高いクロック周波数が要求されることが課題である。

〔2〕 逐次比較（successive approximation register, SAR）A/D変換器　容量で構成されるデジタル・アナログ（D/A）変換器と入力信号電圧を比較し，上位ビットから1bitずつ変換する方式である（図（b））[47]。1bit変換するごとに，D/A変換器の出力が入力信号電圧に近づいていくため，この名前がある。変換時間が短く消費電力が低いが，ビット数が多くなるとD/A変換器の面積が大きくなる。

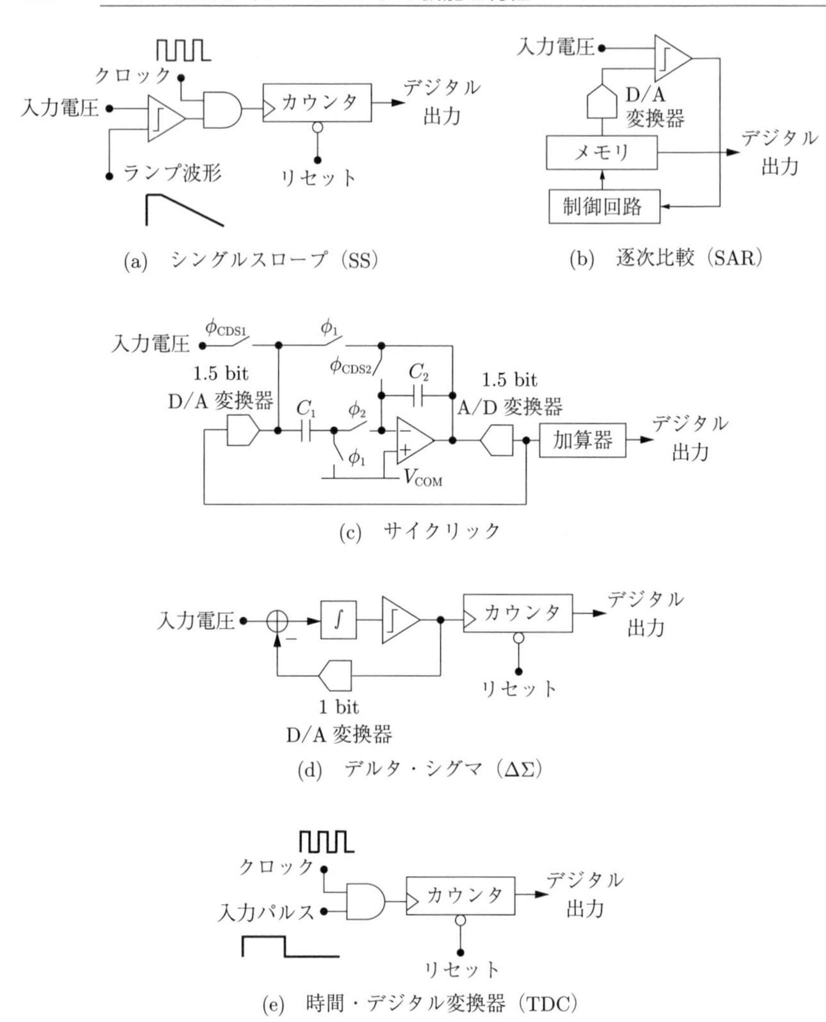

図 1.21　CMOSイメージセンサで利用されるA/D変換器

〔**3**〕 **サイクリックA/D変換器**　　1.5 bit A/D変換器を用いて，上位ビットから残差を2倍しながら順番に変換する（図(c)）[48]。N bitの変換が$N-1$回の比較で実行できるため，変換スピードが速く，高フレームレートのCMOSイメージセンサに利用される。1.5 bit A/D, D/A変換器を用いていることで冗長性があるため，比較器の閾値電圧の誤差はデジタル領域で補正される。高速

なパイプライン A/D 変換器の 1 段だけを取り出し，巡回型にしたものとも考えられる。

〔4〕 **デルタ・シグマ（ΔΣ）A/D 変換器**　アナログ入力電圧を，電圧振幅に比例したパルス密度を持つ 2 値信号に変換し，ある時間内のパルス数を数えることでデジタル値に変換する（図 (d)）[24), 49), 50)]。差分回路，1 bit A/D 変換器（比較器），積分器，デジタルローパスフィルタを用いる。A/D 変換の周波数は低いが，ビット数を増やしやすいという利点がある。

ΔΣ A/D 変換器では，A/D 変換の周波数の N 倍で信号をサンプリングすることで（N 倍オーバサンプリング），ノイズシェイピングにより量子化ノイズを高周波に飛ばす。これをフィルタにより除去することで量子化ノイズを低減する。図 (d) において，差分と積分のフィードバックループの数は次数と呼ばれ，これを増やすほどノイズが減少する。デジタルローパスフィルタとしてカウンタが用いられることが多い[24)]。オーバサンプリングは，4T-APS のマルチサンプリングを用いて，画素値を何度も読み出すことで行う（図 1.5 (b)）。

〔5〕 **時間・デジタル変換器**（time-to-digital converter, **TDC**）　これは PWM 方式受光回路や SPAD のように画素信号がアナログ電圧ではなく，2 値のパルス幅やパルス発生タイミングの場合に用いられる。さまざまな実装があるが，簡単な方式を図 1.21 (e) に示す。この場合，パルス幅とクロックの論理積をとり，パルス数をカウンタで数えることで A/D 変換する。後述する直接法 ToF では，パルス幅の代わりに，開始パルスから終了パルスの間に含まれるクロックを数える方式がよく用いられる[51)]。

1.5 ま　と　め

本章では，CMOS イメージセンサを機能と実装に分けて説明することで，すでに発表されているイメージセンサがなぜそのような構成や駆動方式をとっているのかを理解する知識基盤を構築することを試みた。また，イメージセンサの大部分を占めるアナログ・デジタル混載集積回路の設計における常識と，画素ピッチという普通の集積回路にはない制約が設計に与える影響を説明した。さらに，イメージセンサでよく使われる基本回路を概観した。

イメージセンサにおける常識は，一般的な半導体集積回路では非常識であり，半導体集積回路の常識はソフトウェア畑の技術者には非常識に見える。画素の重要技術である完全電荷転送は回路図で表すことができないため回路設計と言うよりもデバイス設計である。その入り口となるフォトダイオードは光学と密接に結び付いている。このように，イメージセンサは多様な技術と思想が詰まった指先サイズの坩堝と言える。今後，新しいイメージセンサ技術と応用分野における新しい潮流がおたがいを刺激し合うことで新しい概念に基づくイメージセンサ，カメラ，システムが続々と登場することを期待したい。

第 2 章
特化した機能・性能を持つイメージセンサ

本章では，特徴的な機能や性能を持つ CMOS イメージセンサの概要を説明する。光感度はイメージセンサの重要な性能の一つであるが，単一光子を検出する極限的な性能を持つイメージセンサが登場している。また，自動運転はイメージセンサの重要な応用であるが，暗くて見えない，明るすぎて目がくらむといったトラブルは許されない。この問題を解決するために，光量にして 5 桁以上のダイナミックレンジを実現するさまざまな方式が開発されている。それ以外にも，従来のフレーム単位の画像読出しを根本から見直したイベント駆動型イメージセンサ，常時電源オンで利用するための超低消費電力イメージセンサ，光飛行時間から距離情報を取得する LiDAR イメージセンサなど，従来と異なる概念・方式に基づくイメージセンサが増えている。コンピュータビジョンやコンピュテーショナルフォトグラフィに関するものでは，可変解像度の撮影や符号化露光・読出しを行うものも発表されている。また，波面，波長，偏光といった，強度以外の光情報を撮影するものも研究開発が進んでいる。

2.1 光子計数

光子数を数えることができるイメージセンサとして，SPAD を利用したものと，高い変換ゲインを持つ FD アンプを用いたものがある。

2.1.1 SPAD

SPAD は光子（実際には光電子）を一つ検出すると一つの 2 値パルスを出力するため，パルス数を数えることで信号電子数が整数値で得られる。フォトダイオードの暗電流に相当するダークカウントが比較的高く，光子検出確率が低いことが問題であったが，製造プロセスの改良，電荷収集機構の適用などにより解決されている[1]。

2.1.2 高変換ゲイン FD アンプ

埋込みフォトダイオードを用いた方式では，FD アンプの変換ゲインを高めることで回路ランダムノイズの標準偏差 σ_c を小さくして，電子数が数えられるようになる。**図 2.1** にいくつかの σ_c に対する画素値の確率密度分布を示す。σ_c が小さくなると分布に明瞭な谷ができ，電子計数が可能となることがわかる。

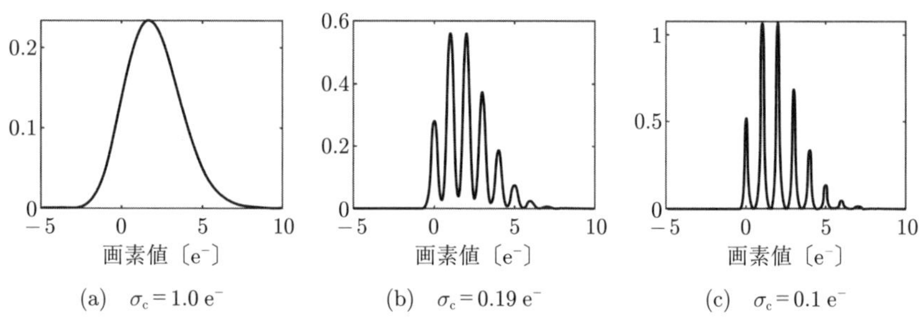

(a)　$\sigma_c = 1.0\ e^-$　　(b)　$\sigma_c = 0.19\ e^-$　　(c)　$\sigma_c = 0.1\ e^-$

平均電子数 $2\ e^-$，回路ランダムノイズの標準偏差 σ_c

図 2.1　回路ランダムノイズと画素値の分布の関係

MOSFET にはさまざまな寄生容量があるため，FD アンプの実効容量を小さくすることは簡単ではない[2]。文献 3) には，光子計数感度を持つ CMOS イメージセンサと信号処理の技術がまとめられている。ポンプゲート方式により，回路ランダムノイズ $0.19\ e^-$ が実現されている[4]。

従来用いられてきた光子計数可能な**電子増倍型**（electron multiplying, **EM**）**CCD イメージセンサ**は，雪崩増倍ゲインの時間揺らぎによる過剰ノイズがある。また，雪崩増倍ゲインは温度依存性が大きいため，温度を一定に保つか，温度をモニタしてフォトダイオードの逆バイアス電圧を調整することが必要である。これは SPAD についても同様である。一方，高変換ゲイン FD アンプを用いる方式は，そのような問題がない。

2.2　高ダイナミックレンジ（HDR）

車載応用では，暗所で画像が真っ暗になる（黒潰れ），強い太陽光下で画像が真っ白になる（白飛び）などのトラブルは安全上決して許されない。いかなる照明条件においても安定して撮像するためには，高い DR だけでなく低照度における高い SNR が必要である。さらに，信号や道路上の標示にパルス駆動される LED を用いることが一般化しているため，光源のフリッカの影響を受けない撮像が要求される。また，ローリングシャッタ歪みは画像認識において誤認識を引き起こす可能性があるため，グローバルシャッタにより露光の同時性を担保することが望ましい。

高ダイナミックレンジ（high dynamic range, HDR）の実現にはさまざまな方法があるが，代表的なものを**図 2.2** にまとめる。いずれの方式も，複数の異なる光感度を用い，それらを入射光強度に対して線型な 1 枚の画像に合成するという点では同じである。

合成処理では，光感度の切替え点における不連続性と，SNR の落ち込み（**SNR ディップ**または **SNR ギャップ**と呼ばれる）が問題になる。一般に，低照度側では光感度を高くし，高照度側の撮影では光感度を下げる。そのため高感度（低照度）から低感度（高照度）の切替え点で画素値が減少して，SNR も低下する。この SNR の減少量が SNR ディップと呼ばれる。DR が一定の場合，光感度の種類を増やすほど感度の切替え点が増えるため，SNR ディップは小さくなる。しかし，それだけ回路面積や消費電力が増えるといった副作用がある。

車載カメラに要求される 120 dB を実現するために，複数の方式を組み合わせることも検討されている。文献 5) はマルチ変換ゲインとマルチフォトダイオードを併用することで，132 dB を達成している。文献 6) では，通常の 4T-APS 動作，オーバフロー方式，飽和時間検出方式の三つを組み合わせることで，127 dB を実現している。

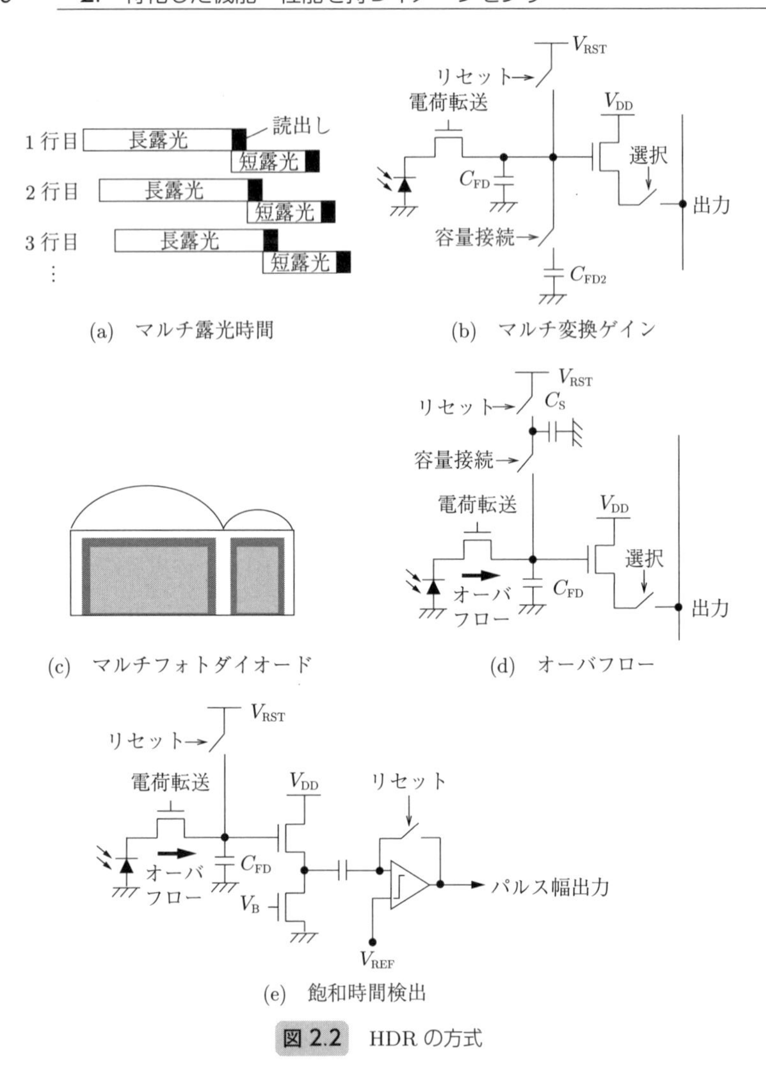

図 2.2　HDR の方式

2.2.1 マルチ露光時間方式

長・短複数の露光時間を適用して撮影した複数枚の画像を合成することでDRを広げる（図 (a)）[7]。実現は比較的容易だが，長さの異なる露光を順番に行うため，低照度と高照度に対する画像間の同時性がなく，動物体やフリッカに弱い。

2.2.2 マルチ変換ゲイン方式

FD アンプの横にスイッチを介して別の容量を設け，容量接続スイッチのオン/オフにより複数の変換ゲインを切り替える（図（b））[8]。一般に，変換ゲインと飽和電子数はトレードオフの関係にある。高変換ゲインにおいて信号電子が多い場合，電荷転送時に FD アンプで電子を受けきれず，その一部が埋め込みフォトダイオードに残留する。つぎに容量接続スイッチをオンにすることで，FD アンプの容量を増やして（変換ゲインを下げて），残留した電子を再度 FD アンプに転送する。

低照度側の SNR を高く保ったまま，高照度側に DR を広げることができる。DR は埋込みフォトダイオードの飽和電子数で決まる。

2.2.3 マルチフォトダイオード方式

1 画素に受光面積が大きいフォトダイオード（高感度）と小さいサブフォトダイオード（低感度）を持たせる（図（c））。動物体やフリッカに強いが，二つのフォトダイオードの位置がわずかに異なるため，他方式に比べると画像合成処理がやや複雑だと思われる[5]。

2.2.4 オーバフロー方式

高照度では蓄積中に埋込みフォトダイオードから電荷転送ゲートの電位障壁を乗り越えて，電子が FD アンプにあふれ出す（オーバフローする）。これを FD アンプの横にスイッチを介して別に用意した大きい容量（オーバフロー容量）と合わせて蓄積することで，DR を拡大する（図（d））[9]。構造はマルチゲイン方式に似ているが，飽和電子数がオーバフロー容量で決まる点が異なる。露光の同時性があるため，動物体，フリッカに強い。ただし，DR を高めるためには大きい容量が必要になる。

2.2.5 飽和時間検出方式

前述のように，高照度では，埋込みフォトダイオードから FD アンプに電子があふれ出す。蓄積開始の前に，FDアンプの電圧をリセット電圧に設定すると，あふれ出した電子によりFDアンプの電圧が低下していく。そこで，蓄積開始から，FDアンプの電圧があらかじめ設定した参照電圧に達するまでの時間を計測する（図（e））。これは**飽和時間検出**（time to saturation, **TTS**）**方式**と呼ばれる。

これは，一定の参照電圧を用いるPWM方式受光回路をFDアンプに適用したものとも考えられる。パルス幅をデジタル値に変換するためのTDCのクロック周波数を高くすることで，高照度側にDRを広げることができる。信号の蓄積効果があるため，動物体やフリッカに強いと考えられている[6)]。

2.3 可変解像度（電荷領域）

通常のCMOSイメージセンサでは，その中にCCDを作り込むことができないため，電荷転送を電圧の高いほうから低いほうに1方向にしか行えない。そのため，電荷の転送は1〜2段程度に限られる。それでも，電子数の加算などの簡単な処理であれば，回路を用いることなく電荷領域で実現できる。

CMOSイメージセンサでは，FDアンプ，リセットトランジスタ，ソースフォロアトランジスタ，選択トランジスタを，複数の画素で共有することで画素面積を縮小することがよく行われる。図**2.3**（a）では，4画素で1組の回路を共有している[10)]。この場合，複数の埋込みフォトダイオードから同時にFDアンプに電子を転送することで，電子数が加算される。これは画素値加算により画素数を減らす**ビニング**（bining）と呼ばれる処理に対応する。

ビニングは，SNRの向上，低消費電力化，フレームレートの向上などのために用いられる。なお，カラーイメージセンサでは同じ色の信号を加算する必要があるため，FDアンプ同士の接続が少し複雑になる[11),12)]。

文献13)では，複数のFDアンプをスイッチで接続することで可変サイズのビニング（1/2, 1/4, 1/8, 1/192）を実現している（図（b））。ただし，大きく解像度が変更できるのは，構造上，行方向に限られる。

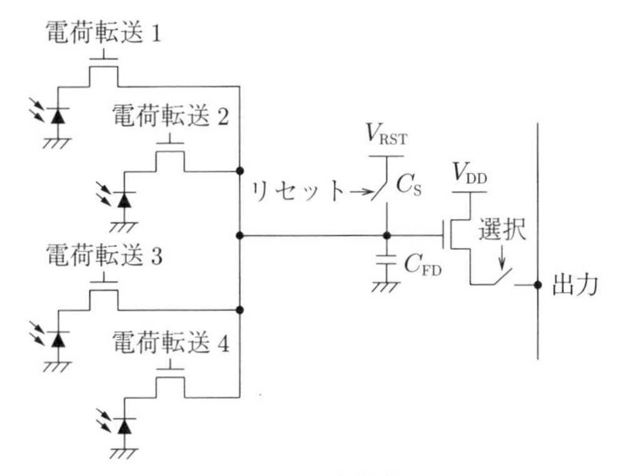

(a) 4 画素共有

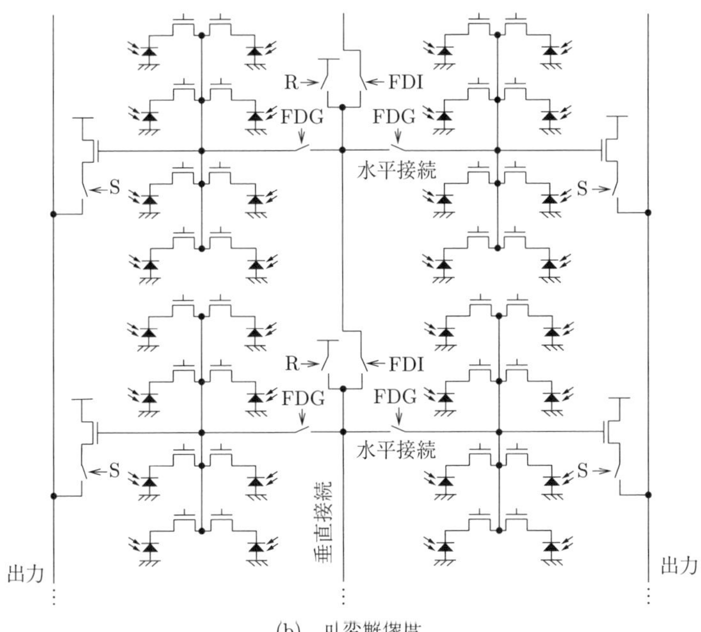

(b) 可変解像度

R：リセット，S：選択，FDI：縦方向接続，FDG：横方向接続。電荷転送制御信号は省略している。

図 2.3 電荷領域のビニング

2.4 イベント駆動型 CMOS イメージセンサ

人間の網膜を模倣したイメージセンサは古くから研究されてきたが，画素内の回路が大きいため，画素数と光感度が課題であった[14)]。しかしこれは，積層技術により解決されつつある。

網膜を模倣したイベント駆動型 CMOS イメージセンサは，画素アレイの端から端まで画素値を順番に読み出す方式を使わない。その代わりに，各画素において一定の画素値変化があった場合に，オン（画素値の増加）またはオフ（画素値の減少）のイベント（スパイク）を非同期的に出力する。また，単に入射光強度に応じた頻度でイベントを出力する方式もある。いずれの方式であっても，非同期的に発生するイベントを読み出すために，バスの調停機構が必要となる[15)]。

ここでは，その一例を紹介する[16)]。画素は，受光素子として対数変換方式受光回路を用いて DR を広げる。まず，直前にイベントが発生した時の対数変換方式受光回路の出力電圧 v_{log} を $v_{\mathrm{log,prev}}$ としてアナログ的に記憶する。そして，現在の信号電圧との差の絶対値 $|v_{\mathrm{log}} - v_{\mathrm{log,prev}}|$ が与えた閾値 Δ_{th} を超えると，オンまたはオフのイベントを発生する。

イベントは非同期的に発生するため，そのイベントをバスを介して読み出すために，調停機構を持つ。図 **2.4** は簡略化したイメージセンサのアーキテクチャである。画素は 2 次元格子上に配置されており，垂直バス調停機構，同一行内で同時に起こったイベントをチップ外に読み出すための信号処理回路（イベント頻度を一定に制御する回路を含む）などからなる。

画素でイベントが起こると，画素は同一行内で共有された reqY 信号線を H にすることで，垂直バス調停回路にバス利用権を要求する。バスの利用権は複数の画素が同時に要求する可能性があるので，reqY 信号線の駆動にはワイアード OR が用いられる。垂直バス調停回路がバスの利用を許可すると，ackY=H が返ってくる。

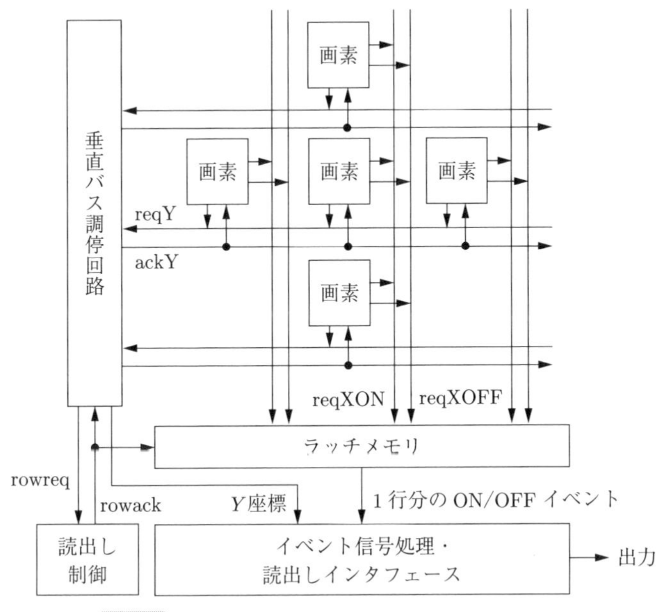

図 2.4 イベント駆動型 CMOS イメージセンサのアーキテクチャ例

つぎに，イベントを同一列内で共有されたオンイベント用の reqXON 信号線，またはオフイベント用の reqXOFF 信号線を，H にして出力する。これは ackY=H となっている行のすべての画素が対象となっており，読み出されたすべてのイベントは，いったんラッチメモリに記憶される。

その後，垂直バス調停回路が ackY を L にしてバスを開放し，新しいイベントを待つ。それと同時に，イベント信号処理回路・読出しインタフェースがイベントをチップの外に読み出す。

ところで，SPAD を用いるイメージセンサでは，光子の検出がイベントとなる。網膜模倣のイメージセンサとはイベントの発生要因が異なるが，イベント処理の回路には共通点が多い[17)]。

2.5 オンチップ信号処理機能を持つ低電圧・低消費電力イメージセンサ

Internet of Things（IoT）におけるカメラデバイスは，24時間の常時撮影が求められる。このために，SNRやDRといった基本性能をできるだけ落とさずに，低消費電力化することが重要となる。とは言え，多画素化，高フレームレート化が進むと必然的に消費電力が増えるため，駆動方法か回路方式に工夫が必要となる。

低消費電力化手法の一つに，フルスペックの画像読出しモードとは別に，取得する情報を削減した低消費電力モードを用意する方式がある。例えば，通常は低消費電力の動き検出（motion detection, MD）モードで動作し，詳細な画像データは取得しない。動物体が検出されると，フルスペックモードに移行して撮像を開始する[18]。前述の可変解像度イメージセンサもこのような動作を想定しており，通常は低解像度で撮像することで低消費電力化を図る。

低消費電力化に適した受光回路を用いる方式もある。PWM方式受光回路は，画素値を2値パルスの幅として読み出すため，電源電圧を1V以下に低電圧化できる。回路構成に依存するが，回路の消費電力は電源電圧の2乗に比例することが多い。そのため，電源電圧の低減は低消費電力化に大きな効果がある。

PWM方式受光回路を用いて時間領域の信号処理を行うことで，**畳み込みニューラルネットワーク**（convolutional neural network, **CNN**）により物体認識を行うCMOSイメージセンサが開発されている[19]。そのほかにも，画像の畳み込み演算を行うもの[20]，画素値変化のイベントを出力するもの[21]など，さまざまな機能を持つCMOSイメージセンサが開発されている。

2.6 LiDARイメージセンサ

光の飛行時間（Time-of-Flight, **ToF**）から距離を計測する **LiDAR**（light detection and ranging）用のCMOSイメージセンサには，直接法ToFと間接

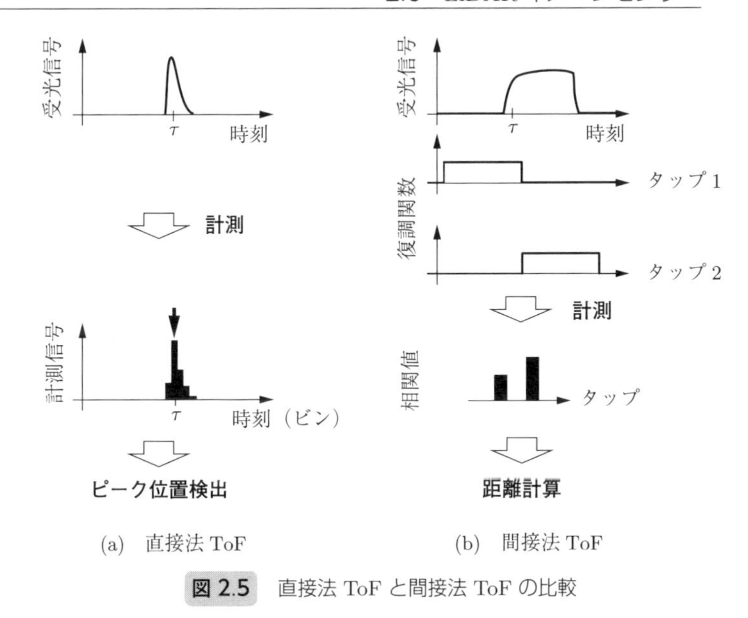

(a)　直接法 ToF　　(b)　間接法 ToF

図 2.5　直接法 ToF と間接法 ToF の比較

法 ToF の 2 種類がある[22]。**図 2.5** に比較を示す。また，LiDAR に用いられる主な受光素子として，**SPAD** と**電荷変調器**がある。

直接法 ToF は，反射光の受光信号の波形そのものを計測して，そのピーク時刻から距離を計算する方式である。一方，間接法 ToF は，複数の復調関数（または時間窓関数）を用意し，それらと受光波形の相関値を画素値として検出して，そこから計算で距離を求める。間接法 ToF は用いる光源の変調方法により，正弦波を用いる**振幅変調連続波**（amplitude modulation continuous wave, **AMCW**）**方式**，矩形パルスを用いる**パルス変調方式**などに分類される。

2.6.1　直 接 法 ToF

直接法 ToF では，受光素子として SPAD が用いられる。SPAD が出力するパルスから光子の飛行時間を計測する TDC と，飛行時間に対する光子数のヒストグラムを生成する回路により，受光信号の計測波形を得る[23]。これらの回路はほぼデジタル回路であるため，積層技術により微細プロセスを利用できることのメリットが大きい。しかし，回路規模が大きいため，ヒストグラムのビンの数が多いと，微細プロセスを用いたとしても，画素並列の実装は難しい。画素並列の場合には，どうしてもビンの数が少なくなる[24)]。

1 000 を超えるビン数が必要な場合，1 行分の画素に対する TDC とヒストグラム生成器をハードウェアとして持ち，時分割多重で行方向に走査する方法が用いられる[25)]。この場合，読み出している行以外の入射光は無視されるため，光の損失が大きいように思われる。しかし LiDAR では，太陽光によるショットノイズの影響を抑えるために，被写体にライン状の光を照射して，照射位置を走査する方式がよく用いられる。これにより，光を面で照射するフラッシュ型よりも光のピークパワーが高くなるため，太陽光の影響を相対的に低減できる。これは前述の行走査読出し型のイメージセンサと相性が良い。

また，SPAD の出力パルスをイベント駆動方式で読み出すものもある[17)]。この場合，全画素が同時に計測を行うので，低光量の場合には光の損失はない。しかし，入射光強度が大きくなると，イベントの取りこぼしが発生する。

2.6.2 間接法 ToF

図 2.6 (a) の等価回路図に示すように，**間接法 ToF** で用いられる電荷変調器

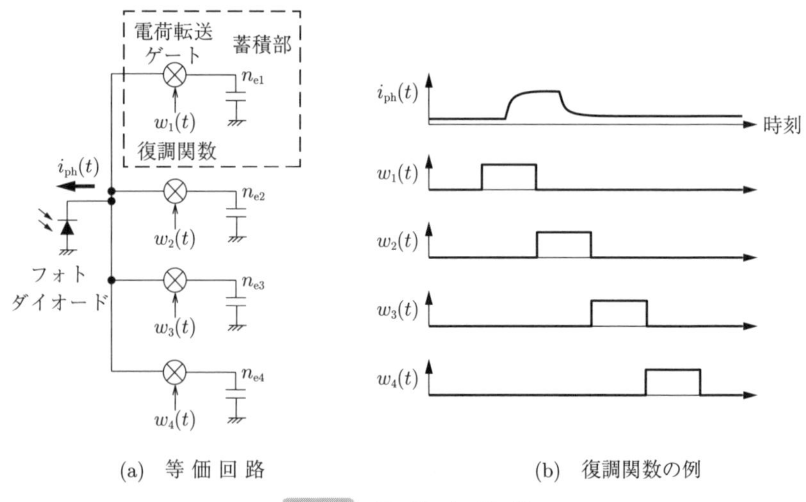

(a) 等価回路　　(b) 復調関数の例

図 2.6 電荷変調器

は，タップと呼ばれる電荷転送ゲートと電荷蓄積部の組を二つ以上持つ。電荷転送ゲートに，図（b）に示すような 2 値の復調関数 $w_{\mathrm{i}}(t)$ を適用することで，時間信号としての光電流 $i_{\mathrm{ph}}(t)$ と復調関数 $w_{\mathrm{i}}(t)$ の相関値が電子数として得られる。

間接法 ToF で用いられる電荷変調器には，以下のようなさまざまな方式がある[26)]。

- 電荷転送ゲート方式[27)]：4T-APS に類似した構造を持つ。
- フォトゲート方式[28),29)]：CCD イメージセンサのようにゲート下の電子を制御する。
- 電流アシストフォトニック復調器方式[27)]：電流の向きにより電荷の転送方向を制御する。
- ラテラル電界制御電荷変調器方式[30)]：ゲート対で電界を制御する。
- タップ化フォトダイオード方式[31)]：埋込みフォトダイオードの高濃度 p 型層を電極化しして電荷を変調する。

なお，SPAD を利用する場合でも，TDC を使わず，時間窓の中で発生したパルス数をカウントする方式もある。この方式では，1 回の計測では光飛行時間のヒストグラムが作成できないので，間接法 ToF になる。

間接法 ToF イメージセンサでは，すべての画素の電荷変調器を同時に高速に駆動するため，駆動回路に大きなピーク電流が流れる。また，LiDAR に共通の課題として，複数の LiDAR がシーン内に存在すると，それらが干渉して計測距離に誤差が生じる。これらの問題を同時に解決するために，露光タイミングを画素アレイの列ごとにずらす方法が提案されている[29)]。

2.6.3 マルチパス干渉

異なる光路長を持つ複数の反射光が混じる現象は，**マルチパス干渉**と呼ばれる。間接法 ToF は反射光の波形そのものを測るわけではないので，マルチパス干渉の影響を受け，計測距離に誤差が生じやすい。これを解決するために，次節で紹介する符号化露光を間接法 ToF イメージセンサに適用し，時間的な圧縮センシング[32)]を用いた疑似直接法 ToF が提案されている[33)]。

2.7　符号化露光/読出し

通常の CMOS イメージセンサは露光方式として，グローバルシャッタかローリングシャッタを用いる。そのため，全画素同時に露光するか，上の行から下に順番に露光する。それに対し，**図 2.7** のように，画素ごとに露光と非露光の空間的なパターンを与える**符号化露光**と呼ばれる方法がある。露光パターンを時々刻々と変えながら，信号を蓄積したあと，画像を読み出す。このように，複数フレームを 1 枚の画像に時間的に圧縮して撮影し，その後にコンピュータ上で元の動画像を復元する技術は，**圧縮ビデオ**[34),35)]と呼ばれる。

図 2.7　空間符号の例

文献 36) のイメージセンサは，画素内に小面積の 2 bit の dynamic random access memory（DRAM）を持つ。これにより時間的かつ空間的に任意の露光符号を適用し，複数のフレームを 1 枚の画像に電荷領域で圧縮する。

文献 37) では，空間符号を露光時ではなく，画素値の読出し時に適用する。ブロック内（例えば 8×8 画素）の画素をランダムにピックアップして画素値を回路により加算することで，空間的に圧縮して読み出す方法が提案されている。

文献 38) のイメージセンサは，2 タップの電荷変調器と，画素内にそれぞれのタップの露光のオン・オフを記憶するデジタルメモリを持つ。被写体への投影パターンや投光方位を変えながら，画像を画素内のタップに記憶して撮影する。これにより構造光投影を用いた 3 次元形状計測や，フォトメトリックステレオによる面方位計測を実現している。

2.8 光強度以外の検出：波面，波長，偏光

回路の工夫だけでなく，微小光学素子，プラズモニック素子を画素に設けることで，光学的な機能を付与する技術もある。タルボ効果[39]やデジタルマイクロレンズ[40]を用いた単眼立体イメージセンサ，画素ごとに方向が異なる偏光子を設けた偏光イメージセンサ[41]が開発されている。また，光と金属プラズモンの相互作用を利用した波長や偏光フィルタの研究も進んでいる[42),43]。

2.9 ま と め

本章では，いくつかの応用に特化したCMOSイメージセンサの実例を紹介した。ここからわかるのは，電荷をいかに巧妙に操作し，小規模な電子回路で信号を検出するかがCMOSイメージセンサの肝であるということである。そして，SPADはその常識に大きな変化をもたらしている。これは，光子がデジタルパルスに変換されるため，多くの処理をデジタル回路で実装できるようになったことによる。紹介しきれなかったが，アナログ回路と併用することで直接法ToFの性能を高める方式も研究されており，イメージセンサ開発がプロセス開発から回路設計に軸足が移りつつあることを感じる。また，光信号の入り口では，ライトフィールド，偏光，波長などを捉えるナノフォトニクス，メタサーフェスといった分野における技術の進展に期待が高まる。異なる分野の技術者が多様な発想を持ち寄ることで，いままでにない機能や高い性能を実現するイメージセンサが生まれて来るに違いない。

第 3 章 ライトフィールドカメラ・ディスプレイ

通常のカメラやディスプレイは，2 次元の像を入出力するデバイスである。しかしこれらのデバイスは，実空間を飛び交う光線の状況を余すことなく記録することはできない。それに対しライトフィールドカメラやライトフィールドディスプレイは光線の完全な記録と再生を指向したデバイスであり，視聴者の視点移動などに対しても適切な見えの変化を提供できる。本章では特にこれらのライトフィールドカメラ・ディスプレイについて，そのハードウェアの側面について述べる。なおライトフィールドの数理的概念については，4.2 節を参照されたい。

なお，ライトフィールドカメラ・ディスプレイ技術は，インテグラルフォトグラフィ等の 3 次元画像技術の上に立脚しており，基本的な光学系に関する性質や検討の多くは共通する。それらについては 3 次元画像工学に関する書籍[1),2)] を参照することが望ましい。

ライトフィールドカメラとライトフィールドディスプレイは，ちょうどカメラとディスプレイのように，入力と出力で対になる関係を持つ。そのため，特に光学系に類似点も多いため，適宜，両者について同時に言及する。

3.1 ライトフィールドカメラ

ライトフィールドカメラは，デバイス技術としては，光学系とセンサ（半導体）の二つの技術分野に渡っている。センサに関しては，1.1 節で解説しているので，ここでは光学系を中心に説明する。

ライトフィールドカメラはライトフィールドを直接的，または間接的に取得するカメラを指す。多くの場合は，既存の 2 次元データを取得するデバイスであるCCDやCMOSセンサやフィルム上にライトフィールドを何らかの形で射影する形で撮影する。現在は，ToFや赤外プロジェクションなどを用いて奥行き方向の情報を取得できる，いわゆるデプスカメラが普及してきている。取得したライトフィールドから奥行き情報を推定する手法は多数提案されているため，差異がわかりにくくなっているため注意が必要である。

歴史的には，ライトフィールドカメラ・ディスプレイは，1908年のLippmannのインテグラルフォトグラフィ[3)]が始まりである。ノーベル物理学賞も受賞してるLippmannは蝿の目状のレンズを用いた写真技術を提案しており，この蝿の目状のレンズを用いて撮影した写真を，現像するときにも蝿の目状のレンズを通して見ると，立体写真となることを指摘している。一つひとつのレンズが小さなカメラ（≒眼）と同様の働きをするため，多視点画像を撮影していることになる。このように撮影された写真を再生（例えば，現像した写真の後ろから強い光を当てるなど）すれば，光が再生される。実際には，この方式で撮影した写真を同様にレンズを通して見ればよい。

Lipmmanの提案では，各レンズで上下左右が反転するため，実際には奥行きが反転する課題があった。しかしながら，GRINレンズの利用や，2回撮影などで再度反転させることで対応可能である。現在は，デジタルデータとして撮影するので，画像の反転処理をするだけでよく，大きな問題とはならない。

Lippmannのインテグラルフォトグラフィは，ライトフィールドカメラの元祖でもあり，また同時にライトフィールドディスプレイの元祖でもあった。現在では，デバイスは大きく進化しているため実装は異なるが，同じ光学系はライトフィールドカメラ・ディスプレイで使われることが多い。

3.1.1 ライトフィールドカメラの分類

ライトフィールドカメラは，Plenoptic Functionの取得や推定をするカメラ技術である。どのような観点で分類するかは難しいが，実装の観点であると，以下の4種類に分類できる[4)]。複数センサを用いる**カメラアレイ（マルチセンサ）型**，動画などからライトフィールドを再構成する**時間分割型**，レンズアレイなどの**空間分割型**，**周波数分割型**である。

カメラアレイ型は，カメラやセンサを並べて多視点映像に相当する画像を撮影することでライトフィールドを取得する方式である。複数のセンサを用いるため，取得されるデータ量は増えるが，装置が大規模になることが多い。

時間分割型は，センサやカメラは一つであっても，それらのカメラを何らかの機械機構などを用いて時間的に移動や回転することで，ライトフィールドを取得する方式である。

レンズアレイなどの空間分割型は，先にも紹介したインテグラルフォトグラフィがその代表である。もともとは単球面の凸レンズアレイで構成されることが多いが，アフォーカル型光学系を用いた方式も提案されている。

周波数分割型は，符号化開口や光学系などを用いて，ライトフィールドの周波数成分を直接または間接的に取得する方式である。

3.1.2 ライトフィールドカメラの発展

Focused Plenoptic Camera を発展させたものとして，複数焦点のレンズから構成される Multi-Focused Plenoptic Camera がある。藤田らは，Multi-Focused Plenoptic Camera において，パッチサイズの推定手法と，異なる焦点距離の画像の統合方法の両方を改善することで，多視点画像の生成を従来よりも高品質化する手法を提案している[5)]。

続いて，カメラアレイ型に分類される研究をいくつか挙げる。スマートフォンを用いて複数視点で撮影するだけで，LF を生成する手法が Mildenhall らにより提案されている[6)]。LF では，Plenoptic Sampling により，シーンの奥行き範囲によってナイキストレートが求まるが，深層学習を用いることにより，非周期で，かつ，4000 倍以上少ない画像から，ナイキストレートでのサンプリングと同程度の画質を持つ画像生成ができるようになった。

Google の Overbeck らが提案している 16 台の Go Pro カメラを鉛直方向に円弧状に並べて回転させて LF を取得する技術[7)] は静止画の自由視点であった。Google の同研究グループの Broxton らは，46 台のビデオカメラを球面上に配置したカメラアレイで撮影し，機械学習を用いた補間を行うことで，動画対応を実現している[8)]。

Mignard-Debise らは，ライトフィールドカメラを等価なカメラアレイとして扱うモデルを提案している[9)]。

3.1.3 ライトフィールドカメラの実用化

商業的には，Raytrix が 2010/09 に最初のレンズアレイカメラを R5 と R11 発表している。

また，最初のコンシューマ向けライトフィールドカメラは，Ren Ng らによって設立された Lytro（2006 年の創業時には Refocus Imaging）により，2012 年に発表されている，Ng のスタンフォードでの研究に基づいて設立されたスタートアップであった。図 **3.1** は最初に製品化したカメラの外観写真で，続いて，Lytro Illum を発売したが，2018 年に Google へ売却された。

図 3.1 Lytro のライトフィールドカメラ †

2008 年に設立された Pelican Imaging は，スマートフォンなどの小型デバイスへ内蔵するライトフィールドカメラを開発していた。Venkataraman らが提案した PiCam は，CMOS センサ上に図 **3.2** の示すように，16 個のレンズから構成されるレンズアレイを配置し，各レンズそれぞれが RGB のうちの 1 色に対応するように，いわば特殊な Bayer 配列としたレンズアレイカメラである[10)]。

† https://ja.m.wikipedia.org/wiki/ファイル:Lytro_light_field_camera_-_front.jpg

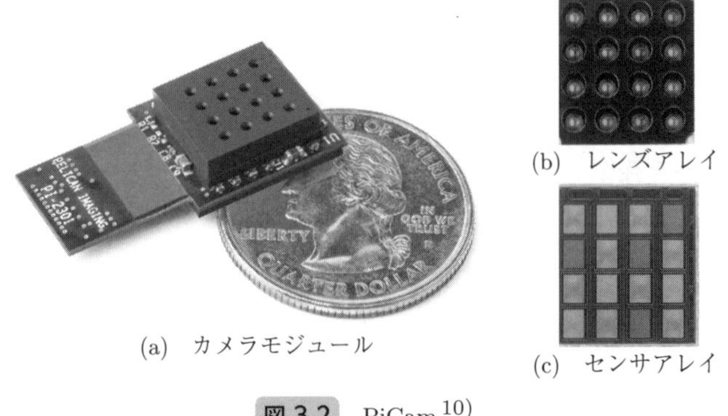

(a)　カメラモジュール

(b)　レンズアレイ

(c)　センサアレイ

図 3.2　PiCam [10)]

Pelican Imaging のライトフィールド関連技術は，2016 年に米国の Tessera に売却されている。

Ivo Ihrke らが設立した K|Lens では，一眼レフカメラなどの一般的なレンズ交換可能なカメラに取り付けられるカレイドスコープ型のレンズアレイ内蔵のレンズの K|Lens One を 2021 年に発表している。クラウドファンディングを用いた製品化の準備を進めていたが，2022 年 2 月にキャンセルとなっている。発表時の情報では，**図 3.3** に示したような形状で，レンズ仕様は，フルフレーム，焦点距離が 80 mm，開口が f 6.3 ∼ f 19，全長が 253 mm で重量が 1.7 kg で，約 4 200 ドルでの販売を予定していた。

以上，いくつか実例を挙げてライトフィールドカメラの製品化について述べ

図 3.3　K|Lens One

てきたが，残念ながら，執筆時点では，普及にはまだしばらく時間が掛かるように思われる。

3.2 ライトフィールドディスプレイ

現在，単なる裸眼 3D ディスプレイが，**ライトフィールドディスプレイ**と呼ばれていることが多い。ライトフィールドを何らかの形で制御・再生しているという観点では，広義の定義としては問題ないが，一方で，かなり拡大解釈されて使用されることも多いため，注意が必要である。

ライトフィールドディスプレイも，ライトフィールドカメラと同様に，光学系とディスプレイデバイス（半導体）の二つの技術分野が関連する技術である。こちらもカメラと同様に，半導体の分野では既存の 2D ディスプレイデバイスの高性能化であり，それと光学系の組合せによって技術革新が行われている。よって，ライトフィールドカメラと同様に，おもに光学系について述べることになる。

ライトフィールドディスプレイは，光の指向性をどれだけ細かく制御できるかが，技術の鍵となっている。デバイスの観点では，以下の三つに分類できる。

① 光源に指向性を持たせるもの

② 途中の光学系で指向性を実現するもの

③ 結果として指向性が実現している状態のもの

ライトフィールドディスプレイを実装する場合には，一般に液晶パネルや有機 EL を用いることが多い。液晶パネルはそれ自体は光の透過率をコントロールする機能を持つだけであり（厳密には複屈折率を変化させているが），光源に指向性を持たせる技術が提案されている。光源自体が指向性を持つものとしては，指向性バックライトや，HP の Fattal らが回折格子アレイを用いた指向性光源を提案している[11]。

途中の光学系で指向性を実現するものとしては，視差バリア（バララックスバリア）やレンチキャラ，レンズアレイを用いるものが多数提案されいる。ライトフィールドディスプレイの実装としても一般的な方法である。

結果として指向性が実現している状態のものとしては，次項で述べるレイヤー型に分類されるテンソルディスプレイがある[12)]。

3.2.1 ライトフィールドディスプレイの分類

ライトフィールドディスプレイは大きく 2 種類に分類できる。一つ目は，もともとの Lippmann の IP と同等にレンズアレイ等を用いたものである。この方式を，**空間分割型**と呼ぶことにする。

二つ目の方式は，ディスプレイを複数レイヤーに重ねた方式がある。これを**レイヤー型**と呼ぶことにする。レイヤー型は，ライトフィールドをテンソル積に分解し，それぞれのディスプレイに対応させるため，**テンソルディスプレイ**とも呼ばれている。

続いて，実際のライトフィールドディスプレイの実装について簡単に説明する。まず，空間分割型では，液晶パネルや有機 EL パネルにバリアやレンズアレイを組み合わせた方式のほかに，複数台のプロジェクタを用いた方式も提案されている。いずれも，光線数を増やすことを目標としている。

空間分割型で，時分割を用いた方式としては，バックライトを含めた光源の点灯を高速制御することで光線数を増やす試みが多い。

レイヤー型では，複数の液晶ディスプレイを重畳することが多いが，液晶ディスプレイのような透過型ディスプレイの透過率は一般に数％程度ととても低いことがあり，実装面での難しさが解決できていない。

3.2.2 ライトフィールドディスプレイの周波数特性

ライトフィールドディスプレイにおける定量評価手法として，周波数特性がある。横軸に基準面から映像の距離，縦軸に周波数特性を取ったときに，**図 3.4** のような周波数特性となる。インテグラルフォトグラフィを起源を持つものは，富士山のような山型形状になる。一方で，テンソルディスプレイの周波数特性は，インテグラルフォトグラフィよりは良くなる傾向がある。

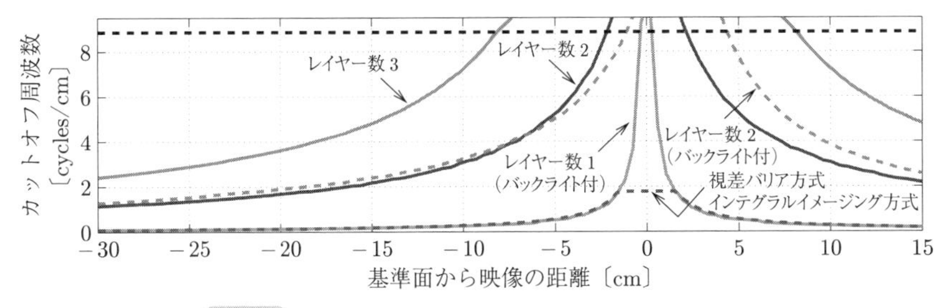

図 3.4 ライトフィールドディスプレイの周波数特性

一方で，テンソルディスプレイは，ライトフィールドを非負値テンソル因子分解する必要があるため，ライトフィールドの再現性が落ちる傾向がある。

3.2.3 ライトフィールドディスプレイの実装面における技術

一般にライトフィールドディスプレイは，液晶ディスプレイのようなフラットパネルディスプレイやプロジェクタといった，既存のディスプレイデバイスを用いる必要がある。

例えば，液晶ディスプレイであれば，カメラセンサの Bayer 配列のような RGB 等の画素の配列があるため，レンズアレイやレンチキュラ，バリアの設計に制限が加わる。

3.2.4 ライトフィールドの HMD への応用

近年は，HMD（head mounted display）が低価格化により急速に普及しつつある。また，AR グラスと呼ばれるような，一般的な眼鏡と非常に近い形状のディスプレイも実用化が進んでいる。HMD も AR グラスも，その多くは**ニアアイディスプレイ**（near-eye display）と分類される。それぞれの光学系は非常に似ており，一般には虚像を用いて目の前に大きな映像を表示する光学系である。よって，ライトフィールドディスプレイとは独立な光学系であり，ライトフィールドディスプレイをベースにした HMD や AR グラスの研究開発も進んでいる。

3.2.5　ライトフィールドディスプレイの応用技術

ライトフィールドディスプレイの光線指向性を利用して，被写体の反射特性を表現する，いわゆる質感再現ディスプレイが提案されている。高木らが 72 指向性表示のライトフィールドディスプレイで，質感が感じ取られることを提案しており[13]，小池らはライトフィールドディスプレイを質感再生に特化させた BRDF Display を提案している[14]。住らが煌めきディスプレイとして，1 光線/度以上の方向解像度を持つ質感ディスプレイを提案している[15]。

ライトフィールドディスプレイの可能性を広げるための面白い試みとしては，Huang らは個人の視力に合わせて表示するライトフィールドを変化させることで，網膜上で高画質な映像を提示する方法を提案している[16]。いわゆる眼鏡の機能をライトフィールドディスプレイに実装した例である。例えば，近視であれば，目の屈折力が強すぎる状態であるが，そのレンズ効果を事前に逆畳み込み等で計算し補正を行うことで，眼鏡なしでもくっきりした画像を見ることができる。現時点ではディスプレイの解像度が追いついておらず，実用化まではまだ時間が掛かると予想されるが，非常に面白い応用例である。

最後に，ライトフィールドカメラとライトフィールドディスプレイを接続した，いわゆる 3D テレビ技術を紹介する。2009 年に Taguchi らが提案した TransCAIP（図 **3.5** (a)）は，64 台のカメラアレイと 60 光線のライトフィールドディスプレイを組み合わせた，ライブ 3D 映像システムである。本提案で用いられたカメラアレイは，64 台のカメラそれぞれが有線の Ethernet に接続されている。本システムで使われている PC は 1 台のみで，64 枚の多視点映像からリアルタイムに 60 光線分のライトフィールドを計算し PC に接続されたライトフィールドディスプレイで表示を行っている[12]。

Google Research の Lawrence らが 2021 年に提案した Project Starline（図(b)）は，8K のディスプレイをベースにした裸眼 3D ディスプレイと複数台のカメラを用いたライブ 3D 映像システムである[17]。3D 映像システムは掛けた費用により仕様が決定される部分が大きいため単純な比較は難しいが，約 10 年

(a) TransCAIP[12)]

(b) Project Starline[17)]

図 3.5 3D テレビ技術

分の技術の進化を見ることができる。

3.2.6 ライトフィールドディスプレイの実用化

ライトフィールドカメラと異なり，ライトフィールドディスプレイは，スタートアップ含めて，多数の実用化・製品化の試みが行われている。以下にいくつか具体例を紹介する。

米国 HP からスピンオフした Leia が，4×4 視点の LF を表示するタブレット端末の Lume Pad を 2020 年 10 月から販売を開始した。ディスプレイは 10.8 インチ，プロセッサは Snapdragon 845，OS は Android を搭載した一般的なタブレット端末である。創業者の David Fattal らは回折格子を用いた光線方向制御について提案しており[11)]，スマートフォンへの実装実績もあり，同様の技術が用いられている。

フィリップスのスピンオフである DIMENCO は，当初はレンチキュラを用いた方式を提供していたが，現在は液晶バリアを用いた方式を Acer や Asus に技術提供している。裸眼 3D 対応ノート PC や単体ディスプレイ製品としてリリースされている。2023 年 8 月には，Leia が DIMENCO を買収しており，今後，大きな勢力になることが予想される。

ソニーは 2020 年より，空間再現ディスプレイ（spatial reality display, SRD）と名付けて，斜めレンチキュラとアイトラッキングを組み合わせた 15.6 型のライトフィールドディスプレイを販売している。2023 年には，27 型に大型化したライトフィールドディスプレイの販売を開始している。

国内発のスタートアップとしては，2023 年に RealImage がある。視点追跡とパララックスバリアを用いた方式で，高画質で大画面化可能であることが特徴である。32 型の裸眼 3D ディスプレイを提供しているが，今後は 50 型以上の大型の裸眼 3D ディスプレイも提供される予定である。

各社の製品ともに，視点追跡技術の速度と精度が上がり実用化的となったこと，ディスプレイの解像度が 4K や 8K と高くなっていることを利用している。また，ゲームエンジンで動く SDK の提供や，ソフトウェアによる画像変換など，コンピュータサイエンスの技術や研究成果が多数使われているのも，現在の技術の特徴である。

3.3　ま　と　め

最後に，ライトフィールドとホログラフィについて述べておきたい。ライトフィールドは幾何光学に基づいており，ホログラフィは波動光学に基づいているとも考えるとわかりやすい。一方で，ホログラフィでは，波動光学のうちの，たかだか位相の情報しか用いていない。よって，両者を統合するという試みも行われている。ライトフィールド分野の研究は，物理情報である光をどのように扱うのか？ という本質的な問いがあり，この分野でのさまざまな試みや知見はほかの分野へ与える影響も決して小さくないと考えている。

第 **4** 章

反射・光伝搬のモデル化と計測

スマートフォンの普及に伴い，私たちは日常的にカメラを利用するようになった。カメラのシャッターボタンを押すと，いつも目の前の風景が写真として記録される。人間の眼が光を捉えることで目の前の風景を認識するように，カメラもまた，光を捉えることで写真として画像情報を記録している。

本章ではまず，カメラの光の計測機としての性質に注目し，カメラが計測する光学現象や反射現象について解説する。つぎに，シーンに照射する光とその結果として出射する光との関係が光伝搬行列によって表されることを示す。この光伝搬行列は，シーンで生じた各種の光学現象に応じて性質が異なる。そこでカメラによって入射光と出射光との関係を計測することにより獲得した光伝搬行列を精査すると，そのシーンで生じる光学的現象を特徴付けることが可能となる。

4.1　反射現象のモデル化と計測

まず，**図 4.1** に示すように，照明でりんごを照らしてその様子をデジタルカメラ（以下，単にカメラとする）で撮影することを考える。カメラで撮影された画像における画素には，照明から放たれた光がりんごに到達し，りんごの表面で反射してカメラに到達した光の強さが画素値として記録されている。この光が強ければ画像はより明るく，つまり画素値はより大きくなるし，光が弱ければ画像はより暗く，つまり画素値はより小さくなる。このことから，写真を撮影するという行為は，被写体からカメラに届く光の強さを記録している行為にほかならない。ではまず，照明から放たれた光が被写体で反射してカメラに届くとき，その光の強さを計測する方法について考えてみよう。

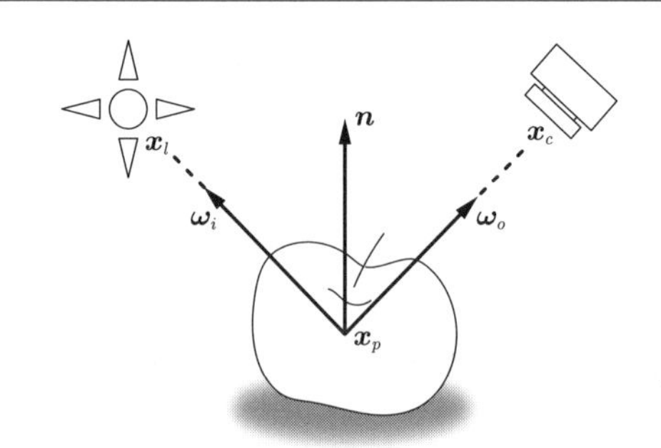

写真にはりんごが写るが，カメラが計測しているのは照明から出てりんごで反射し，カメラに到達する光の強さである。

図 4.1　カメラを使って照明で照らされたりんごを撮影する様子

4.1.1　放射輝度の計測

つぎに，再度図 4.1 を詳しく見てみよう。まず，位置 $\boldsymbol{x}_l$ に置かれた光源が周囲を照らしている。光源の明るさを表す単位としては，電球の明るさとしてワット〔W〕がよく使われている。W は電気エネルギーの単位であり 1 秒当たりの仕事量（ジュール〔J〕）である。毎秒 P〔W〕の電力を消費する電球は，電力損失などが起こらないものとすれば電気エネルギーはすべて光に変換されるため，電球の明るさはこの電気エネルギーの大きさによって表すことができる。

つぎに，この光源がりんごに向かって照射する光の強さを考えてみる。特定の方向に向かう光の強さは**放射強度**と呼ばれ，その方向を中心とした微小立体角 $d\omega$〔sr〕に含まれる範囲内を通過する単位立体角当たりのエネルギーによって表される。立体角の大きさはステラジアン〔sr〕で表され，放射強度は I〔W/sr〕で表す（図 **4.2**）。

さらに，りんご表面のある点 $\boldsymbol{x}_p$ が周囲から照射される光の強さを考えてみる。面上にある点が受け取る光の強さは**放射照度**と呼ばれ，その点を中心とした微小平面 dS〔m^2〕が受け取る単位面積当たりのエネルギーによって表される。したがって，放射照度は E_i〔W/m^2〕と表す（図 **4.3**）。

位置 $\boldsymbol{x}_c$ にあるカメラは，りんご表面のある点 $\boldsymbol{x}_p$ を観察しており，これはすなわち，面上の点 $\boldsymbol{x}_p$ から点 $\boldsymbol{x}_c$ に向かって放射される光の強さを記録している

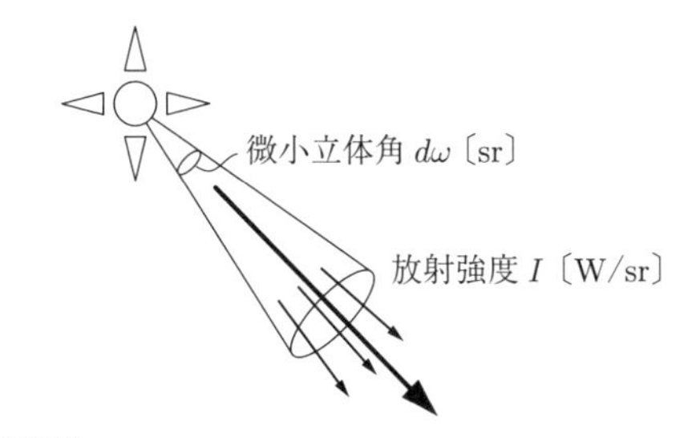

図 4.2　放射強度（光源がある方向を照らす光の強さ）

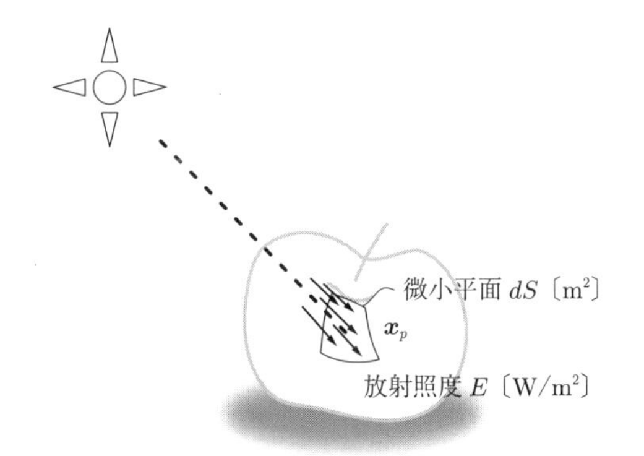

図 4.3　放射照度（面上にある点が受け取る光の強さ）

ことに相当する。面上の特定の点から発せられる光のうち特定の方向に向かう光の強さは**放射輝度**と呼ばれ，その点を中心とした微小平面 dS〔m^2〕から発生する単位面積当たりのエネルギーのうち，その方向を中心とした微小立体角 $d\omega$〔sr〕に含まれる範囲内を通過する単位立体角当たりのエネルギーによって表される。したがって放射輝度は L〔$W/(\mathrm{m}^2 \cdot \mathrm{sr})$〕と表す（**図 4.4**）†。

もちろん，カメラは 1 点 $\boldsymbol{x}_p$ を観察するだけでなく，その周囲の光の強さを 2 次元の画像として記録することになる。カメラで撮影された画像においては，カメラの内部に配置された光を捉えるセンサ（イメージセンサ）に届く放射輝度が強いと（つまり明るいと）その画素値も大きく記録される。もちろん逆も成り立ち，放射輝度が弱いと（つまり暗いと）その画素値も小さい値が記録さ

† より詳細な説明は文献 1), 2) を参照してほしい。

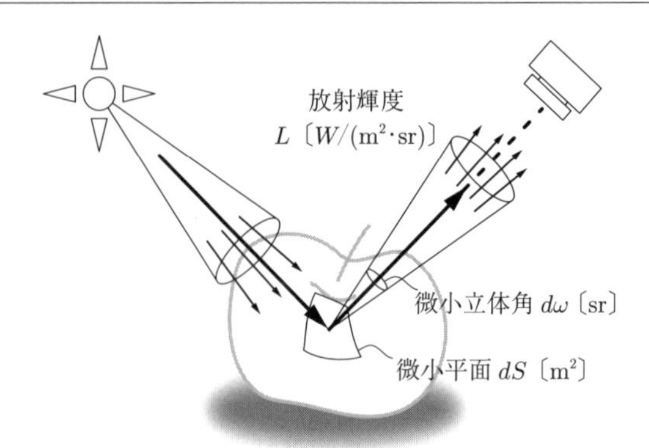

図 4.4　放射輝度（面上の特定の点から発せられる光のうち特定の方向に向かう光の強さ）

れる。

ただし，実際のカメラにはセンサに到達する光の過多を制御するさまざまな機構が用意されていることに注意しなければならない。例えば，被写体の明るさは同一であっても，カメラの露光時間[†1]を長くして撮影するだけで撮影された画像は明るくなり，つまり画素値は大きく記録される。あるいは，カメラの絞り[†2]を小さくして撮影するだけで撮影された画像は暗くなり，すなわち画素値は小さく記録されることになる。つまり，カメラから得られた画像の画素値だけでは，放射輝度の絶対的な値を推測することは困難である。

つぎに，**図 4.5** (a) にカメラに到達する放射輝度の相対値とそのカメラが撮影した JPEG 画像の画素値との関係を示す。放射輝度，つまり光量が大きいとカメラが出力する画素値は大きくなる関係は示されているものの，特に光量が大きいときにはその関係は直線的であるとは言えないように見える[†3]。

[†1] シャッターを開いてから閉じるまでの時間。シャッターが開いている間，センサは光を積算し続ける。

[†2] レンズとセンサの間に取り付けられており，絞りレンズによって集める光の量を調整することができる。

[†3] 図 4.5 (a) に示されるような曲線だと，例えば光量が 2 倍になっても画素値が必ずしも 2 倍になっているわけではない。このように光量と画素値の関係が非線形である場合，カメラで得られた画素値から光量を推定することが難しくなるため，放射輝度を計測する観点からは好ましくない。

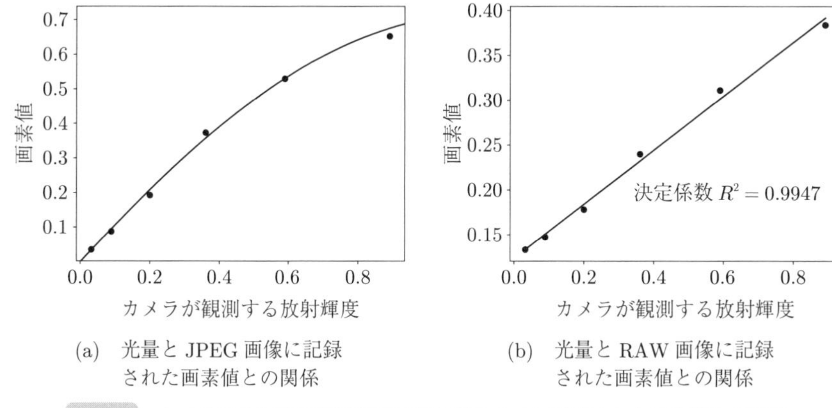

(a) 光量と JPEG 画像に記録された画素値との関係　(b) 光量と RAW 画像に記録された画素値との関係

図 4.5 カメラに入射する放射輝度の相対値とカメラが出力した画素値との関係

じつは，一般的なデジタルカメラでは，カメラに内蔵されているイメージセンサが記録した光量に対して，画像処理プロセッサによってさまざまな演算処理をエフェクトとして施している。このような処理は**現像処理**と呼ばれている。この現像処理の工程は基本的に非公開であり，そのためいったん現像処理された画像の輝度値からでは，本来どのような強さの光量がカメラに到達していたかを推測することは困難である。

そこで，画像処理プロセッサによる演算処理が行われる前の，イメージセンサが記録したままの画素値を取得することで，カメラに入射した光量を推測することを考える。イメージセンサが記録したままの情報が画素値として記録された画像は **RAW 画像**と呼ばれており，おもに一眼レフカメラ，ミラーレス一眼カメラを中心に，RAW 画像を記録する機能を有するカメラが市販されている。また，最近ではスマートフォンに搭載されたカメラの中にも RAW 画像を記録する機能があるものもある。多くの場合，カメラの撮影設定で RAW 画像を出力するように設定すれば，撮影と同時に RAW 画像がファイルとして記録される。

実際のカメラを使って撮影された RAW 画像において，記録された画素値と光量の関係を図 (b) に示す。この図から，光量と画素値とはほぼ線形の関係になっていることがわかる。したがって，RAW 画像の画素値を調べることでカメラに入射した光量の相対的な値を知ることができるということになる。

ただし，センサの特性上，センサに光がまったく届かなかったとしても画素値は必ずしも 0 にならないことがある[†1]。その場合，カメラに取り付けられたレンズのキャップを閉じるなど，イメージセンサに光が届かないことが保証された状態で撮影を行い，そのときの画素値（オプティカルブラック）を記録し，実際の撮影時に減算処理を行うことで補正することが可能である。

このように，RAW 画像はたいていの場合において光量に対して線形な応答を示すが，設計によるところが大きいため，必ずしも保証されているわけではない。もし RAW 画像が光量に対して線形でないことがわかったら，さらなる補正を施す必要があるだろう。

4.1.2 反射モデル

ではつぎに，りんごの表面で反射した光の強さはどのように決まるのかを考えてみよう。まず，りんごの表面上のある点 $\boldsymbol{x}_p$ に光が入射するとき，その方向を**入射方向ベクトル** $\boldsymbol{\omega}_i$ と呼ぶ。例えば，点 $\boldsymbol{x}_l$ から放たれた光が点 $\boldsymbol{x}_p$ に入射するとき，この入射ベクトルは単位ベクトルであり

$$\boldsymbol{\omega}_i = \frac{\boldsymbol{x}_l - \boldsymbol{x}_p}{|\boldsymbol{x}_l - \boldsymbol{x}_p|} \tag{4.1}$$

と表される[†2]。もちろん，点 $\boldsymbol{x}_p$ に届く光は必ずしも 1 方向からとは限らないので，任意の入射方向 $\boldsymbol{\omega}_i$ から届く光の強さを $L_i(\boldsymbol{x}_p, \boldsymbol{\omega}_i)$ と表す。

点 $\boldsymbol{x}_p$ に $-\boldsymbol{\omega}_i$ に沿って放射照度 $L_i(\boldsymbol{x}_p, \boldsymbol{\omega}_i)$ の光が入射するとき，点 $\boldsymbol{x}_p$ が受け取る単位面積当たりのエネルギーはその面の法線方向 $\boldsymbol{n}$ に依存し

$$E_i(\boldsymbol{x}_p, \boldsymbol{\omega}_i) = L_i(\boldsymbol{x}_p, \boldsymbol{\omega}_i)\boldsymbol{n} \cdot \boldsymbol{\omega}_i \tag{4.2}$$

と表される。つまり，面の真上から光が届くときが一番強く，傾くにつれて弱くなってくることになる。これはちょうど，日が高い正午が最も明るく，日が傾くと暗くなってくることからも直感的に理解できると思う。

[†1] 多くの場合，**熱雑音**と呼ばれるノイズが原因である。
[†2] 実際の光が進む向きとは逆向きになっていることに注意が必要である。

さらに，点 $\boldsymbol{x}_p$ から光が反射するとき，その方向を**反射方向ベクトル** $\boldsymbol{\omega}_o$ と呼ぶ。もちろん，点 $\boldsymbol{x}_p$ から出射する光は必ずしも 1 方向であるとは限らない。任意の出射方向 $\boldsymbol{\omega}_o$ に進む反射光の放射輝度を $L_r(\boldsymbol{x}_p, \boldsymbol{\omega}_o)$ で表す。

このとき，ある方向から入射する光の強さ $E_i(\boldsymbol{x}_p, \boldsymbol{\omega}_i)$ とある方向へ反射する光の強さ $L_r(\boldsymbol{x}_p, \boldsymbol{\omega}_o)$ の比は，入射方向と反射方向の双方向に依存して変化するため，**双方向反射率分布関数**（bi-directional reflectance distribution function, **BRDF**）$f_r(\boldsymbol{\omega}_i, \boldsymbol{\omega}_o)$ と呼ばれており

$$f_r(\boldsymbol{x}_p, \boldsymbol{\omega}_i, \boldsymbol{\omega}_o) = \frac{L_r(\boldsymbol{x}_p, \boldsymbol{\omega}_o)}{E_i(\boldsymbol{x}_p, \boldsymbol{\omega}_i)} \tag{4.3}$$

と表される。

点 $\boldsymbol{x}_p$ に対してあらゆる方向から入射した光が $\boldsymbol{\omega}_o$ 方向に反射するとき，その光の強さはつぎのように表される。なお，Ω^+ は点 $\boldsymbol{x}_p$ における上半球面領域である。

$$\begin{aligned} L_r(\boldsymbol{x}_p, \boldsymbol{\omega}_o) &= \int_{\Omega^+} E_i(\boldsymbol{x}_p, \boldsymbol{\omega}_i) f_r(\boldsymbol{x}_p, \boldsymbol{\omega}_i, \boldsymbol{\omega}_o) d\boldsymbol{\omega}_i \\ &= \int_{\Omega^+} L_i(\boldsymbol{x}_p, \boldsymbol{\omega}_i) f_r(\boldsymbol{x}_p, \boldsymbol{\omega}_i, \boldsymbol{\omega}_o) \boldsymbol{n} \cdot \boldsymbol{\omega}_i d\boldsymbol{\omega}_i \end{aligned} \tag{4.4}$$

この式は**レンダリング方程式**[3] として知られており，カメラでりんごを撮影するときに捉える光の強さはまさに式（4.4）によって得られる。つまり，冒頭の例に従えば，りんごの表面の BRDF がりんごからカメラに到達する光の強さを左右していることになる。

BRDF はその物体表面の光学的な質感を表すのによく用いられ，金属のような光沢のある質感や，黒板のようなマットな質感などをこの BRDF によって表すことができる。CG でさまざまな質感の物体を映像として表現するためには BRDF の数理モデルを用いることが多く，最後に典型的な BRDF の数理モデルをいくつか紹介する。

〔1〕 **拡 散 反 射**　　**拡散反射面**とは，物体の表面に入射した光がどの方向にも均一の強さで反射するような光学特性を持つ面のことをいう。このとき BRDF は定数で表され

$$f_r(\boldsymbol{x}_p, \boldsymbol{\omega}_i, \boldsymbol{\omega}_o) = \rho \tag{4.5}$$

となる。このとき ρ は**拡散反射係数**や**アルベド係数**と呼ばれている。

〔**2**〕 **鏡面反射面**　プラスチックや磨かれた金属面では，入射方向とちょうど正反対の方向に強く反射する，**鏡面反射**が生じる。この方向のことを**正反射方向** $\boldsymbol{\omega}_r$ と呼ぶ†。拡散反射と異なり鏡面反射の反射率は反射方向に依存して変化し，特に正反射方向に鋭いピークを持つことが特徴である。

鏡面反射はさまざまな数理モデルが提案されており，例えば Phong の鏡面反射モデル[4)] は

$$f_r(\boldsymbol{x}_p, \boldsymbol{\omega}_i, \boldsymbol{\omega}_o) = k_s(\boldsymbol{\omega}_r \cdot \boldsymbol{\omega}_o)^n \tag{4.6}$$

と表される。このとき k_s は**鏡面反射係数**，n は**光沢係数**と呼ばれている。

4.2　光伝搬のモデル化と計測

つぎに，シーンに光を照射したとき，その光にシーンがどのような変化を与え，その結果として出射してくるのかについて考えてみよう。図 **4.6** (a) には，入射光，シーンおよび出射光の関係を模式的に表している。カメラで計測される

(a)　シーンにおける入射光と出射光の関係

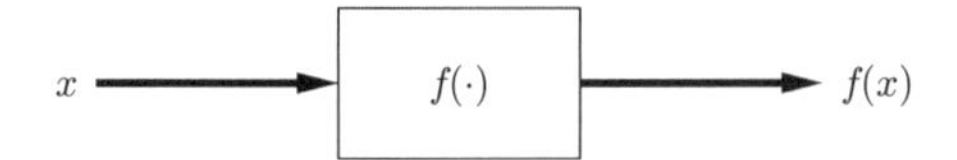

(b)　シーン $f(\cdot)$ における入射光 x と出射光 $f(x)$ の関係

図 4.6　シーンへの光の入出力と関数 f への入出力との関係

† 正反射方向 $\boldsymbol{\omega}_r$ は入射方向ベクトル $\boldsymbol{\omega}_i$ と法線ベクトル $\boldsymbol{n}$ からつぎのように表される。
$\boldsymbol{\omega}_r = 2(\boldsymbol{\omega}_i \cdot \boldsymbol{n} - \boldsymbol{\omega}_i)$

出射光は，シーンによって入射光がさまざまな影響を受けてカメラの方向へ出てきた姿と捉えることができる。これはさしずめ，図 (b) に示すように，シーンを関数 $f(\cdot)$，入射光を入力 x としたときの出力 $f(x)$ について，その入力と出力の関係について議論していくこととほとんど同じようなものである。われわれは入力 x と出力 $f(x)$ との関係を調査することを通じて，関数 $f(\cdot)$，すなわちそのシーンがどのように成り立っているかを推察することができるのである。

4.2.1 プレノプティック関数とライトフィールド

光源から放たれた光は，シーンのさまざまな方向に向かって飛び出していく。すなわち，光源からは多数の光線がシーンに向かって飛び出していることになる。**図 4.7** (a) にはレーザーポインタから 1 本の光線が出射している様子を示している。このとき，この光線の幾何学的情報（つまり光線が空間中のどこにあるのか，という情報）はどのように表現できるだろうか。光線が直線であることを鑑みれば，光線は 3 次元空間中のある 1 点 (x, y, z) を通り，さらに方向 (θ, ϕ) へ向かうものと定義することができるため，1 本の光線は (x, y, z, θ, ϕ) という五つのパラメータで表すことができる。実際のシーンには光線は無数に存

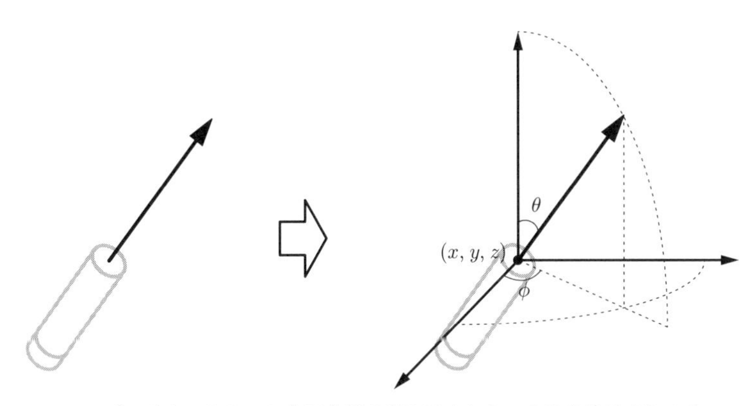

レーザーポインタから 1 本の光線が出ているとき，この光線は (1) 通過する点の位置 (x, y, z)，(2) 通過する方向 (θ, ϕ) で定義され，このとき空間中の光の分布はプレノプティック関数 $P(x, y, z, \theta, \phi)$ で表される。

図 4.7 プレノプティック関数 $P(x, y, z, \theta, \phi)$

在するため，その光線が空間中にどのように分布しているのかは5次元の関数 $P(x, y, z, \theta, \phi)$ で表すことができる。このような P は**プレノプティック関数**[5]と呼ばれている。

このような空間中の分布として光を表現したものは**ライトフィールド**[6]と呼ばれていて，シーンに入射した光線は，シーン中で反射や屈折などの光学現象を経てさまざまな方向へ進み，その結果として空間中に光の分布，すなわちライトフィールドを作り出す。このような光線の遷移のことを**ライトトランスポート（光伝搬）**と呼ぶ。

また，上述したようなライトフィールドの表現方法は，シーン中の光線はどこに，あるいはどの向きにあるのかという，いわば空間的な性質を説明している。一方で，同じ位置や方向に進む光線であっても，光の速度が有限であることに注目すれば，どの時刻にその光が点 (x, y, z) を方向 (θ, ϕ) に横切ったかという時刻 t の情報にも着目する必要がある。さらに，光の波としての性質に注目すれば，光の波長 λ や偏光 $\boldsymbol{s} = (s_0, s_1, s_2, s_3)$（ストークスベクトル）といった性質も考慮する必要がある。このとき，プレノプティック関数は $P(x, y, z, \theta, \phi, t, \lambda, \boldsymbol{s})$ と，非常に多くの変数によって表される。

このように，光はきわめて多元な要素で構成される物理現象であり，シーンにおける光の伝搬を考えるときには，さまざまな側面から捉えることが重要であるといえる。

4.2.2 光伝搬行列とライトトランスポート

コンピュータビジョン分野では，光源としてプロジェクタを使用してシーンのさまざまな位置に光を照射したとき，シーンから出射される光をカメラを用いて計測する，いわゆるプロジェクタ・カメラシステムがしばしば用いられる。カメラが各画素に到着する光を観測する光線計測機であるのに対し，プロジェクタは各画素へ照射する光を作り出す光線発生機であると捉えると，カメラとプロジェクタは，光の向きが逆なだけでそれ以外の機能はまったく同じであるといえ，その対称性は興味深い。

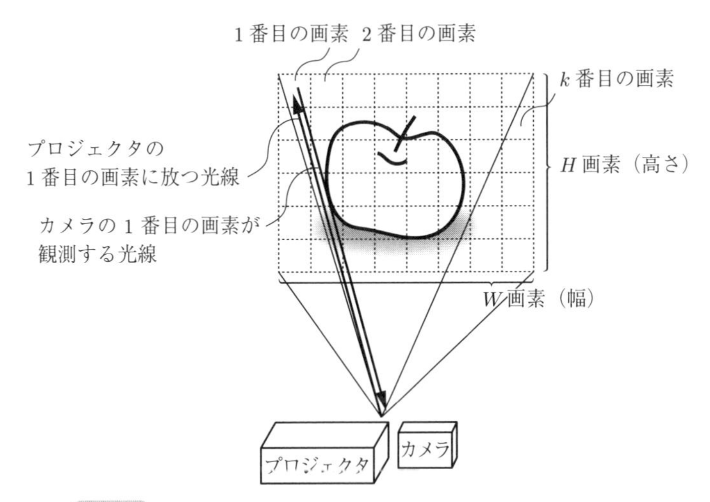

図 4.8　プロジェクタ・カメラシステムと得られる光伝搬行列

図 4.8 にはプロジェクタ・カメラシステムを模式的に表している。簡単のため，プロジェクタとカメラは同じ位置に配置し，画角や解像度（幅 W 画素，高さ H 画素）も同一とする。このプロジェクタ・カメラシステムを用いて，プロジェクタの k 番目の画素からシーンに照射する光の強さを p_k とすると，このプロジェクタがシーンに与える照明は，照明ベクトル $\boldsymbol{p}$ を用いて

$$\boldsymbol{p} = (p_1, p_2, \cdots, p_{W \times H})^t \tag{4.7}$$

と表される。このときにカメラの k 番目の画素が観測するシーンから照射された光の強さを i_k とすると，このカメラが観測するシーンからの出射光は観測ベクトル $\boldsymbol{i}$ を用いて

$$\boldsymbol{i} = (i_1, i_2, \cdots, i_{W \times H})^t \tag{4.8}$$

と表される。このとき，$\boldsymbol{p}$ と $\boldsymbol{i}$ の間には線形の関係が成り立ち

$$\boldsymbol{i} = T\boldsymbol{p} \tag{4.9}$$

と表される。この T を**光伝搬行列**（light transport matrix）と呼ぶ。

光伝搬行列 T の対角成分は，入射点と出射点が同じ位置であることを意味す

る。そのため，光伝搬行列の対角成分は直接反射光が支配的である。一方で，表面下散乱光は入射点の近傍に現れるため，光伝搬行列では対角近傍の成分に現れる。また，シーンに鏡など強い鏡面反射のある物体を含んでいた場合は2次反射光が生じ，光伝搬行列の対角から離れた位置に現れる。

このように，光伝搬行列を観測するとシーンにおける光の振舞いを理解することができ，その結果として，物体の材質や位置関係などシーンの構成を推測することが可能となる。

カメラを使った一般的な撮影で，光源としてしばしばフラッシュライトを使うだろう。フラッシュライトはシーン全体に満遍なく照明するという意味では，プロジェクタの全画素から満遍なく光を照射しているのと同じ状態と言える。すなわち，照明ベクトルは $\boldsymbol{p}_f = \{1, 1, \cdots, 1\}$ であり，このときの観測は

$$
\begin{aligned}
\boldsymbol{i} &= T\boldsymbol{p}_f \\
&= \begin{pmatrix} T_{11} & T_{12} & \cdots & T_{1(W\times H)} \\ T_{21} & T_{22} & \cdots & T_{2(W\times H)} \\ \vdots & & \ddots & \vdots \\ T_{(W\times H)1} & T_{(W\times H)2} & \cdots & T_{(W\times H)(W\times H)} \end{pmatrix} \begin{pmatrix} 1 \\ 1 \\ \vdots \\ 1 \end{pmatrix} \\
&= \begin{pmatrix} \sum_{k}^{(W\times H)} T_{1k} \\ \sum_{k}^{(W\times H)} T_{2k} \\ \vdots \\ \sum_{k}^{(W\times H)} T_{(W\times H)k} \end{pmatrix}
\end{aligned}
\tag{4.10}
$$

となる。つまり，私たちが日常的に行うフラッシュを使った写真の撮影は，光伝搬行列の各列を積分（式 (4.10) では総和 $\sum$）した値を観測していると言い換えることができる。光伝搬行列の各成分には，シーンにおけるさまざまな情報が詰まっていることは前述した通りであるが，このような撮影でいったん

光伝搬行列が積分された状態で観測してしまうと，もとの光伝搬行列を推定することは困難であり，そのためシーンの重要な情報を復元することも難しくなる。このことからも，単なる写真としてではなく，光伝搬そのものを観測することの重要性が示唆されている。

4.2.3 反射現象とライトトランスポートの関係

〔1〕 **拡散反射におけるライトトランスポート** まずはじめに，物体に当てた光が表面の反射によってどのように変化して出射するのかを考える。物体の表面における反射現象はさまざまな要素からなるが，古典的には拡散反射と鏡面反射の二つから構成されているとみなすことが多い。これを**二色性反射モデル**（dichromatic reflectance model）[7] と呼ぶ。例えば，図 **4.9** (a) には CG で表現されたドラゴンが示されており，これの拡散反射成分のみ，鏡面反射成分のみをそれぞれ抜き出した画像を図（b）と図（c）に示す。

(a) 通常の画像

(b) (a) の拡散反射成分だけを表示

(c) (a) の鏡面反射成分だけを表示

図 4.9 CG で表現されたドラゴン[8]

拡散反射面における光の反射はさまざまな数理モデルが提案されているが，最も基本的とされるランバートの拡散反射モデルを例に考えてみる。ランバートの拡散反射モデルはランバートの余弦則としても知られており，入射面の法線方向を $\boldsymbol{n}$，入射光の方向を $\boldsymbol{\omega}_i$ とすると，出射光の強度は入射方向によらず

$$L_r = k_d L_i(\boldsymbol{\omega}_i) \max(0, \boldsymbol{\omega}_i \cdot \boldsymbol{n}) \tag{4.11}$$

と表される。なお，k_d は物体の拡散反射係数，$L_i(\omega_i)$ は $\boldsymbol{\omega}_i$ 方向の入射光の強

度を表す。そこで，ランバート反射におけるライトトランスポート，すなわち入射光と反射光の関係を，入射角 θ_i と反射角 θ_o との関係で表したのが**図 4.10** (b) である。この場合，出射光の強度は出射する方向によらない，ごく単純なモデルであることがわかる。

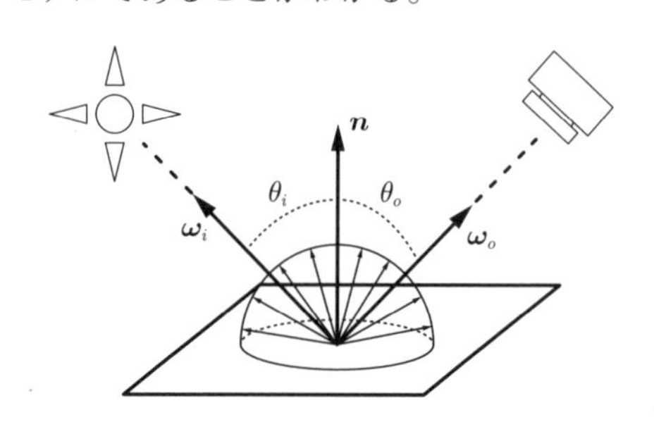

(a)　入射光と出射光の関係

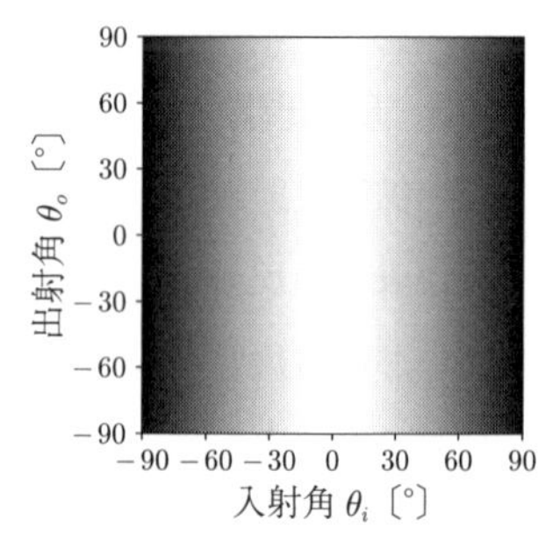

(b)　入射角 θ_i と出射角 θ_o による光伝搬の可視化

拡散反射においてはその出射光は出射光方向によらず一定となる (図 (a))。そのため，入射角 θ_i と出射角 θ_o との関係は図 (b) のように表される。

図 4.10　拡散反射における光伝搬

〔**2**〕 **鏡面反射におけるライトトランスポート**　鏡面反射は，プラスチックや金属などで生じる光沢（ハイライト）を形作る反射のことで，その最も極端な例は鏡による反射である。鏡面反射光は，入射面の法線に対して入射方向とちょうど逆向きになる方向（正反射方向）に最も強く反射することが知られている。**図 4.11** (a) には鏡面反射を生じる物体の表面において，ある入射光方向 $\boldsymbol{\omega}_i$ から照明を照射したときの出射光方向 $\boldsymbol{\omega}_o$ による強度分布を模式的に表している。入射光方向 $\boldsymbol{\omega}_i$ のちょうど逆向きになる出射光方向 $\boldsymbol{\omega}_o$ において強い反射が生じている。鏡面反射の古典的な数理モデルである Phong によるモデル[4)] によると反射光の強度は $L_r = k_s L_i(\boldsymbol{\omega}_i)(\boldsymbol{\omega}_r \cdot \boldsymbol{\omega}_o)^{n_s}$ と表される。k_s, n_s は物体の鏡面反射係数および光沢度，$\boldsymbol{\omega}_r$ は正反射方向の方向ベクトルであり，$\boldsymbol{\omega}_r = 2(\boldsymbol{n} \cdot \boldsymbol{\omega}_i)\boldsymbol{n} - \boldsymbol{\omega}_i$，と表される。Phong のモデルにおけるライトトランスポートを入射方向と反射方向とで 2 軸で図示すると図 (b) のようになる。反射方向が正反射方向に近いときに強度が高くなるため，対角線の付近に値が集中

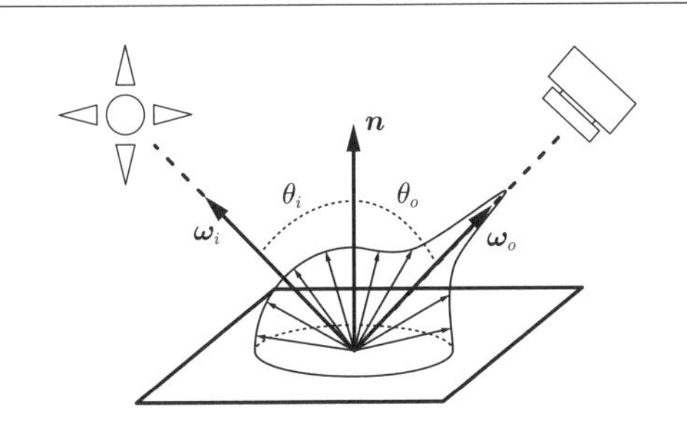

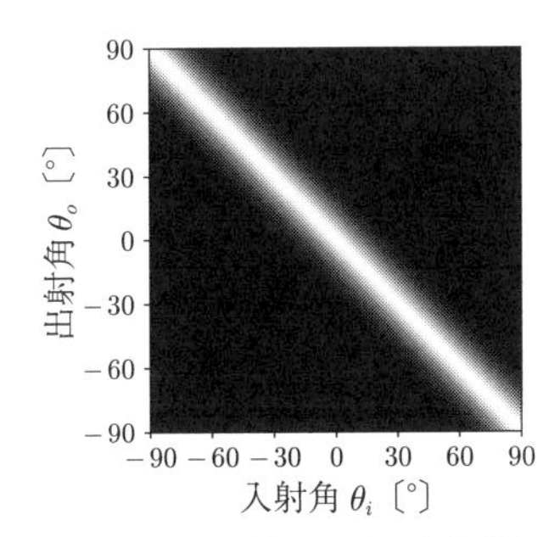

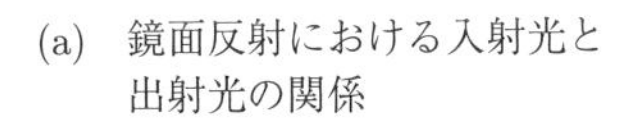
(a) 鏡面反射における入射光と出射光の関係

(b) 鏡面反射における光伝搬

図 4.11 鏡面反射における光伝搬

していることがわかる。

〔3〕 表面下散乱におけるライトトランスポート これまでに述べた現象は，物体の表面のある位置 (u, v)[†] に入射した光は，その位置から反射されることが前提であり，入射位置と異なる位置から出てくるような現象は想定していない。一方で，ロウソクやトマトのように半透明な見た目をした物体では，物体の表面に入射した光のうち一部は物体の内部に入り込み，さらに内部で散乱を繰り返して，入射位置とは離れた位置から出射することがある。図 **4.12** (a)

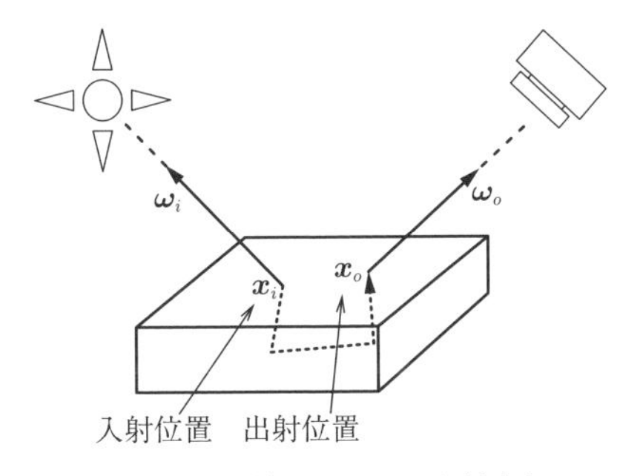

(a) 表面下散乱における入射光と出射光の関係

(b) 表面下散乱における光伝搬

図 4.12 表面下散乱における光伝搬

† 3 次元空間中の物体の表面は 2 次元で表されるため，物体の表面上の入射位置は 2 次元で表現することができる。

にはある位置 $\boldsymbol{x}_i$ に方向 $\boldsymbol{\omega}_i$ から入射した光が，物体の内部で散乱を繰り返して，入射点とは異なる出射位置 $\boldsymbol{x}_o$ に到達し，方向 $\boldsymbol{\omega}_o$ へ出射している様子を模式的に表している。このような現象を表面下散乱と呼び，半透明な物体におけるライトトランスポートを入射位置と出射位置の 2 軸で図示すると図 (b) のように表される。

すなわち，入射点と出射点が同じ位置である場合，その出射光の多くは拡散反射や鏡面反射などの直接反射によるものである。一方で，表面下散乱光は入射点の近傍で見られ，基本的に，出射位置は入射位置から離れるに従って光量は減衰するが，距離に応じた減衰の過多や方向の依存性は物体によって異なる。これらを説明する物理モデルとして，散乱係数，吸収係数，位相関数などを導入する方法が知られている[9] ほか，近似的な数理モデルとして双極子モデル[10] などが知られている。

〔**4**〕 **蛍　　光**　光の伝搬を考えるうえでは，入射光と出射光の波長の関係にも注目すべきである。一部の鉱物や塗料などには，蛍光と呼ばれる光学現象を示す物質が含まれている。蛍光物質に対して紫外線などの特定の光を照射すると，一時的に電子が励起するもののすぐにもとの状態に遷移するとともに，余剰のエネルギーを光として放出する。このとき，もともと当てた光よりも余剰のエネルギーとして放出された光のほうがエネルギーが低い†ため，結果として入射光の波長（**励起波長**と呼ぶ）よりも出射光の波長（**蛍光波長**と呼ぶ）のほうが長くなる。このときの様子を模式的に**図 4.13** (a) に示している。この蛍光現象における励起波長と蛍光波長との関係を図 (b) に示す。このような蛍光現象の 2 次元の表現は**励起-蛍光マトリクス**（excitation-emission matrix, **EEM**）もしくは**蛍光指紋**とも呼ばれ，物体に固有の値を示すことから，食品衛生管理など分野でしばしば利用されている[12]。また，蛍光現象では入射光の波長よりも出射光の波長のほうが必ず長くなるため，励起-蛍光マトリクスは右下の成分が 0 である点が特徴であると言える。

---

† 光のエネルギー E〔J〕は，プランク定数 h，波長 λ〔m^{-1}〕および光速 c〔m/s〕を用いて $E = hc/\lambda$ と表され，光のエネルギーが低くなるとその波長は長くなる関係がある。

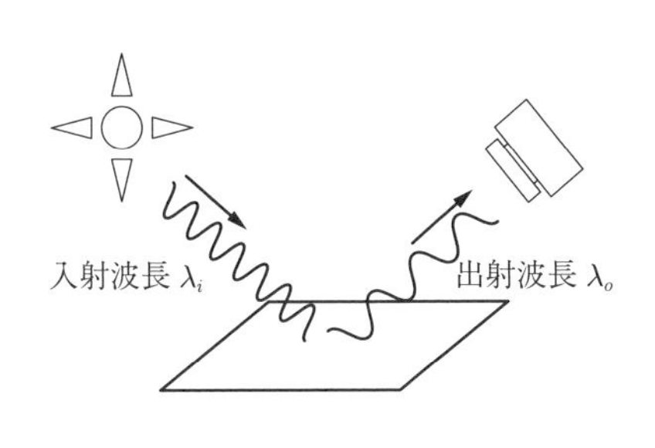

(a)　蛍光における入射光の波長と出射光の波長との関係

(b)　蛍光における光伝搬を示す励起–蛍光マトリクス（データは EEM package[11] を用いた）

図 4.13　蛍光による光伝搬

なお，蛍光現象には電子が励起してから元の状態に推移するまでにわずかな時間差が生じることから，光を照射した時刻と蛍光が出射した時刻との間にわずかな時間遅れが生じることも特徴である。時刻に着目する光伝搬についてはつぎの項目で詳述する。

〔**5**〕　**Time-of-Flight**（ToF）　新幹線の名称にも使われるように，光の進む速さ c はおよそ秒速 30 万 km ときわめて速いことが知られている。**図 4.14**（a）に示すように，光源から放たれた光が距離 d〔m〕離れた被写体に当たり，反射して，光源と同じ位置に置かれたセンサで観測されるまでに掛かる経過時間 t〔s〕は

$$t = \frac{2d}{c} \tag{4.12}$$

と表される。この経過時間 t を計測することで，センサから被写体までの距離 d を推定する ToF センサがさまざまな用途で使われるようになってきている。物体までの距離が d のとき，各時刻 t に観測される光の強度を図（c）に示す。物体が理想的な反射を生じる場合では，式（4.12）を満たす時刻にのみ反射光が観測され，それ以外の時刻では観測されないため，図（c）は一つの直線が現れ，その傾きは $c/2$ である。

つぎに，被写体が半透明な性質を有し，表面下散乱現象がある場合には，図

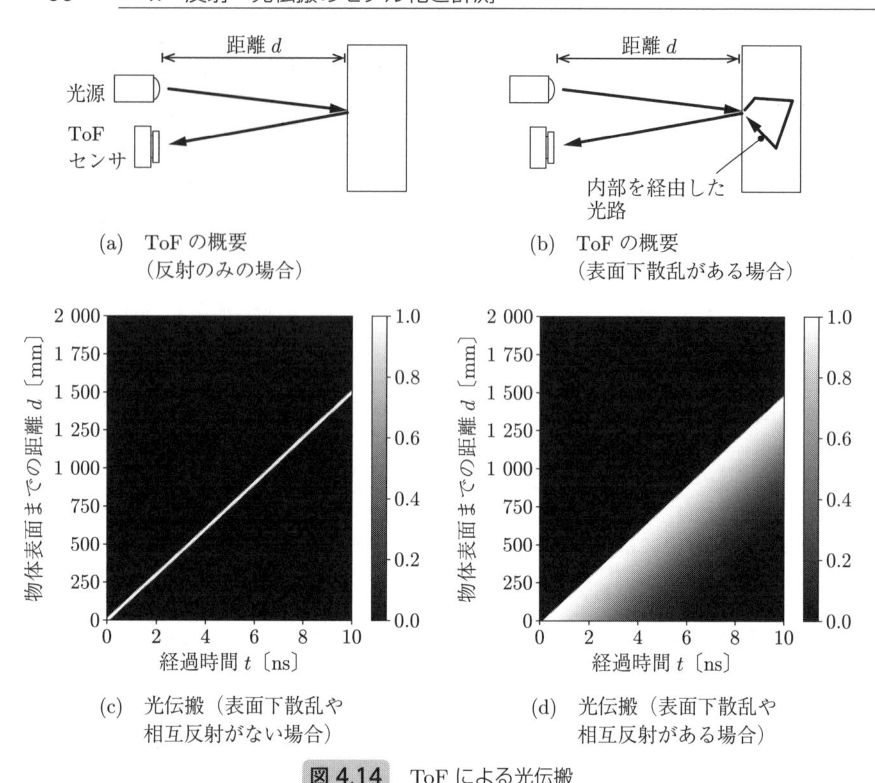

図 4.14　ToF による光伝搬

(b) に示すように，入射した光の一部は物体の内部に入り込み遠回りをしてからセンサに到達する。このような経路をたどる光線は，最短経路の距離である $2d$ よりも多くの距離を経由するためにセンサに到達する時刻に遅れが生じる。このとき，物体の表面までの距離を d として各時刻 t に観測される光の強度を図 (c) に模式的に示す。最短経路を通ったときに要する時間 $t = 2d/c$ より早く観測されることはないため，この光伝搬行列の左上の成分は必ず 0 になる。一方で，$2d$ よりも多くの距離を経由して，遅れてセンサに到達する光線が存在するため，$t > 2d/c$（図では右下の成分）にそのような光が観測されることになる。

4.2.4 曲率に依存した反射関数

最後に，半透明な物体における表面下散乱現象を近似的に表現するために，筆者の考案した手法[13]を簡単に紹介する。まず，**図 4.15**（a）に示すように，不透明な拡散反射面で構成された球体に平行光を照射することを考える。このとき，不透明な球体は図（b）に示す半月のような見た目になり，この球体の赤道面上における輝度はランバートの余弦則に従って図（f）のように変化する。

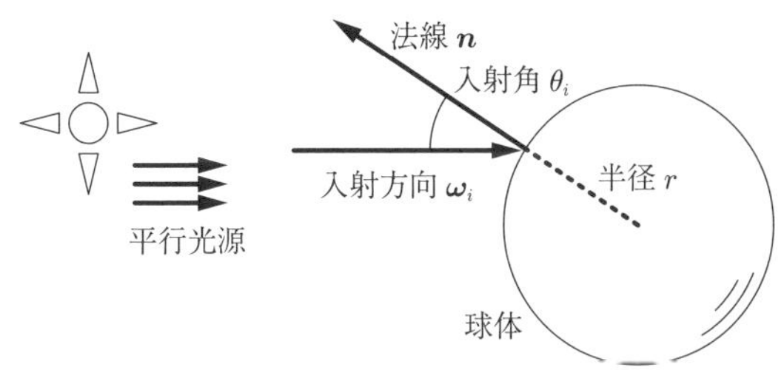

（a）　球体に左側から平行光を照射

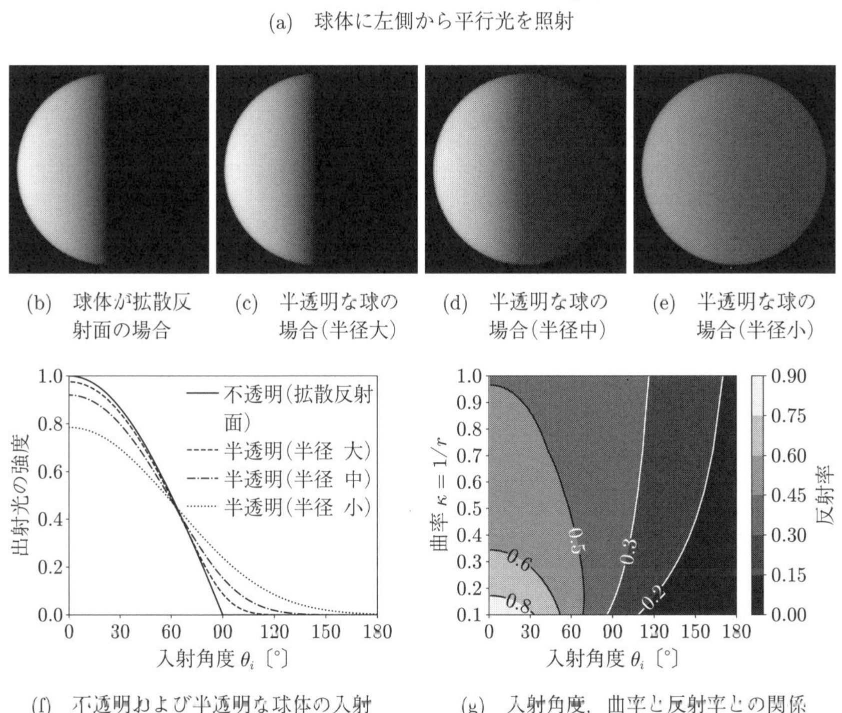

（b）　球体が拡散反射面の場合

（c）　半透明な球の場合（半径大）

（d）　半透明な球の場合（半径中）

（e）　半透明な球の場合（半径小）

（f）　不透明および半透明な球体の入射角度と出射光の強度との関係

（g）　入射角度，曲率と反射率との関係（明るいほど反射率が大きいことを示している）

図 4.15　曲率に依存する反射関数

すなわち，入射角が 0° から 90° に近づくにつれて反射光は徐々に弱くなっていき，入射角が 90° を超えると反射光は 0 になる。ではつぎに，表面下散乱を生じる半透明な球体に同様の平行光を照射する。このときの半透明な球体は図 (c) に示すような見た目になり，同様にグラフにすると図 (f) に示すようになる。不透明な材質の場合と異なり，半透明な材質の場合では入射角が 90° を超えた位置にも，表面下散乱の影響である程度の光が漏れ出してくることがわかる。さらに，この漏れ出す光の過多は物体の材質の影響だけでなく，球体の半径にも依存して変化する。つまり，図 (c) と比較して，図 (d) には半径がやや小さい半透明な球体，図 (e) にはもっと小さい半透明な球体の見た目を示している。いずれも球体も同じ半透明な材質であるものとして描かれているが，大きい球体より小さい球体のほうが，より漏れ出す光が多いように見えることに気が付くだろう。したがって，球体が多少透けている材質だったとしても，半径が十分に大きい場合には，相対的に透けた効果は小さくなるが，ほとんど透けないような材質だったとしても，半径が十分に小さい場合には透けた効果は大きくなる。また，このことは，球体だけでなく任意の形状に応用することができる。具体的には，半径 r の球体における曲率 κ は $\kappa = 1/r$ で表せることに着目し，任意の形状の物体の表面においてその点の曲率の逆数を半径とする半透明な球における入射光と出射光の関係を用いることで，半透明な見た目を CG で描き出すことが可能となる。図 (g) には，半透明な物体における入射角度と物体の曲率に対する出射光の強度を示している。曲率が小さい場合（すなわち半径が大きい場合）は入射角度が 90° を超えるとほとんど出射光はなくなるが，曲率が大きい場合（すなわち半径が小さい場合）には入射角度が 90° を超えてもある程度の出射光が残っており，半透明物体における表面下散乱光の影響を示していることになる。

筆者らの考案したこのようなモデルは，入射光と出射光の関係だけでなく物体の曲率をパラメータとするため**曲率に依存する反射関数**（curvature-dependent reflectance function, **CDRF**）と呼ぶ。実際に，CDRF を用いて半透明な材質の物体をレンダリングした結果を**図 4.16** に示す。不透明な材質としてレン

(a)　不透明な場合

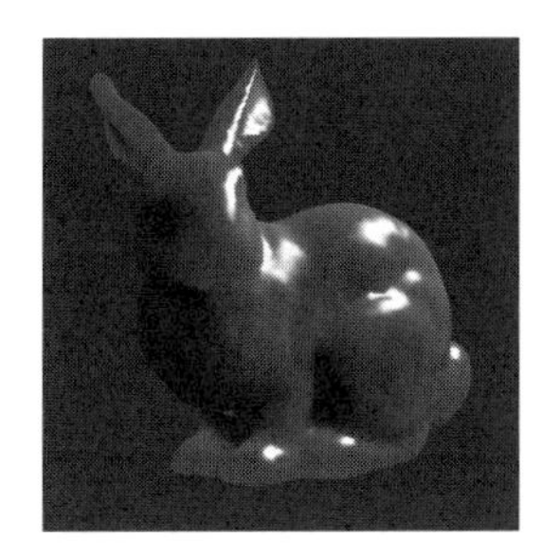

(b)　半透明な場合

(c)　曲率の擬似カラー表示

図 4.16　曲率に依存する反射関数を用いた半透明な材質のレンダリング結果（口絵 1）

ダリングした場合（図（a））と比較して，CDRF を用いてレンダリングした結果（図（b））の見た目は明らかに透明感がもたらされているといえる。また，図（c）には物体の曲率を擬似カラーによって表示してあり，特に曲率が高い部位が不透明な場合（図（a））と半透明な場合（図（b））とで見た目が大きく異なっていることがわかる。

本手法はその計算効率の良さから複数のゲーム作品で人の肌の半透明な質感の表現をリアルタイムにレンダリングするために使用されている。また，図 4.15（g）は本章でこれまでに示してきた光伝搬の表現とは厳密には異なるが，表面下散乱光の過多を示す重要な成分である点は興味深い。

4.3 ま　と　め

本章では，カメラは単に風景を映像として捉える装置ではなく光の計測機として使用できることに着目し，光伝搬のモデル化やカメラを使った光の計測について解説した。これまでに述べたように光の伝搬にはさまざまな種類があるが，入射光と出射光との関係を特定のパラメータで切り取り，その断面を図示することで，特徴的な性質が明らかになることも多い。こういったアプローチが，カメラを用いた画像による環境情報の計測や数理モデル化の一助となれば幸いである。

第 5 章

人物の計測・認識・モデル化

視覚情報を入力とした人物の計測・認識は，コンピュータビジョン（以下，CV）分野で長く研究されてきた分野であり，各年代における周辺技術の動向を反映して，さまざまな手法が提案されてきた。本章では，従来の技術を概観するとともに，近年の深層学習技術を用いた手法について紹介する。ただし，人物を対象とした CV 技術のうち，2 次元画像から顔の領域を発見・特定する顔検出技術については，のちの 6.1.1 項で取り上げることとし，本章ではおもに人物の表面形状や姿勢などの幾何学的情報の抽出に力点をおいて解説する。

なお，従来の手法ではおもにどのような物理的・幾何学的拘束条件を利用しているかによって各手法が特徴付けられる一方で，深層学習を用いた手法では教師信号の有無，損失関数の設計によって各手法が特徴付けられる。

5.1 人物表面形状

人物に限らず，CV による計測においては，従来はステレオ視における三角測量や照度差ステレオ法における輝度変化など，何らかの物理的・幾何学的制約条件を利用した手法が広く研究されてきた。これに対して近年では，深層学習技術を活用して，画像から形状を直接回帰するような手法が盛んに研究されており，大きな成果を上げている。一見すると，前者の物理的・幾何学的制約に基づく手法は不要であるとも考えられるが，学習に基づく手法には何らかの手段によって教師データを用意しなければならないことが多く，教師データを獲得する手段として前者の手法が用いられることも多い。

そのため本節では，まず物理的・幾何学的制約に基づいた手法について紹介したのちに，学習に基づく手法について説明する。

5.1.1 物理的・幾何学的制約に基づいた手法

画像を入力として形状を獲得するアルゴリズムは，D. Marr が唱えた「Shape-from-X」と呼ばれる枠組みで広く研究されてきた。その中でも特に人物形状を対象とした場合，ステレオ法，Time-of-Flight 法，視体積交差法，照度差ステレオ法などが実用的な手法として知られている。

〔1〕 **ステレオ法**　**ステレオ法**とは，複数の視点から同一物体を観測したときに，視点位置の違いから生じる視差を手掛かりとして，三角測量によって観測対象までの距離を計算する手法である。異なる視点で撮影した画像（例えば右目・左目画像）から，被写体の同じ部分（例えば人物の右口角）を撮影している点を探すことを**対応点探索**と呼び，この対応点探索の正確さが，ステレオ法の形状計測の正確さにそのまま対応する。

この対応点探索は左右画像の比較によって行うことができるが，この対応点探索をより正確に行う工夫として，プロジェクタを用いた**能動（アクティブ）ステレオ**も広く用いられている。まずプロジェクタを「逆カメラ」，つまり光の向きが逆になったカメラであると捉えると，プロジェクタの画素とカメラの画素の間で対応点を得ることができれば，やはり三角測量が可能となる。そこで対応点探索が容易になるような特別なパターン光をプロジェクタから被写体に照射し，カメラ側では照射パターンに関する知識を活用してより確実な対応点探索を行う手法が数多く研究されている。

特に人物のように動的な物体を計測するためには，1 回の撮影で，つまり 1 フレームごとに形状を計測できなくてはならない。この要件を満たす手法として，ランダムドットパターン光を照射してカメラ側で対応点を探索する手法が広く普及しており，例えば Microsoft Kinect や Intel RealSense などのように，深度カメラとして製品化されている。また人物を取り囲むようにカメラを配置して，全周囲の 3 次元表面形状を獲得するためのスタジオも大学や企業研究所などで開発されている。

ステレオ法（**図 5.1**）に基づく手法の特徴は，形状（奥行き）計測を視差推定の問題に置き換えている点である。したがって視差推定の正確さがそのまま形状計測の正確さを決定し，その分解能は推定できる視差の分解能，つまり画素ピッチと焦点距離から決まる 1 画素が占める画角と，三角測量の際の左右視点間の距離（基線長）によって決まる。一般に基線長が長いほど分解能が上がるが，左右視点で被写体の見えが大きく変化するために対応点探索がより困難になることが知られている。

(a)　多視点ステレオ計測スタジオ[1)]

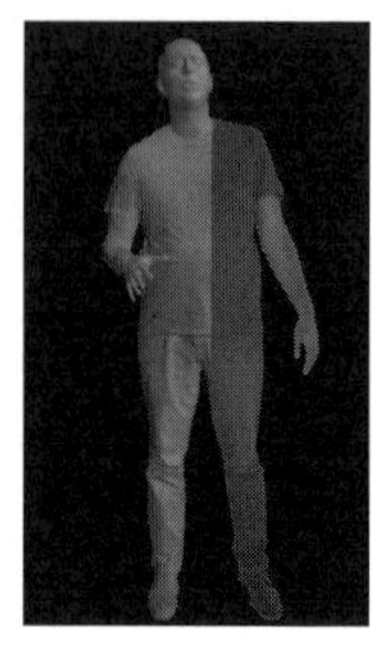

(b)　計測された 3 次元メッシュモデル[2)]

図 5.1　ステレオ法による人物形状計測の例

〔**2**〕 **Time-of-Flight 法**　**Time-of-Flight**（以下，**ToF**）**法**とは，照射した光が被写体に到達して戻ってくるまでの所要時間を計測することで，被写体までの距離を計測する手法である。例えば往復に要した時間が $\tau = 30$〔ns〕であるならば，光の速度を $c \approx 3.0 \times 10^8$〔m/s〕として，被写体までの距離は $c\tau/2 = 4.5$〔m〕となる。ここで距離計測の分解能は，往復時間計測の分解能によって決まる。

一般に **ToF カメラ**と呼ばれるデバイスには，この光の往復時間を直接計測する方式（direct ToF, **dToF**）のほかに，照射光の強度を振幅変調しておいて，送信波と反射波の位相差を計測する方式（indirect ToF, **iToF**）も存在する。例えば照射光を $f = 30$〔MHz〕で振幅変調した場合に，撮影画像で検出できた位相差が $\psi = \pi/2$〔rad〕であったならば，位相差 ψ と往復に要した時間 τ

に成り立つ $\psi = 2\pi f\tau + 2\pi n$（$n$ は任意の整数）という関係式から，その距離は $c\tau/2 = c\psi/2\pi f = 2.5 + 10n$〔m〕となる。このように位相差を用いた手法の場合は，本質的に振幅変調の周期（上記の例では 30〔MHz〕に対応する波長 $\lambda = 10$〔m〕）に対応する計測距離の不定性が存在する。また被写体表面で反射して直接カメラに戻る 1 次反射光の強度と比較して，別の部分で複数回反射してからカメラに戻ってくる高次反射光の強度が無視できない場合，位相の検出に誤りが生じる。

いずれの方式においても，照射する光は環境光よりも十分に強くなくてはならない。そのため多くの製品は屋内用とされている。また**図 5.2** に示すように，ToF センサは 1 画素ずつ独立に距離計測できる半面，隣接画素間での計測結果に連続性が保証されない。そのため時間的・空間的な中央値フィルタなどによってノイズ除去を行ったり，陰影など何らかの画像情報と組み合わせて補正を行うなどの工夫がなされる場合もある[3)]。

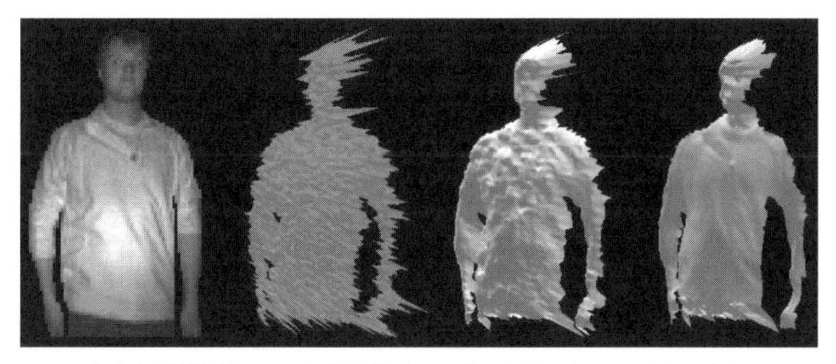

左から撮影画像，ToF による深度マップ，メディアンフィルタによるスムージング後の深度マップ，撮影画像による補正後の深度マップ。

図 5.2　ToF カメラを用いた人物計測の例[3)]。

〔**3**〕 **視体積交差法**　**視体積交差法**（shape-from-silhouette, **SfS**）とは，複数台のカメラから被写体を同時に撮影し，画像中の対象領域（シルエット）を逆投影して得られる視錐体を各カメラから作成して，それらの交差領域をもって被写体形状とする計測方法である（**図 5.3** (a)）。言い換えると，多視点シルエットを再現することができる，最大の形状（**visual hull** と呼ばれる）を計

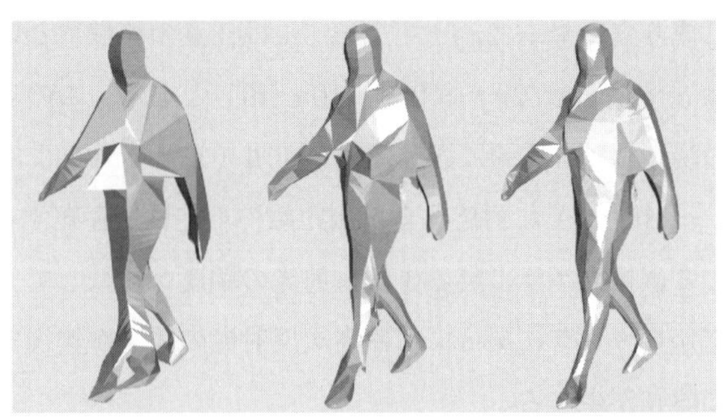

(a)　撮影画像　　(b)　2 視点　　(c)　4 視点　　(d)　6 視点

図 5.3　視体積交差法による人物形状計測の例[4)]

測結果としているとも解釈することができる。

この方式の長所は，ステレオ法における視点間での対応点探索が不要で，かつシルエット抽出は対応点探索に比べて平易な処理で実現できる点にある。一方でこの原理から明らかなように，カメラが一般の位置にある場合，得られる visual hull は真の形状とは異なる。具体的には，シルエットの輪郭として捉えられていない対象形状を復元することはできず，また visual hull には偽の**形状領域**（phantom volume）が存在し得る。これは特にカメラ台数が少ない場合に顕著になる（図 5.3）。

このように明確な短所があるものの，ある程度の視点数を用意すれば，人物形状を高速かつ十分な精度で得ることができるため[4)]，これをそのまま 3 次元形状として用いる，あるいはステレオ法などほかの手法と組み合わせる際の初期値とする，などの利用がされている。

〔4〕 照度差ステレオ法　　**照度差ステレオ法**（photometric stereo）は，対象を異なる光源環境下で撮影した際の観測輝度の違いから，対象表面形状の法線を得る手法である（**図 5.4**）。前述のステレオ法のような対応点探索が不要であり，撮影画像の各画素それぞれにおいて法線を得ることができること，陰影を除いたテクスチャ（アルベド）を同時に得ることができることなどから，高解像度な形状を得る手段として特に映像制作などで使用されている[6)]。一方で，複数の光源環境下での撮影画像が必要となるため，変形する動的な物体をワン

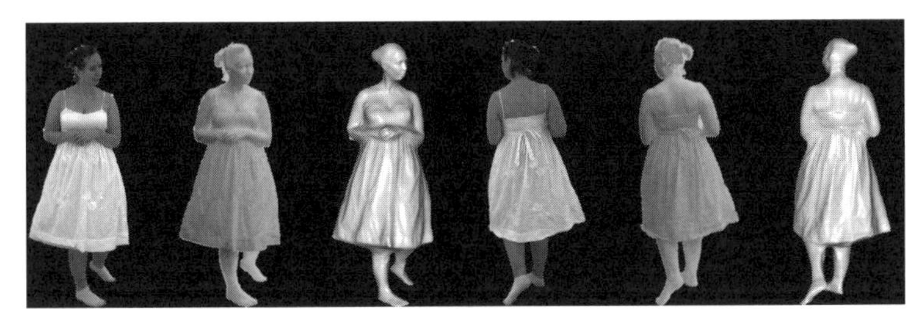

左から撮影画像，推定された法線マップ，複数視点の
法線マップを統合して得られたメッシュモデル。

図 5.4 照度差ステレオ法による人物計測の例[5]（口絵 2）

ショットで計測することは容易ではなく，何らかの工夫が必要となる[5]。

照度差ステレオ法で得られる法線方向の分解能は，カメラの感度，S/N 比，ダイナミックレンジ，階調特性の線形性などの要因によって，いかに正確に輝度を計測できるか否かによって決まる。なお得られた法線を積分することで被写体の表面形状を得ることができるが，照度差ステレオそのものでは，被写体までの距離，つまり被写体の絶対位置を得ることはできない。

5.1.2 統計的形状モデルを用いた手法

前述の物理的・幾何学的制約に基づいた手法は，特に被写体を人物に限定したものではなかった。逆に言えば，被写体が人物であることを活用していない。つまり被写体が人物であると仮定するならば，対象表面の 1 点 1 点についてその位置を計測するのではなく，身長，胸囲，手の長さ，足の長さ，など人体形状を規定する代表的なパラメータ値を指定することで，その形状を定義するアプローチも考えられる。すなわち，人物形状を表現できる何らかのパラメトリックな形状モデルを事前に作成しておき，計測時にはそのモデルのパラメータだけを推定すればよいと考えることもできる。

このような形状モデルを得る研究としては，産業技術総合研究所デジタルヒューマンプロジェクトによる人体寸法・形状データベースと人体形状相同モデルや，独マックスプランク研究所による **SMPL** モデル（skinned multi-person linear model)[7]，**STAR モデル**（sparse trained articulated human body regressor)[8] などが知られている（**図 5.5**）。これらはいずれも，多数の人物 3 次元形状を計測し，主成分分析などによって形状を規定する低次元表現を得ることで実現されている。

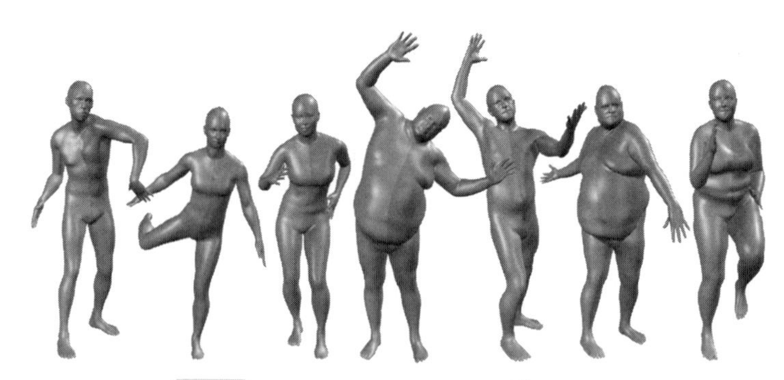

図 5.5　統計的形状モデル SMPL[7]（口絵 3）

特に SMPL や STAR では，形状と合わせて姿勢に対応するパラメータも学習しており，姿勢変化を伴う表面形状を生成することができる。そのため撮影画像と一致するように，SMPL の形状および姿勢パラメータを最適化することができれば，3 次元形状と 3 次元骨格姿勢を同時に推定することも可能である。

このような形状モデルを作成するためには，異なる 3 次元表面形状の間で，たがいに意味的に対応する点を対応付けなくてはならず，この作業は多くのデータベースで人手によって行われてきた。例えば DensePose[9] では DensePose-COCO と呼ばれる大規模データセットを構築している。実際に DensePose では，このデータセットを用いた学習により，任意の人物画像に対して人体モデルを当てはめ，画像上の人物領域を構成する各画素に対して，それが体表面上でどの点に対応するかを推論する。これはもともと入力画像をそのまま 3 次元モデルのテクスチャとして用いるための UV 座標を与えることが想定されているが，モデル間で同じ UV 座標点となるもの同士を対応点とみなせば，そのまま標準モデルとの間で対応付けを行うことができるとも解釈できる。

5.1.3 画像から直接推論する手法

人物を撮影した画像と，その3次元形状のペアが大量に用意されていると仮定して，その写像関係を学習することができれば，未知の画像が与えられたときに，もっともらしい3次元形状を推論することが期待できる（**図 5.6**）。このようなアプローチの研究では，3次元表面形状を推論する手法[9)~11)]に加えて，3次元表面法線を推論する手法[12)]なども取り組まれている。また偏光情報が法線方向についての手掛かりを与えることを利用して，偏光画像から3次元形状を推論する研究も行われている[13)]。また前述の DensePose による体表面間の対応付けを利用して，3次元形状が未知のまま，動画像から自己教師あり学習によって3次元形状を推論する手法も研究されている[14)]。

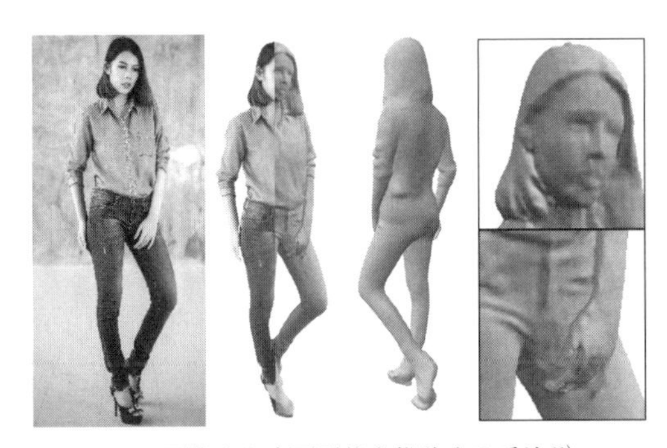

(a)　画像から表面形状を推論する手法[11)]

(b)　画像から 3D モデル表面の UV 座標を推論する手法[9)]

図 5.6　画像から人体 3 次元形状を直接推論する手法の例（口絵 4）

5.1.4 人体 3 次元形状推定のためのデータセット

前述のような統計的形状モデルを作る，あるいは画像から人体 3 次元形状を直接推論するという手法では，元となる人体 3 次元形状のデータセットが必要となる。このようなデータセットとして，特に 3 次元スキャンされたものとして下記が知られている（図 **5.7**）。

〔**1**〕 **1　姿　勢**

CAESAR[26]：約 5 000 人の 3 次元スキャンデータ。

MPII Human Shape[15]：CAESAR に基準メッシュモデルをフィッティングして，同一メッシュトポロジとなるように変換したもの（図(a)）。

〔**2**〕 **複 数 姿 勢**

SCAPE[27]：ある特定の人物が異なる 71 姿勢をとったときのデータ。

ScanDB[28]：114 人の 3 次元スキャンデータ。一人ひとりは全 34 通りの姿勢からランダムに選ばれた 9 通り以上の姿勢でスキャンされている。

FAUST[16]：10 人がそれぞれ 30 姿勢をとったときの 3 次元スキャンデータ（図（b））。

THUman2.0[17]：着衣人物がさまざまな姿勢をとっているときの形状データ 500 スキャン分（図（c））。複数人物のデータも含まれている。

Renderpeople[18]：着衣人物がさまざまな姿勢をとっているときの 3 次元スキャンデータ（2021 年時点で約 3 000 種類）。骨格（リグ）が入っているものも存在する（図（d））。

〔**3**〕 **時　系　列**

Dynamic FAUST[19]：10 人の 129 通りの動作を 60 fps で撮影した 3 次元形状データ（図（e））。

Human3.6M[20]：11 人の 17 通りの動作を 25 fps の ToF カメラで撮影したデータと，基準姿勢での 3 次元スキャン，50 fps で撮影された 4 視点のカメラ映像，200 fps で撮影されたモーションキャプチャデータから構成される（図（f））。

BUFF[21]：着衣人物 5 人（元論文[21]中では 6 人）の 3 通りの動作を 60 fps

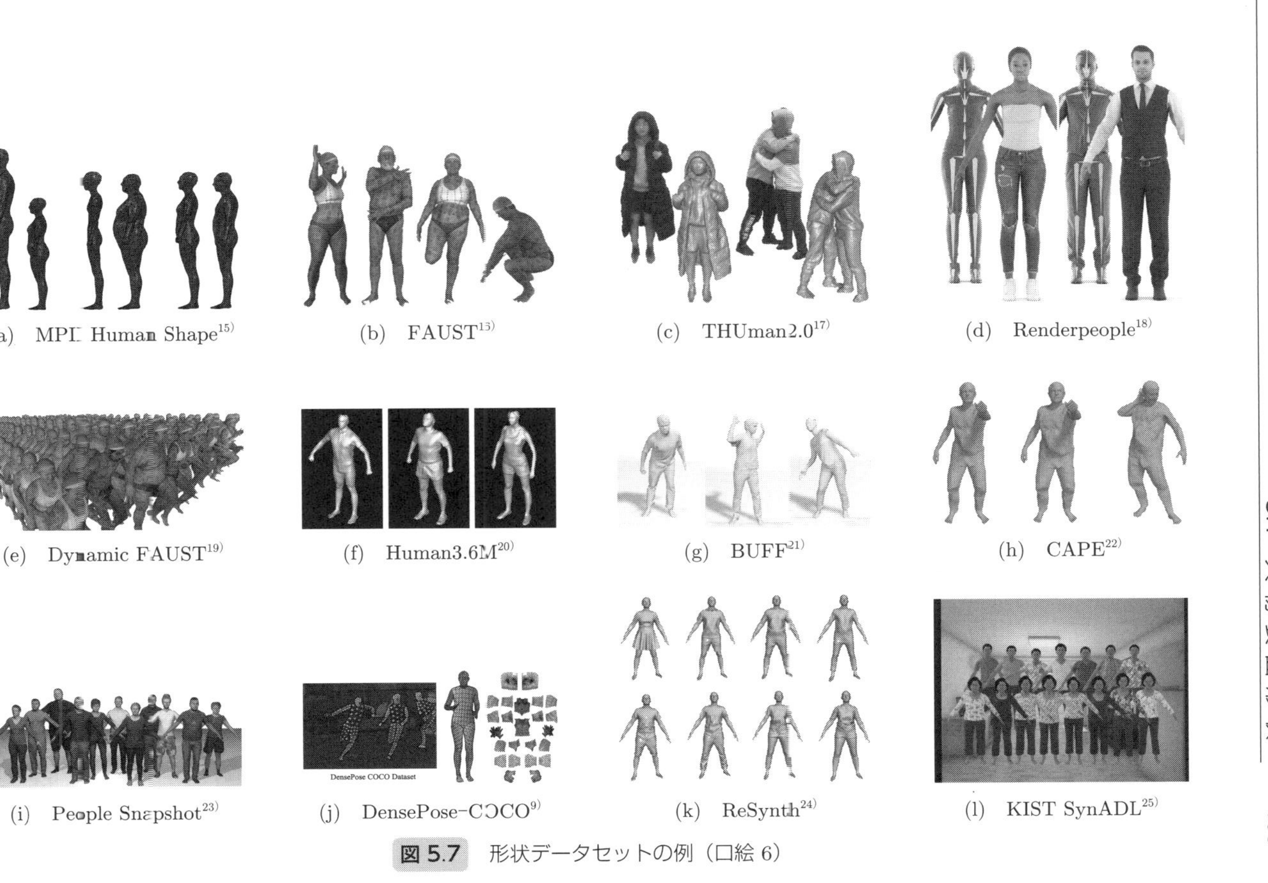

(a) MPI Human Shape[15]
(b) FAUST[13]
(c) THUman2.0[17]
(d) Renderpeople[18]
(e) Dynamic FAUST[19]
(f) Human3.6M[20]
(g) BUFF[21]
(h) CAPE[22]
(i) People Snapshot[23]
(j) DensePose-COCO[9]
(k) ReSynth[24]
(l) KIST SynADL[25]

図 5.7 形状データセットの例（口絵 6）

で撮影した3次元形状データ（図（g））。

CAPE[22]：着衣人物15人によるさまざまな動作を60 fpsで撮影した3次元形状データ（図（h））。

またこれに加えて，既存の画像データに追加で3次元情報を付加することで作成されたデータセットとして下記などが知られている。

UP-3D[29]：2次元姿勢が得られている画像に対して，SMPLモデルをフィッティングすることで得られたデータセット。

People Snapshot[23]：同じ姿勢（Aポーズ）をとった被写体が1台のカメラの前で360°回転する様子を撮影した映像に，SMPLモデルをフィッティングすることで得られたデータセット（図（i））。

DensePose-COCO[9]：3次元人体モデル上を密にサンプリングした点に対応する，画像上の点を人手で与えたデータセット（図（j））。

ただしこれらのデータセットでは，その形状の正しさが，元になった統計モデルの表現能力，フィッティングの精度に依存しており，特に画像1枚に対してフィッティングする場合は本質的にあいまいさが残ることが多い。

これらの実画像を用いたデータセットに加えて，着衣など人物形状の一部，もしくは形状全体を3次元CGモデルとして作成された人工データセットとして下記などが知られている。

ReSynth[24]：SMPLモデルに24通りの着衣を付け加えて，CAPEデータセットに含まれる20通りの動作に沿って変形させたデータセット（図（k））。

KIST SynADL[25]：高齢者15人のCGモデルが，モーションキャプチャされた55通りの動作を行っているデータセット（図（l））。

5.2 骨格姿勢・運動

骨格姿勢の推定は，**モーションキャプチャ**（motion capture, mocap）として古くから映像制作などで利用されてきた。また近年では，ジェスチャーによるゲーム操作など，ユーザインタフェースとしても広く利用されている。本節ではまず物理的・幾何学的制約に基づいた手法について述べたあとに，画像から直接骨格推定を回帰する手法について説明する。

5.2.1 モーションキャプチャ

映像制作などで用いられるモーションキャプチャ，厳密には受動型の光学式モーションキャプチャでは，多視点ステレオ，つまり三角測量によって部位の3次元位置を測定することを基本原理としている。すなわち，人物の体表面に何らかのマーカーを取り付け，これを異なる視点から同時に検出することによってその3次元位置を測定し，その3次元位置を用いて人体内部の関節3次元位置を推定する（図5.13(a)）。マーカーとしては再帰性反射材などで作られた小型の球体を使用することが多い。これは球体は透視投影のもとでは視線方向によらずつねに楕円（あるいは近似して円）として撮影されること，リングライトによってカメラと同軸の照明を用意すれば，カメラから見た前面すべてを照射することができ，かつ再帰性反射材によってその像を確実に撮影することができることによる。

このような光学式モーションキャプチャでは，被写体の動きに対する物理的拘束が少ない一方で，カメラから観測できなかったマーカーの位置を計測することはできない。そのため多数のカメラを配して死角となる領域をなるべく小さくすると同時に，ボディスーツなどシンプルな衣服の着用を求められることが多い。

なお光学式のほかに，磁気式，機械式など画像計測に基づかないモーションキャプチャ方式も存在する。また全身の動きではなく，頭や手などの動きを取得するためのデバイスも，特にVR用途では広く用いられている。例えば頭部姿勢については，HMD自身が外向きカメラを用いてSLAMを行うインサイドアウト方式，周囲に計測装置を配してHMDをトラッキングするアウトサイドイン方式などが存在する。

5.2.2 マーカーレスモーションキャプチャ

マーカーを用いたモーションキャプチャと対比して，マーカーを用いずに被写体を撮影した映像そのものから骨格姿勢を計測することを広くマーカーレスモーションキャプチャと呼ぶ（図 **5.8**）。マーカーレスモーションキャプチャの実現方法は数多く存在するが，本項では代表的な手法として，全周囲 3 次元表面形状計測に基づく手法，深度計測に基づく手法，画像からの回帰に基づく手法について説明する。

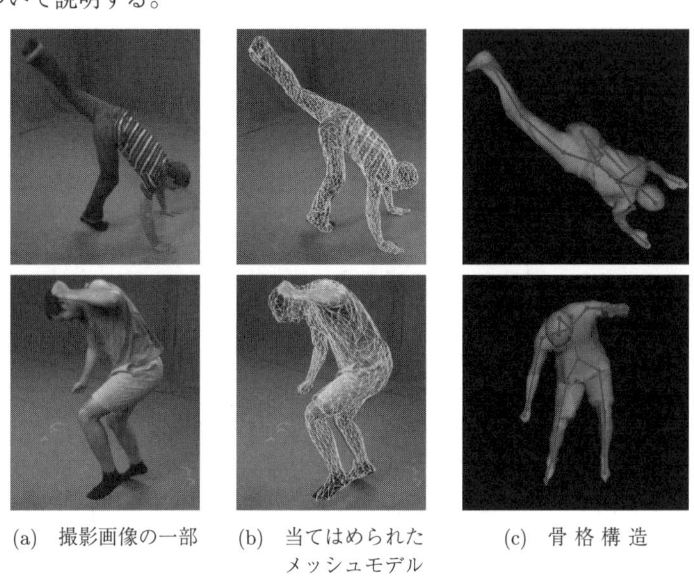

(a) 撮影画像の一部　(b) 当てはめられたメッシュモデル　(c) 骨格構造

図 5.8　全周囲 3 次元形状計測に基づくマーカーレスモーションキャプチャ[30)]（口絵 5）

〔**1**〕 **全周囲 3 次元形状計測に基づく手法**　前述のステレオ法や視体積交差法などで全周囲 3 次元表面形状計測を行うと，その結果を何らかの手法で解析することでその表面形状を駆動する 3 次元骨格の運動を推定することができる。特に被写体が特定の人物であると仮定した場合，その人物の基準姿勢（T ポーズなど）における表面形状と骨格姿勢の関係を構築しておいて，その姿勢パラメータを変化させることでこの基準姿勢形状を変形させて，実際に運動しているときの全周囲 3 次元表面形状計測結果に当てはめればよい[30)]。

〔**2**〕 **深度計測に基づく手法**　アクティブステレオや ToF による深度カメラから得られた深度画像，つまり対象人物の前面形状を入力として，その奥にある関節位置を推定することもできる（**図 5.9**）。例えば 2010 年に発売された Kinect では，ランダムフォレストによって深度画像から人物部位と関節位置を推論している[31)]。深度画像を入力とする手法のポイントは

① テクスチャの違いに依存しないこと

② 訓練データを CG で容易に生成できること

の 2 点である。

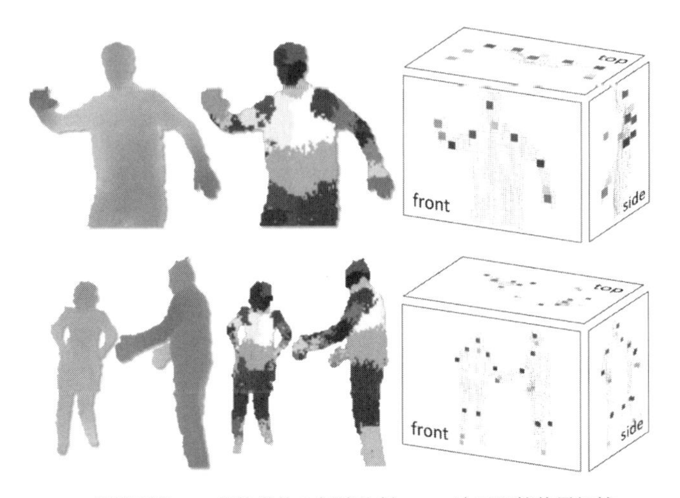

深度画像 ➡ 部位単位の領域分割 ➡ 3 次元関節位置候補

図 5.9 深度画像を入力とした姿勢推定[31)]（口絵 7）

すなわち，通常の RGB 画像では衣服や肌の色の違いなど，たとえ同じ姿勢であったとしても，さまざまな見た目の異なる入力に対して姿勢を推論しなくてはならないが，深度画像を入力とすれば，これらの違いはすべて吸収されて，表面形状という関節位置に直接関係する情報のみに焦点を絞ったアルゴリズムにすることができる。

また，実写と区別のつかない品質の CG 画像とそれに対応する 3 次元骨格姿勢データの組を用意することは容易ではないが，深度画像と姿勢データであれ

ば，比較的容易に自動生成することができる。つまり RGB 画像のように自然な見た目まで再現して，かつさまざまなバリエーションを付けて画像を生成することには多大な労力を要するが，テクスチャを考慮する必要がない深度画像であれば，形状のバリエーションのみに注力して生成することができる。実際に文献 31) では 100 万枚の深度画像を自動生成して学習が行われている。

〔3〕 画像からの回帰に基づく手法　前述の手法では，深度画像を用いることでテクスチャの違いを吸収し，効率的な学習を実現していたが，深度画像を得るための特別な撮影デバイスを用意する必要があった。そこでより一般的な手法として，通常の RGB 画像から姿勢推定を行う手法も広く研究されている。RGB 画像からの推定アルゴリズムは

① 推定対象は 2 次元姿勢か，それとも 3 次元姿勢か

② 推定に 3 次元モデルを用いるか否か

③ 画像中には単一の人物のみが存在すると仮定するか，複数人を許容するか

などで分類することができる。以下ではまず 2 次元姿勢を推定する代表的な手法として OpenPose について説明し，続いて 3 次元姿勢を得るための手法について説明する。

OpenPose[32), 33)] とは，1 枚の画像を入力として，その画像に含まれている人物の 2 次元姿勢を推論する手法である（図 **5.10**）。画像中の人数に制限はなく，一人であっても複数人であっても動作する。この手法のポイントは

① 関節位置を推定するために尤度マップ表現を用いる

② 関節同士をつなぐための接続方向も推論する

という 2 点にあり，いずれも深層学習を活用しつつも，最終的な姿勢推定は深層学習モデルの出力を入力としたグラフ問題として解くように設計されている。

まず前者はもともと Convolutional Pose Machines (CPM)[34)] で提案されていたアイデアであり，画像中から関節の位置，例えば肩の (u, v) 座標を直接推論するのではなく，画像中の各画素について肩である尤度を推論する。つまり RGB 画像から，関節の数だけ尤度マップを出力し，各尤度マップから尤度が高かった位置を後処理によって発見することで，推定結果としている。複数

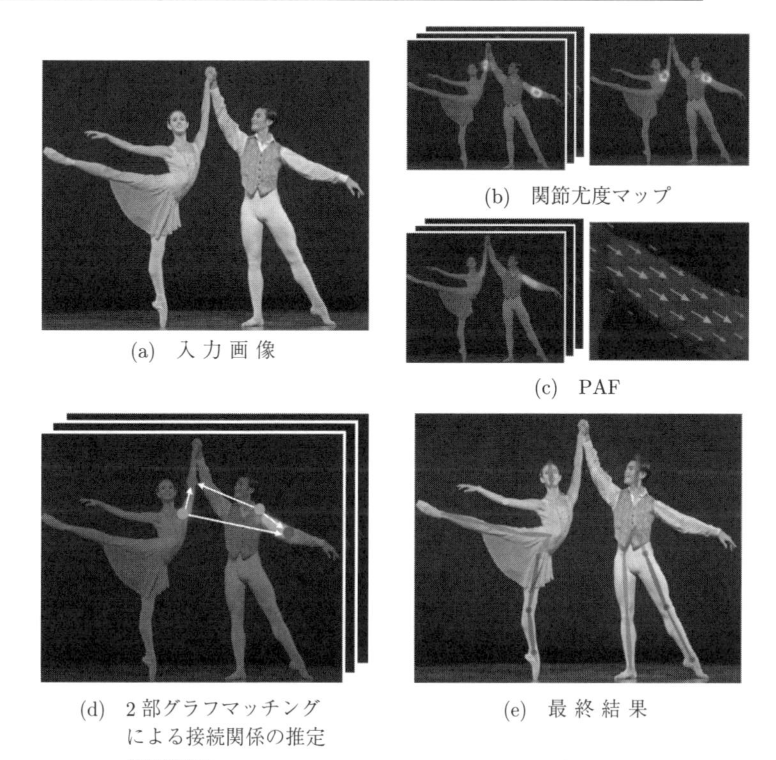

(a) 入力画像

(b) 関節尤度マップ

(c) PAF

(d) 2部グラフマッチングによる接続関係の推定

(e) 最終結果

図 5.10 2次元骨格姿勢を推論する手法の例[32]（口絵 8）

の人物が存在する場合には，その数だけ各関節が発見されることになる。CPMではこれをランダムフォレストで実装していたが，OpenPoseではCNNによる画像変換で実現している。

後者はpart affinity field（PAF）と呼ぶ部位間の接続関係を表すベクトル場を，やはりRGB画像から部位ごとに推論する。これによって，たとえ画像中に複数の人物が存在していたとしても，どの部位同士を接続することが妥当であるかを知ることができる。OpenPoseでは最終的な関節同士の接続関係の探索を，前者の尤度マップとこのPAFを入力とした2部グラフのマッチング問題として定式化して解いている。

続いて3次元姿勢を推論する方法には，3次元モデルを当てはめるアプローチと，3次元関節位置を直接推論するアプローチの2通りが存在する（図**5.11**）。

入力画像

推定結果

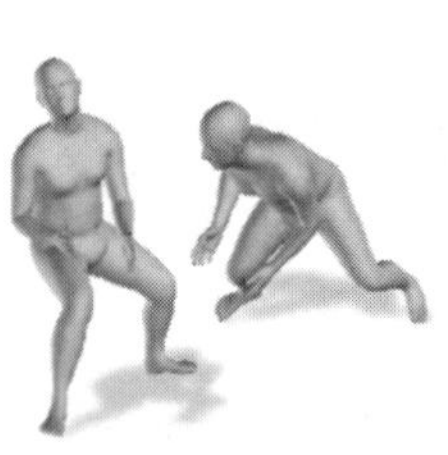

別視点からの表示例

部位単位の領域分割

(a)　HMR[35]

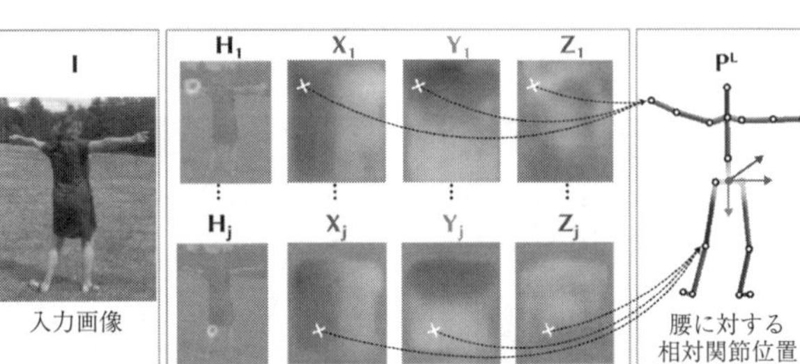

(b)　VNect[36]

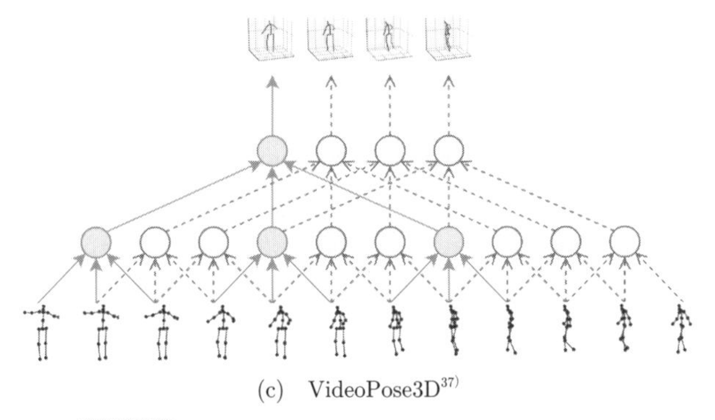

(c)　VideoPose3D[37]

図 5.11　3 次元骨格姿勢を推論する手法の例（口絵 9）

まず前者は 5.1.2 項で述べたように，SMPL モデルなど形状と姿勢の両方をパラメータとして持つ統計的形状モデルを用いて，撮影画像を再現することができる形状・姿勢パラメータを探索することで姿勢推定を実現する[35)]。一方で後者は，OpenPose のように 2 次元関節位置を推定し，それをもとにして 3 次元位置推定を行う構造になっているものが多い。例えばVNect[36]では2次元関節位置を推定するネットワークを内部に含んでおり，VideoPose3D[37]では2次元関節位置を入力として，つまり別ネットワークで求めてから，3次元関節位置を推定している。

5.2.3 骨格姿勢推定のためのデータセット

前述のようなマーカーレスモーションキャプチャを画像からの推論によって実現するためには，何らかの手段によって入力に対する教師データを与えなくてはならない。特に関節位置のように物理的なものを教師とする場合，画像認識タスク用のアノテーション作業と同様に，すべて人手でラベル付けを行う手段に加えて

① 計測によってラベル付けを行う

② 多視点制約などを活用して自己教師あり学習を行う

などのアプローチが存在する。

まず人手による2次元関節位置アノテーションが付与されたデータセットとしては，図**5.12**に示すMS-COCOデータセット[38]やMPIIデータセット[39]が知られており，さまざまな人物の姿勢と背景を持つ画像データセットとなっている。

つぎに計測によってラベル付けを行う例としては，図**5.13**に示すモーションキャプチャシステムを用いたHuman3.6Mデータセット[20]やHumanEvaデータセット[40]，多視点カメラシステムを用いたPanopticデータセット[41]が知られている。前者はモーションキャプチャシステムを備えた多視点カメラスタジオで撮影を行い，計測された3次元関節位置を画像に投影することで2次元関節位置のアノテーションを得ている。後者は大量に用意されたカメラの中から，より確信をもって関節位置を検出することができた視点を選択して三角測量を行い，その結果を残りのカメラに投影することでアノテーションを得ている。これらはいずれも，まず三角測量によって3次元関節位置を推定し，これを各視点に投影することで対応する2次元関節位置を得るアプローチである。

(a)　MS-COCO データセット[38]

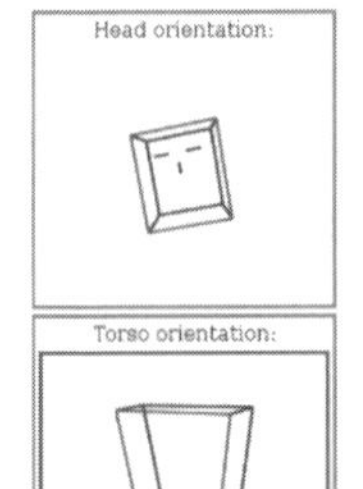

(b)　MPII データセット[39]

図 5.12　2 次元骨格姿勢データセットの例（口絵 10）

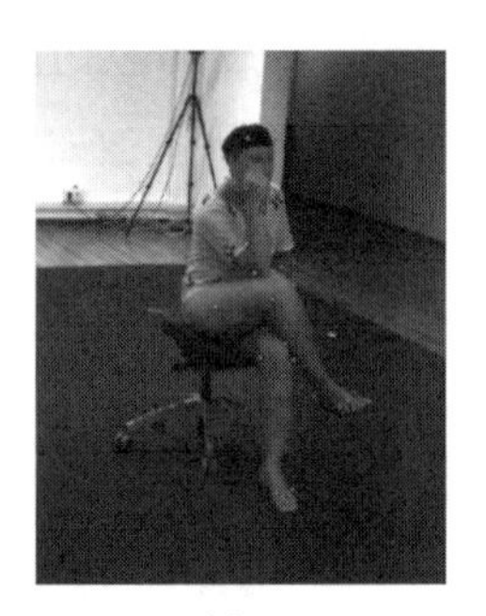
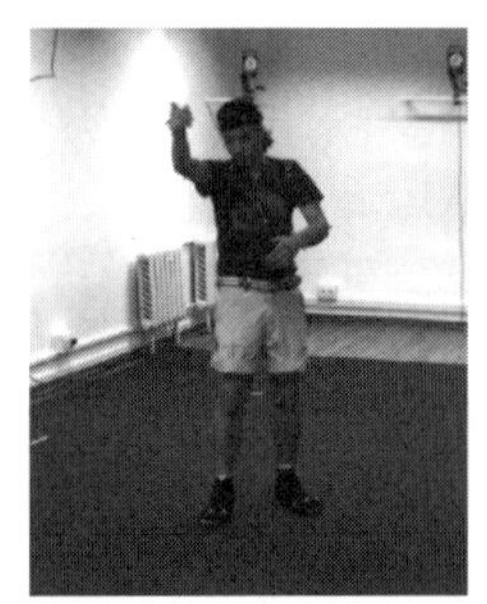

(a)　Human3.6M データセット[20]

(b)　Panoptic データセット[41]

図 5.13　3 次元骨格姿勢データセットの例（口絵 11）

また人物を複数方向から同時撮影した際に，各視点で2次元あるいは3次元姿勢推定を行ったならば，得られた姿勢は視点間で無矛盾である必要がある。つまり同じ2次元関節点同士を空間に投影すれば1点で交わり，また3次元姿勢同士は一致するはずである。これを損失関数と使用することで，自己教師あり学習によって3次元姿勢推定を実現する手法も知られている[42]。

5.3 視　　　線

画像を用いた非接触な視線計測は，ユーザインタフェースや行動解析としての利用に加えて，心理学や脳科学などの分野でも広く利用されている。本節では代表的な手法として

① 眼球を直接計測する手法

② 顔画像を計測する手法

③ 体や顔の動きから推論する手法

について述べる。眼球を直接計測する手法では，頭部にカメラをマウントするか，計測デバイスに対して頭部姿勢を変化させないことが要請されるため，一般的に身体的拘束が強い。一方で顔画像を用いる手法や，体や顔向きから推論する手法はより遠く離れたカメラによる計測を用いることができるために，自由に運動する人を対象とすることができるという特徴がある。

5.3.1 眼球を直接計測する手法

眼球を直接計測する手法としては，眼球を直接撮影して瞳孔を検出することで視線方向を計算する手法（図 **5.14** (a)）が広く知られており，特に可視光よりも波長が長い近赤外光を用いたデバイスが数多く製品化されている。具体的には眼球付近にカメラを固定する眼鏡型あるいはHMD一体型デバイス，あるいはディスプレイ下部などに設置して，被験者の目の前から撮影を行うデバイスなどが知られている。これらはいずれも被写体にデバイスをマウントする，あるいは眼球位置を装置に対して一定にすることを求めるなど，身体的な拘束

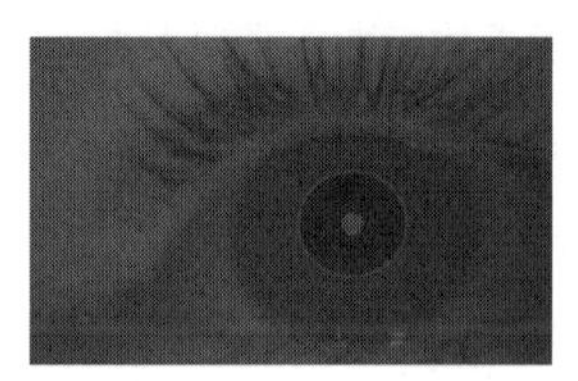
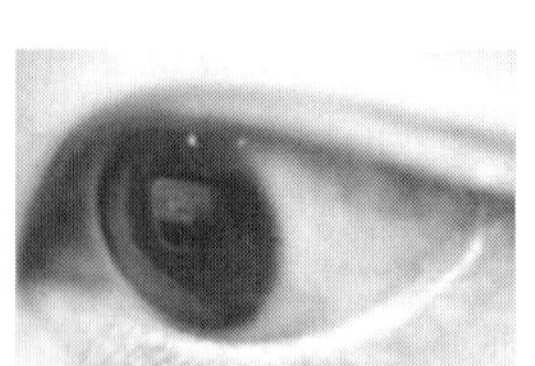

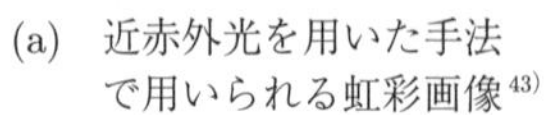
(a) 近赤外光を用いた手法で用いられる虹彩画像[43)]

(b) 可視光を用いた手法によって復元された瞳に映る外界の様子[44)]

図 5.14　眼球の直接計測による視線推定

を要求する手法となる。

また近赤外光ではなく可視光を用いた研究として，Nishino ら[44)]は眼球を曲面ミラーとみなすことで，人物を中心とした全周囲画像を得る手法を提案している（図 (b)）。この手法では，光彩部分に映り込んだものが被写体の注視対象をそのまま表している。

5.3.2 顔画像を計測する手法

人は相手の顔を見るだけで，その視線方向を推し量ることができる。つまり顔画像から視線方向推定を行っている。これを深層学習で実現した例として，MPIIGaze[45)]が知られている。この手法では，任意の方向から撮影された顔画像を，仮想的に正面から撮影した画像となるように変換することで，前述の眼球を直接計測する手法と同様に特定のカメラ位置から撮影した眼球画像を得る点にある。この正面顔生成では，人の顔を構成するランドマーク点（目や口の位置）の位置関係がおおむね一定であることが利用されており，撮影顔画像から得られた 2 次元ランドマーク点と，あらかじめ用意された顔モデルの 3 次元ランドマーク点の間で Projective-n-Point 問題を解いて顔の 3 次元方向を得ることで実現されている（図 **5.15** (a)）[46)]。

このように眼球画像から視線方向を推論するためには，何らかの教師データを用意する必要がある。例えば文献 48) では，CG モデルによって画像を自動生成する手法も提案している。また文献 47) では，人々が何らかのマーカーに

(a)　顔および視線方向推定[46]　　(b)　全方位カメラを用いたデータセット生成[47]

図 5.15　顔画像を用いた視線推定

着目している様子を全方位カメラによって撮影することで，さまざまな視線方向を持った顔画像を自動収集する手法を提案している（図（b））。

5.3.3　体や顔の動きから推論する手法

人の視線方向と頭部方向・胸部方向の間には，特に歩行など特定の運動下においては，何らかの依存関係が存在することが知られている[49]。このため前述のように1視点から観測された人物映像を入力として，頭部方向や胸部方向を推論することができれば，さらに視線方向を推論することが可能であり，文献

図 5.16　頭部・胸部方向を用いた視線推定[50]

50) では頭部・胸部・視線方向を球面上の確率分布である von Mises Fisher 分布として推論する深層学習モデルが提案されている（図 **5.16**）。

5.4 ま と め

人体の計測・認識・モデル化は，多視点カメラを用いた三角測量に基づく手法など，何らかの物理的・幾何学的拘束条件を利用した手法を基礎としつつ，これらによって得られた計測データを教師信号として用いることで深層学習モデルを訓練し，単眼カメラ映像だけを入力として 3 次元形状や骨格運動，視線方向を推論する手法が実用化されている。すなわち訓練済みモデルがカバーしている一般的なシーンを対象とする場合は，カメラ 1 台を用意するだけで，だれでも実用的な精度で形状や骨格運動，視線方向の計測・認識を行うことが可能となった。このような計測・認識を前提とした新たな応用研究がますます一般的になるであろう。一方で，例えば乳幼児や高齢者など現時点でも訓練データが十分には整備されていない領域で計測を行いたい場合や，映像制作用途など特に高精度な計測を必要とする場合では，自ら新たに計測する技術が必要とされると考えられる。このような用途においても，訓練済みモデルによる推論を初期値として，個別の観測に合わせて形状や骨格運動を精緻化するなど，両者の側面を併せ持った手法が今後は珍しくなくなると考えられる。

第 6 章

現代のCV基盤技術

画像認識やコンピュータビジョン（以下，CV）の研究は 1970 年代から行われてきたが[1)]，産業応用はされていても日常生活に応用されるものは多くはなかった。ところが 21 世紀に入ってさまざまな技術革新により CV は急速な発展を遂げ，社会のさまざまな場面で実応用が展開されている。

本章ではそれらの基盤となる CV 技術のいくつかを紹介する。

6.1 画像認識と機械学習

機械学習（machine learning）とは与えられた学習サンプルというデータの統計的な性質を利用した認識手法の総称である。これが本格的に CV に利用され始めたのが 2000 年頃のことであり，その代表例が顔検出と姿勢推定である。

画像や音声などを認識する手法は特に**パターン認識**（pattern recognition）と呼ばれることが多い。一般的な画像の認識は長年に渡って困難な課題であったが，さまざまな不変な特徴量とそのエンコーディングを利用したロバストな画像認識手法が登場した。これも 2000 年頃のことである。

6.1.1 顔　検　出

Viola と Johns が提案した手法[2)]は，画像中の顔領域を検出する「顔検出」のブレークスルーとなった技術[3)]であり†，現在は **Viola-Jones 顔検出器**（face

---

† この功績により，Viola と Johns は CVPR2011 において Longuet-Higgins Prize を受賞した[4)]。http://cvpr2011.org/，https://www.thecvf.com/?page_id=413 参照。

detector）と呼ばれている。この技術の核心的な部分は二つあり，**Haar-like特徴**と呼ばれる高速に計算可能な特徴量と，**AdaBoost**[5)]と呼ばれるこちらも高速に処理可能なカスケード型の機械学習手法である。人間の顔を検出するためには顔の特徴量を計算する必要があるが，どのような特徴が顔を特徴付けるのかという問題は長年に渡って研究が行われていたものの，有効なものを考案することは困難だった。ニューラルネットワークを用いた手法も提案されていたが[6),7)]，当時としては計算量が大きすぎた。

Viola-Jones 検出器のアイデアは，機械学習を用いて，データから有効な特徴量を見つけ出すというものである。つまり，顔を含む画像から大量にさまざまな特徴量を計算し，それらの中から顔と顔ではないものを識別するために最も有効なものを選択すれば，それが顔を特徴付ける特徴量である，ということになる。特徴量を大量に計算するためには高速に計算できなければならない。そこでよく識別に用いられていたGabor フィルタなどではなく，さまざまな矩形内部の輝度値の積分（とその差分）だけを利用する方法が採用された（図**6.1**）。これが2次元Haar ウェーブレットのカーネルであるため，Haar-like特徴と呼ばれている（厳密にはウェーブレット変換ではないのでlike（のような）と呼ばれている）。矩形内部の輝度値の積分には積分画像[8)]（integral image, summed area table[9)]）を用いる手法があり，これにより画像中のさまざまな大きさと形の矩形のHaar-like特徴を高速に計算している。これらの膨大なHaar-like特徴を，顔と非顔の識別に利用するためには高速な機械学習手法が必要となる。そのためにBoosting[10)]の一種であるAdaBoostが用いられた。これは，適当

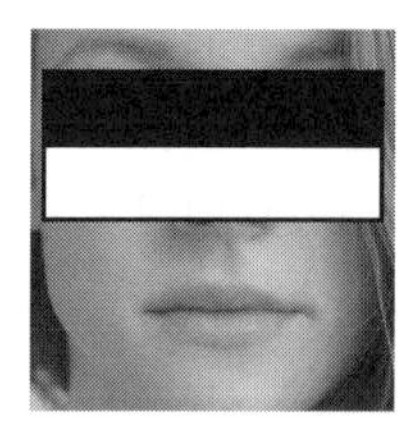
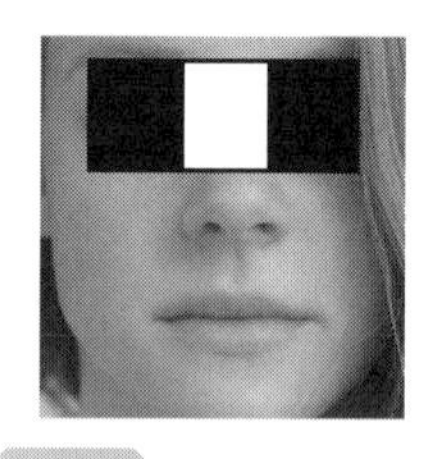
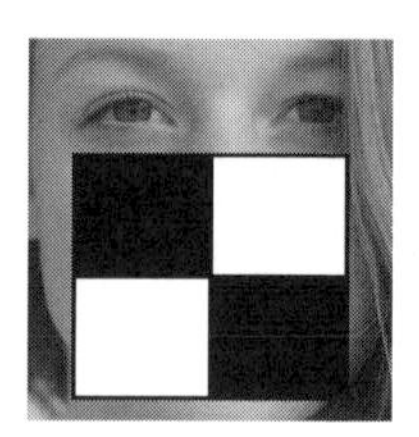

図 6.1　Haar-like 特徴

に与えられた領域は顔ではない場合が非常に多く，また顔ではないと判断することは容易である，というアイデアに基づいている。そこで，**弱識別器**（weak classifier）と呼ばれる高速かつ軽量な識別手法がカスケード型（多段型）で利用された。つまり，大量の非顔領域は最初の弱識別器でほとんどが棄却されて，顔かもしれない少数の候補領域が次段の弱識別器へと渡される，という構造になっている[†1]。

6.1.2 姿 勢 推 定

画像からの人物姿勢の推定には，行動認識や歩容認証からゲームユーザインタフェースに至るまで多様な用途がある。網羅的な解説は 5.2 節で述べられているため，ここではマイルストーンとなった重要な技術について簡潔に述べる。

RGB に加えてカメラからの奥行き（depth）を取得できるセンサ（通称 **RGBD カメラ**[11)]）の登場により，RGB だけでは難しいシーンにおいてもさまざまな情報を得ることができるようになった。Microsoft Xbox-360[†2] はゲーム機器であるが，そのコントローラの一つとして **Kinect** と呼ばれる RGBD カメラが登場し（図 **6.2**），これによりユーザは姿勢やジェスチャーでゲームをコントロールすることができるようになった。そのために，画像中の人物領域および人物

図 6.2 Kinect〔出典：James Pfaff（litheon)〕

†1 Haar-like 特徴を用いた顔検出の様子をわかりやすく可視化した映像が https://vimco.com/12774628 で公開されている。これは Computer Vision Dazzle Camouflage（CV Dazzle）https://cvdazzle.com/ という「顔検出されないファッション」プロジェクトのデモである。

†2 https://www.xbox.com/

の姿勢を推定する技術が開発された（図 **6.3**）[12),13)]。各画素において奥行きが得られるため，人物と背景を分離することはRGBDカメラを用いた場合には（RGBだけの場合よりも）容易である。しかし人物の姿勢を推定するためには，人体の部位（腕，脚，など）の領域を特定すること（つまり人体部位の領域分割）が必要となる。そのために，ある画素と，そこから一定だけ離れた位置の画素における奥行きの差が特徴量として用いられた。二つの画素の組合せは大量にあるが，それを高速に識別するために**ランダムフォレスト**（random forest）[14)]と呼ばれる，決定木を多数用いた機械学習が用いられた。決定木自体は高速に計算できるものの性能は高くないが，ランダムフォレストは，（ある意味でランダムにパラメータを変えた）多数の決定木の多数決などを用いて性能を向上させている。

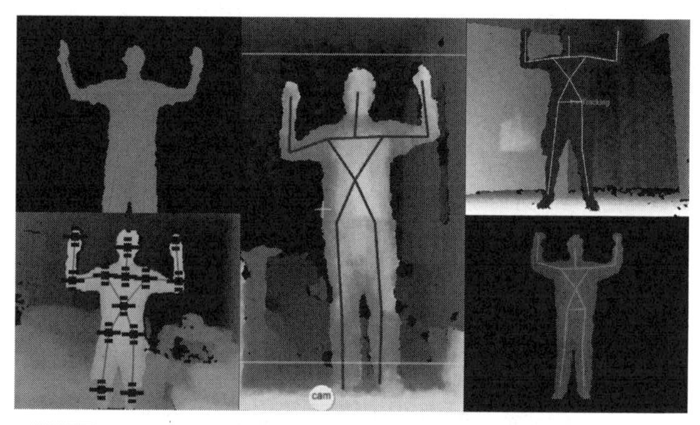

図 6.3　Kinect による姿勢推定〔出典：Golan Levin〕（口絵 12）

6.1.3 局所特徴量

画像を認識するためには特徴量の計算が必要であるが，画像の見えはどのように変化するか事前にはわからない。そのため，有用な特徴量にはさまざまな変換に不変であることが望まれる。例えば画像が多少回転していても同じ識別結果を得るには特徴量は回転不変である必要がある。それと同様に，物体の位置が変わってしまうならシフト不変（並進不変），大きさが変わってしまうならスケール不変，物体がカメラに対して斜めに傾いているならアフィン不変や射影不変という性質が必要になる。このことを考える場合に，問題は，画像中のどこが注目するべき場所であるかという特徴点の検出手法（**特徴点検出器**，detector）と，特徴点周辺の特徴をどのように計算するべきかという特徴量の計算手法（**特徴点記述子**，descriptor）の二つに分けられる[15),16)]。

〔**1**〕**特　徴　点**　特徴点やキーポイントとは，画像中の「特徴的な」場所を指す。「特徴的な」という用語はあいまいであるが，これは局所的な領域だけを見たときに物体がどちらの方向へ移動しているのかを一意に決定できるかどうか，という**窓枠問題**（aperture problem）に基づいており，オプティカルフローなどを考察するために古くから用いられている。ある大きさの円内に白黒のパターンが移動する場合に（**図 6.4**），エッジが存在してもその移動方向はエッジに平行な方向の移動量は不定である（図（a））。しかしコーナーが存在するなら，そのコーナーの移動方向は一意に決定できる（図（b））。また黒い点（**ブロッブ**（blob））があるなら，その動きも一意に決定できる（図（c））。

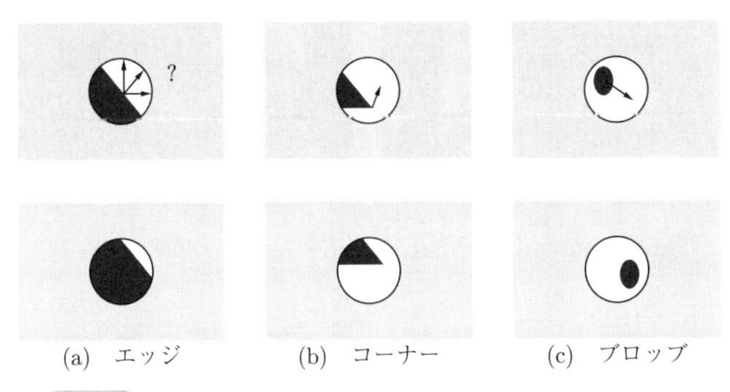

図 6.4　窓枠問題におけるエッジ，コーナー，ブロッブの移動

コーナーを特徴点として検出するためには，ある小さな局所領域を微小だけ動かしても輝度値は変わらないという仮定のもと，移動前後の局所領域の輝度値の差の 2 乗和を最小化する問題を考える。この問題を 1 次テーラー近似して得られるのが局所領域の構造テンソル（2 次モーメント行列）であり，その固有値でコーナーの有無を検出するのが **Harris コーナー検出器**（corner detector）[17)]

（図 **6.5** (a)）や Good feature to Track（**GFTT**）[18]（図 (b)）である。一方，機械学習をコーナー検出に利用したものが **FAST コーナー検出器**[19] である（図 (c)）。これはある画素の周囲の複数の画素との画素値の差を特徴として決定木で学習するものであり，中心画素より明るい（または暗い）画素が連続していればコーナーと識別できるだろうという考え方に基づいている。

(a)　Harris コーナー

(b)　GFTT

(c)　FAST コーナー

(d)　DoG

図 6.5　特徴点検出器による検出結果〔出典：Diliff〕（口絵 13）

ブロッブを特徴として検出するためには，周囲の明るい画素よりも暗い領域が内側にあれば（もしくはその逆であれば）よい。そのようなパターンを検出するのが 2 次微分（ラプラシアン，Laplacian）である。ここで二つの問題が生じる。一つ目は 2 次微分はノイズに弱いことである。そのため，あらかじめガウス関数を畳み込んで平滑化してからラプラシアンを計算することが多い。その際に畳み込みと微分演算の線形性を利用して，ガウス関数を 2 次微分したもの（Laplacian-of-Gaussian, **LoG**）を畳み込むことが多い。こうすることで畳み込みが 1 回で済む。この形は二つのガウス関数の差（difference-of-Gaussian,

DoG）でよく近似できることが知られている（**図 6.6**）。二つ目は検出するブロッブの大きさが事前にはわからないことである。そのため，ガウス関数の幅を変えた多数の LoG を適用して（これを**スケールスペース**（scale space）と呼ぶ），その反応が大きい場所を検出するという方法が考えられるが，計算量が大きくなる。そこで LoG の代わりに DoG を用い，かつ大きさの異なるガウス関数を適用する代わりに画像を縮小することで対応し，ガウス関数を適用した結果同士の差分を取ることで高速に DoG によるスケール不変な特徴点検出を可能にする方法（図 6.5 (d)）が，後述の SIFT[20] とともに提案された。それでも計算量が多いため GPU 実装が広く用いられていた†。さらに高速化するためにボックスフィルタ近似と積分画像を利用して，特徴量記述も同時に行う SURF[21] なども提案された。

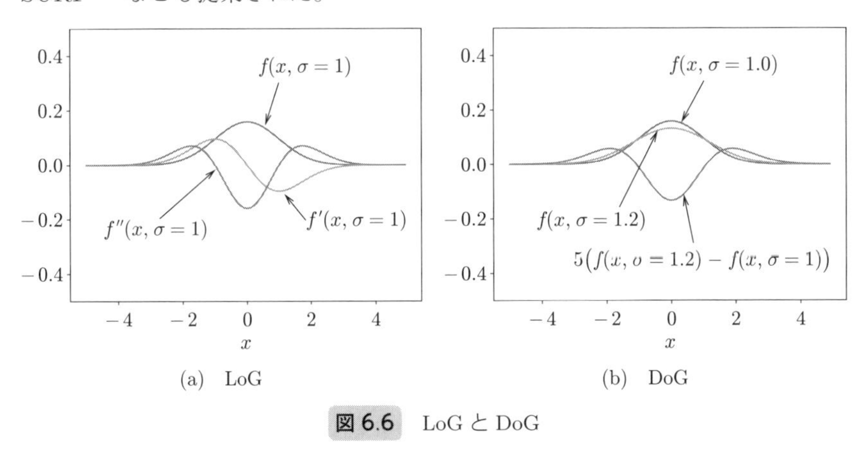

(a)　LoG　　(b)　DoG

図 6.6　LoG と DoG

〔**2**〕 **特　徴　量**　ある特徴点周辺の画像の特徴として非常に単純なものとして考えられるのは，局所矩形領域の輝度値や色をそのままベクトルとして用いるものである。しかしこれではさまざまな状況における変化に対応することができない。これらを解決しブレークスルーとなったのが **SIFT**（scale invariant feature transform）[20] である。まず回転不変を持たせるために，DoG 特徴点周辺の輝度勾配方向のヒストグラム（**図 6.7** (a)）を計算する。最も勾配が多

† https://github.com/pitzer/SiftGPU

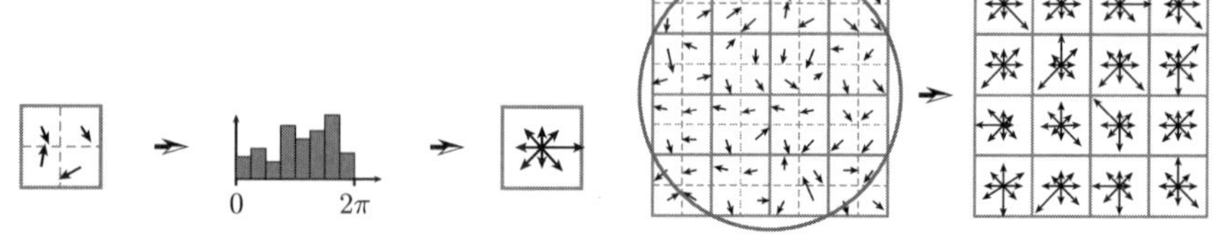

(a) SIFTの輝度勾配ヒストグラム　(b) 4×4の部分領域

図 6.7 SIFTの輝度勾配ヒストグラムと4×4の部分領域〔出典：Indif〕

い方向はそのDoG特徴点の**オリエンテーション**と呼ばれ，このオリエンテーションに沿った方向で局所矩形領域を4×4の16個の部分領域に分割し，それぞれで再度勾配方向ヒストグラムを計算する（図(b)）。16個の部分領域のヒストグラムを連結したものが**SIFT特徴量**である。

SIFTはオリエンテーションを算出するため回転不変である。また輝度勾配（画像の微分）を用いているため，照明変化に頑健であり，照明不変と言える。しかしながら，ヒストグラムは局所領域内の位置に不変な特徴であるが，識別的ではない。そこで16個の部分領域でヒストグラムを計算することにより，位置不変性と高い識別性の両立を果たしている。

SIFTに代表される手法は**局所特徴量**（local features, local descriptors）と呼ばれ，さまざまな場面で応用されている。特に，同じ位置の局所特徴量同士は一致し，異なる位置の局所特徴量は一致しない（**図6.8**）という性質を利用して，複数枚の写真から大きなパノラマ画像を作成するための画像同士の対応（マッチング）の計算に広く利用されている。また特徴点を動画像中で追跡することも可能である。手元のカメラで撮影した物体の局所特徴量と，データベース中の画像の局所特徴量とをマッチングすることにより，高速な画像検索も実現されている。

SIFTはスケール不変であるがアフィン不変ではない。そこでHarrisコーナー検出をアフィン不変にしたもの（**Harris-affine**），2次モーメント行列の代わりにヘッセ行列を用いたもの（**Hessian-affine**）などのアフィン不変な特

図 6.8 SIFT 特徴量によるマッチング〔出典：Indif〕

徴点検出と特徴量記述も提案された[22),23)]。

SIFT 特徴量は部分領域の勾配方向ヒストグラムを利用するものであるが，機械学習を用いて局所矩形領域内の画素値から特徴量を計算する手法もある。FAST 検出器は中央画素と周囲の画素との輝度値の差分を利用するものだったが，それと類似した考え方で，二つの輝度値の差を利用した特徴量記述子に **BRIEF**[24)] がある。またこの二つの位置のペアを学習により獲得する手法の一つが **ORB**[25)] であり，SLAM における対応点探索に利用されている[26)]。

〔3〕 BoF：局所特徴量の利用　局所特徴量は対応点探索や特徴点追跡のために考案されたものであるが，これを利用することでそれまでの画像認識が対応できなかった一般的なシーンの認識が可能になった。その考え方の基礎となるのが，自然言語処理の分野で利用された **bag-of-words**（**BoW**，単語の袋詰という意味）である。

テキストを分類する場合，文章を把握し文脈を理解する必要はなく，出現する単語の頻度を見るだけで十分な場合がある。例えば soccer，player，score， ballという単語が多く登場するテキストはスポーツに関するものであり，bank，finance，moneyなどの単語が頻出すれば金融に関するテキストであるという分類ができる。そのため，テキスト中の単語の出現頻度ヒストグラムがそのテキストの特徴量となる。これがbag-of-wordsと呼ばれる考え方である[27)]。

これを画像認識に適用したのが**bag-of-visual words**（**BoVW**，視覚的な単語の袋詰という意味）もしくは**bag-of-features**（**BoF**，特徴量の袋詰という意味）と呼ばれている手法[28),29)]である。テキストとは異なり画像には単語という概念がない。そこで，代表的な局所特徴量をvisual word（視覚的な単語，以下VW）とみなして，その出現頻度ヒストグラムを求める（**図6.9**）。代表的な特徴量を求めるためには，画像から抽出された特徴量をクラスタリングし，クラスタをVWとする（これらのVWをまとめて**コードブック**（code book）と呼ぶ）。このとき特徴量の数は膨大になるため，できるだけ計算量の小さい**k-means**が用いられることが多いが，クラスタリングを精度良く行うために**GMM**（Gaussian mixture model）が用いられることもある。VWコードブックが生成されたら，ある画像について多数の局所特徴点において局所特徴量を抽出し，ベクトル量子化によってVWのヒストグラム（BoVW）を求

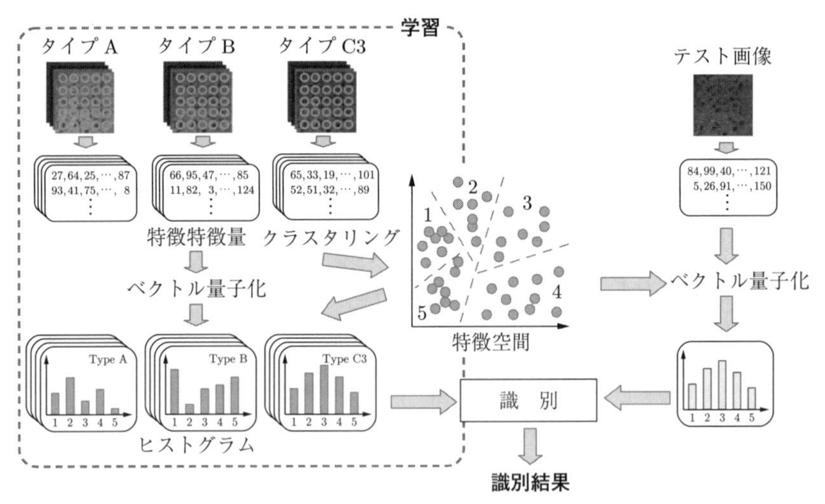

図6.9　bag-of-visual wordsの概要図[30)]

めれば，その画像の特徴量ができ上がる。BoVW はヒストグラムであるため回転には不変であるが，画像中の特徴点の位置の分布に対しても不変になってしまうため，画像の全体的な配置が重要な場合には（例えば上部は空，下部には道路が多い，など）識別的ではない。そこで画像を部分領域に区切り，かつ粗い部分領域から細かい部分領域にまで分け，それぞれで個別に BoVW を求め，それらを連結するという spatial pyramid matching[31] という手法も提案されている。

BoVW は画像から抽出された局所特徴量の空間での分布を離散的に近似しているとみなせるが，局所特徴量分布自体の特徴を表すものとしては非常に単純なものである。BoVW はヒストグラムであるため，各クラスタに属するサンプル数がそのまま特徴量となるが，分布の共分散など高次の統計量を利用した VLAD[32] や Fisher Vector[33] などが提案された。

BoVW は局所特徴量のハードクラスタリング（各サンプルはいずれかのクラスタに属す）とみなすことができる。これを拡張すると，各サンプルはすべてのクラスタに対する重みを持つソフトクラスタリングや，複数のクラスタに属するスパースコーディングが考えられる。また，BoVW はクラスタに属するサンプルの平均をクラスタ中心の VW とする平均値プーリングを利用しているとみなせるが，平均値ではなく最大値を利用する最大値プーリングなどのさまざまなプーリング手法が提案された。

各画像で得られた特徴量を識別するためによく用いられた識別器は，非線形カーネル SVM（support vector machine）である。そこで，ヒストグラムである BoVW に適した χ^2（カイ 2 乗）カーネルやヒストグラムインターセクションカーネルなどさまざまなカーネルが提案された[34),35]。一方で学習画像枚数が多くなると非線形カーネルは計算コストが高くなるため，VW の数を増やし特徴量次元を上げてから線形 SVM[36] を適用するというアプローチがよく用いられた。これにより，従来は困難であったクラス内分散の大きい（つまりクラス自体の定義があいまいで難しい）一般物体認識が可能になった。一般物体認識は車や自転車などさまざまな物体が存在するクラスを認識するものであり，あの車この自転車といった特定の固有物体を認識する特定物体認識と比較して，非常に困難なタスクだった。

6.2　深層学習とCV

CV において機械学習のさまざまな手法が利用されるようになると，アルゴリズム（手法）だけでなく学習データそのものの重要性が増すようになってきた。2000 年代を通じてその重要性が認識されるようになっていき，2010 年代はデータが大きな比重を占めるようになる。

6.2.1　データセットとコンペティション

さまざまな手法が提案されると，統一的な定量的比較が重要になる。そのために，手法が比較するべき共通のデータセット（**ベンチマーク**という）と評価指標が必要になる。そのためのデータセットとして有名なものが物体検出・識別タスクのためのデータセットである **ImageNet**[37] である。2000 年以降のインターネットの発達に伴い，さまざまな画像がネット上で入手できるようになった。さらにクラウドソーシングが登場すると，多数の小さな作業を世界中のワーカーに依頼することが可能となった。これらを利用してデータセットを構築したのが ImageNet であり，ネット上の多数の画像を収集し，クラウドソーシングでラベルを付けることによって，1 400 万枚以上の画像に 2 万以上のカテゴリをアノテーションした初の大規模なデータセットである。そのサブセットを利用した国際コンペティションである ILSVRC（ImageNet Large Scale Visual Recognition Challenge）[†1]は，1 000 カテゴリ 100 万枚の画像を識別する性能を競うものであった。それ以前にもデータセットはあったものの[†2]（古くは画像処理用の USC-SIPI[†3]など），文字認識用の MNIST[38]（10 クラス 5 万

---

†1　https://www.image-net.org/challenges/LSVRC/
†2　https://homepages.inf.ed.ac.uk/rbf/CVonline/Imagedbase.htm
†3　https://sipi.usc.edu/database/database.php

枚）や Caltech-101/256[39),40)]，PASCAL VOC[41)] など比較的小規模なものにとどまっていた。この ImageNet で性能を競うコンペティションが，後述する深層学習が広く普及する原動力となった[†1]。

ILSVRC は 2017 年[†2]を最後に kaggle[†3]へと移行した。その最後となった CVPR2017 のワークショップ "Beyond ImageNet Large Scale Visual Recognition Challenge" では，ImageNet 論文の筆頭著者である J. Deng 氏は "Most works still use 1M images to do pre-training" と，オリジナルの ImageNet ではなくサブセットの方が使われ続けている現状を述べていたが[†4]，その後状況は変化している。オリジナルの 2 万カテゴリのデータセットは ImageNet-21k（IN21k/IN22k），ILSVRC に用いられた 1 000 カテゴリのデータセットは ImageNet-1k（IN1k）などと呼ばれ，IN21k を用いる研究や事前学習済みモデルの公開が多くなっている[†5]。また JFT-300M[42)]，OpenImages[43)]，IG-3.5B[44)]，LAION-5B[45)] など，深層学習が発展するにつれて，より大規模なデータセットが登場し，タスクもより複雑なものへと発展している[46),47)]。

6.2.2 ニューラルネットワーク

深層学習（deep learning）は機械学習の一分野であり，ニューラルネットワークのノード数を（入力から出力方向へ）非常に多く利用した手法の総称である。データの入力層から識別結果の出力層までを多数のノード（ニューロン）を通じて処理を行うため，**深いニューラルネットワーク**（deep neural network）と

[†1] この功績により，Fei-Fei Li らは CVPR2019 において Longuet-Higgins Prize を受賞した。https://cvpr2019.thecvf.com/program/main_conference#awards，https://www.thecvf.com/?page_id=413 参照。

[†2] https://image-net.org/challenges/LSVRC/2017/

[†3] https://www.kaggle.com/c/imagenet-object-localization-challenge

[†4] https://image-net.org/static_files/files/imagenet_ilsvrc2017_v1.0.pdf

[†5] 例えば
https://github.com/rwightman/pytorch-image-models や
https://huggingface.co/microsoft/swinv2-base-patch4-window12to16-192to256-22kto1k-ft，
https://huggingface.co/facebook/mask2former-swin-base-IN21k-coco-instance
など。

呼ばれている。

ニューラルネットワークの歴史は古く，第1次ブームは1960年代の**パーセプトロン**（perceptron）[48),49)] だった。これは脳の神経細胞を線形変換とステップ関数stepによるしきい値でモデル化したものである（図**6.10**）。

$$y = \mathrm{step}(w^T x + b) \tag{6.1}$$

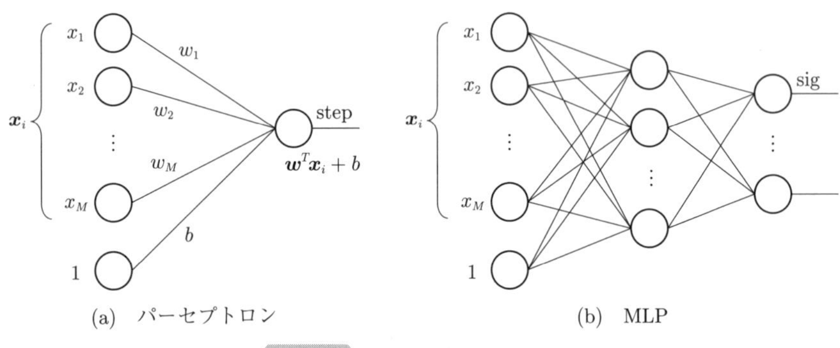

図 6.10　パーセプトロンと MLP

その学習則は単純なものだった。第2次ブームは1980年代の**多層パーセプトロン**（multi layer perceptron, **MLP**）の登場である。MLPは入力層，中間層，出力層の3層を持ち，活性化関数にシグモイド関数sigを利用しており，パーセプトロンよりも性能が高く，理論的にも強力であることが示された。

$$z_1 = x \tag{6.2}$$

$$z_2 = \mathrm{sig}(W_1 z_1 + b_1) \tag{6.3}$$

$$z_3 = \mathrm{sig}(W_2 z_2 + b_2) \tag{6.4}$$

これを

$$z_3 = \mathrm{MLP}(x) \tag{6.5}$$

と書こう。この場合，学習データ (x_i, y_i) が与えられると

$$\min_{W_1, W_2, b_1, b_2} \sum_i \|y_i - \mathrm{MLP}(x_i)\|^2 \tag{6.6}$$

を最小化して，パラメータ W と b を求める。この最適化を**学習**と呼び，最適化の目的関数は**損失関数**（loss）と呼ばれることが多い。この最適化のためには損失関数をパラメータで微分する必要があるが，その微分計算を効率的に行う方法が**誤差逆伝播法**（back propagation）[50] と呼ばれるものである。

しかし 3 層程度の MLP では限界があった。当時の計算機能力とデータ量のため，層を増やした場合でも学習が難しく，ニューラルネットワークの性能を引き出すことができなかった。その後 90 年代，2000 年代と通して，CV でもニューラルネットワークが用いられることはあまりなく，**SVM**（support vector machine）に代表される**カーネル法**（kernel methods）[51] や，**グラフィカルモデル**（graphical models）を用いた確率モデル[52]，**グラフカット**（graph cut）[53] などの理論的な最適化手法，**スパースモデリング**（sparse modeling）[54] などが台頭し，ニューラルネットワークの冬の時代が訪れる[55]。この頃の学会では，タイトルに "neural network" とついた論文の数が少なくなったという顕著な傾向が知られている[56]。

多層のニューラルネットワークの学習が可能になったのは 2006 年頃のことであり，最初はグラフィカルモデルで表された多層の**制限ボルツマンマシン**（restricted Boltzmann machine）の学習方法が確立された[57]。その後も進展は続き，インターネット上の膨大なデータを収集することが可能になったことでビッグデータを扱えるようになり，また GPU の発展に伴って膨大な計算機資源も利用可能になってきた。そこで 2012 年の有名な画像認識コンペティションで深層学習手法を用いたチームが優勝したことで[46] ニューラルネットワークの第 3 次ブームが訪れた。

6.2.3 CNN

深層学習を用いた CV 手法の基礎となる手法が**畳み込みニューラルネットワーク**（convolutional newral network, **CNN**）である（**図 6.11**）。これは 90 年代の LeCun らの文字認識の手法[58] を受け継いでおり，そのルーツは 80 年代の福島のネオコグニトロン[59] にまで遡ることができると言われている。それら

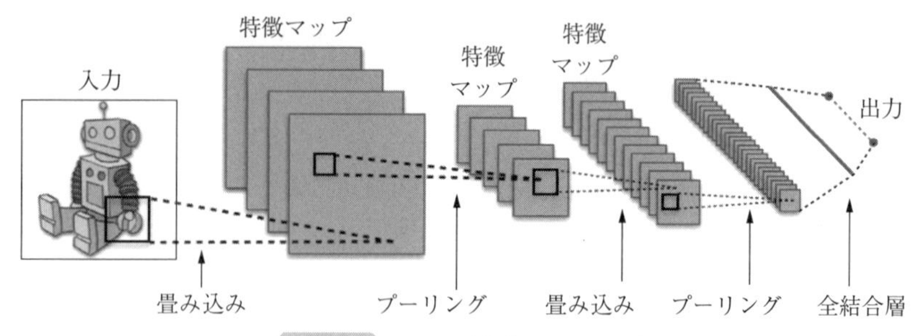

図 6.11　CNN〔出典：Aphex34〕

は人間の視覚系における処理を模したものであり，単純細胞と複雑細胞の処理を反復して適用する処理をモデル化したものである。

〔1〕 **畳み込み**　CNN は画像に畳み込む多数のフィルタから構成されている（畳み込み ＝ フィルタリング）。画像のフィルタリングとは画像処理において使われている処理の一つであり，ある小さなフィルタカーネルを画像に畳み込みことで，さまざまな画像処理結果を得ることができる。例えばソーベルフィルタ[60]やラプラシアンフィルタなどを画像に畳み込むことで，画像のエッジを得ることができる。画像認識においてもさまざまなフィルタが用いられていて，例えばガボールフィルタのパラメータをさまざまに変えたフィルタ群（**図 6.12**）を用いたフィルタリングは，画像のさまざまな特徴量を抽出するために用いられていた。これは例えばテクスチャ識別などのためのテクスチャ特徴量（テクストン）の抽出に利用されてきた[61]。多数のフィルタがあればそ

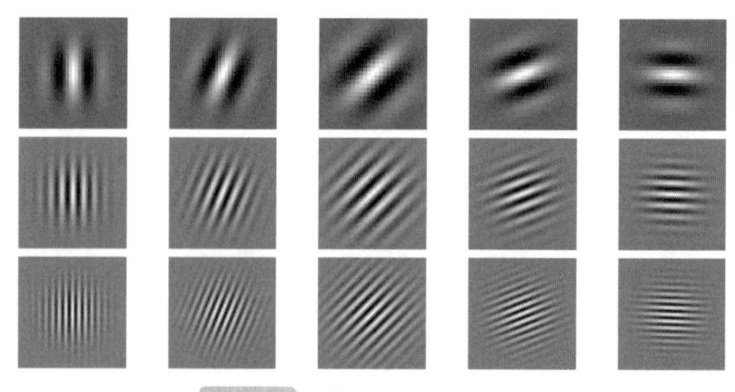

図 6.12　ガボールフィルタの例

れだけ多くのテクスチャ特徴量が得られ，識別のための特徴量ベクトルの次元が上がり，識別性能の向上に寄与することが多い。

畳み込み（フィルタリング）は基本的に相関計算であり，画像中にフィルタカーネルと類似したパターンがあればそのフィルタの応答値は大きくなる。エッジ検出はこれを利用したものであり，ソーベルフィルタなどのカーネルは，抽出したいエッジの形状をしている。このフィルタカーネルを画像認識タスクごとに人手で適切に設定することは困難であるが，これを推定するべきパラメータとみなして最適化を行うのがCNNである。

サイズ $H \times W$ のRGB画像 $I^1 \in R^{3 \times H \times W}$ に適用するサイズ $h^1 \times w^1$ のフィルタ i のカーネルを $k_i^1 \in R^{3 \times h^1 \times w^1}$ とする。通常は2次元空間方向だけにカーネルを移動して適用し，RGB3チャネル分はまとめて畳み込む（**図 6.13**）。こうすることで，フィルタ結果の $I_i^2 \in R^{1 \times H \times W}$ が得られる（画像端の部分は適切に処理するとする）。このフィルタカーネルを N_1 個用意し，それぞれ得られたフィルタリング結果をまとめると $I^2 \in R^{N_1 \times H \times W}$ という N_1 チャネルを持つデータが得られる。このような3次元配列は深層学習の文脈では**テンソル**と呼ばれている（数学的なテンソルとは異なり，単に多次元配列の意味で使われれている）。CNNは，さらにこれを畳み込む。そのために用いるフィルタカーネルは $k_i^2 \in R^{N_1 \times h^2 \times w^2}$ であり，これは N_1 チャネルをまとめて畳み込ん

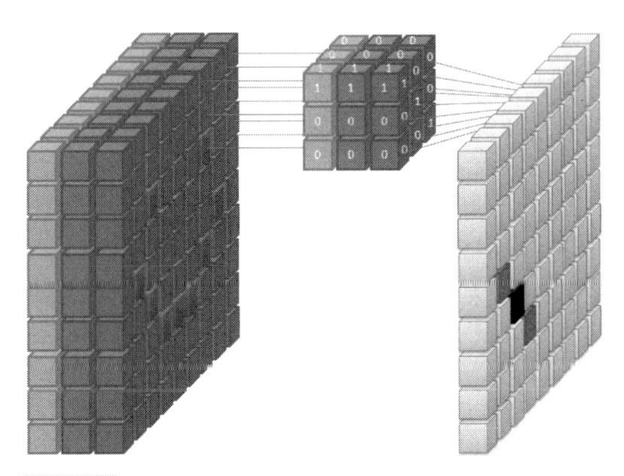

図 6.13　CNNにおけるフィルタリング〔出典：Cecbur〕

でいる。このフィルタを N_2 個用いると，$I^3 \in R^{N_2 \times H \times W}$ という N_2 チャネルを持つテンソルが得られる。

畳み込み処理を $\otimes$ で表すと，このような多段のフィルタリングは $I^3 = k^2 \otimes I^2 = k^2 \otimes (k^1 \otimes I^1)$ と書けるが，フィルタリングの線形性から $I^3 = (k^2 \otimes k^1) \otimes I^1$ とも書けるため，このままでは単一のフィルタリングと等価になってしまう。多層パーセプトロンでもこれは同様であり，非線形性をもたらすシグモイド関数 sig がなければ，単一の行列計算と等価になってしまう。そのため，フィルタリングという線形計算のあとに非線形性をもたらす活性化関数 f_1, f_2 を適用し，またバイアス項を足して

$$I^2 = f_1(k^1 \otimes I^1 + b^1) \tag{6.7}$$

$$I^3 = f_2(k^2 \otimes I^2 + b^2) \tag{6.8}$$

という形をとる。

〔**2**〕 **プーリング**　　このフィルタリングと活性化関数の積み重ねが**畳み込み層**と呼ばれ，多層の畳み込み層を利用したニューラルネットワークが **CNN** と呼ばれるものである。ただしこのままでは三つの問題がある。一つ目は計算量が多くなることである。特徴量の次元は高いほど識別性能が良くなることが知られている。これはフィルタ数 N_i を多くすることに相当し，高次の層になるに従って N_i を増やすことがよく行われる。しかしそのままでは計算量が単調に増加してしまう。二つ目は空間解像度と不変性の問題である。画像を認識する場合に画像中の識別対象の位置や形状変化に不変であるほうが望ましいが，層が上がっても空間解像度が一定であれば少しの画像中の変化が大きな特徴量の変化をもたらしてしまい，不変性が減少してしまう。三つ目は**受容野**（receptive field）の大きさの問題である。あるフィルタが受け持つ元画像の範囲は受容野と呼ばれ（人間の視神経の網膜に関する用語に由来する），そのフィルタが抽出できる元画像の範囲が広ければ，画像全体の性質をよく捉えた特徴が抽出できることになる。しかし 1 層目のフィルタサイズ $h^1 \times w^1$ が 3×3 であれば周囲 3×3 の 9 画素しか見ることができない。しかし 2 層目になれば同じ 3×3 フィ

ルタでも元画像に対しては 5 × 5 の範囲を見ていることに相当する。層が上がれば受容野のサイズも大きくなるため，これも多層の畳み込み層を利用する利点である。しかしフィルタサイズが固定では非常に多数の層を利用しなければ受容野を大きくすることができず，一方でフィルタサイズを大きくしてしまうと計算量が増大してしまう。

プーリング（pooling）と呼ばれるダウンサンプリング（縮小）は，これらの問題に対処するものである。一般的には，畳み込み層と活性化関数のあとに，テンソルの空間解像度を下げるプーリング層を挿入する。空間解像度を半分に下げれば，つぎの畳み込み層ではフィルタサイズが同じでも元画像に対する受容野のサイズは倍の大きさになる。面積的には 1/4 になるため，フィルタリングの計算量も 1/4 に減少する。そのため，特徴量の次元を上げるためにフィルタ数 N_i を増やすことも計算量的に可能になる。一般的には，プーリングで空間解像度を半分にして（図 **6.14**），つぎの畳み込み層では特徴量の次元（フィルタ数）を倍にする，ということが行われる。

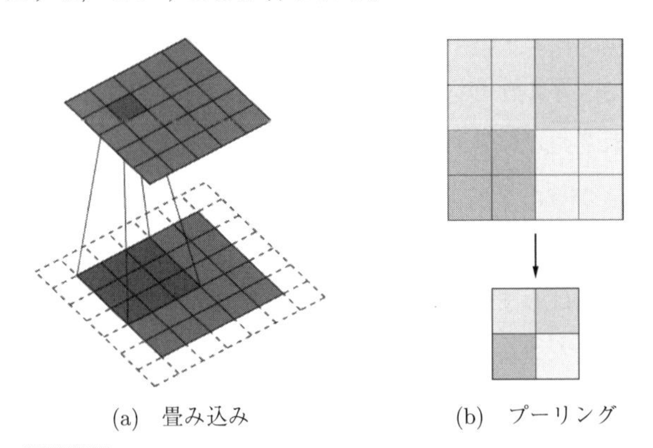

(a) 畳み込み　(b) プーリング

図 6.14 CNN におけるプーリング〔出典：Andreas Maier〕

通常の画像処理ではダウンサンプリングは，目的に応じて任意のスケールで行われる（例えば画像を 0.8 倍に縮小する，など）。しかし CNN におけるプーリングは，空間的な変換に対する不変性を持たせることや計算量を下げることがおもな目的であるため，解像度を 1/2 や 1/3 にするというやり方が一般的である。また，単純に 1/2 に画像を間引くとエイリアシングが発生してしまうため，通常の画像処理ならエイリアシングを低減させる処理（ローパスフィルタ適用やバイリニア補間など）が行われる。しかし CNN における一般的なプーリングは，**最大値プーリング**（max pooling）と呼ばれるものである（エイリアシングなどはまったく考慮しない）。画像を 1/2 にダウンサンプリングする場合，処理前の 2×2 の 4 画素から処理後の一つの画素を決めることになる。この 4 画素の平均値で処理後の 1 画素の値を決めるのが**平均値プーリング**（average pooling）と呼ばれるプーリングであり，画層処理での単純なバイリニア補間の特殊な場合に相当する。しかし CNN で用いられている最大値プーリングとは，4 画素の最大値を処理後の 1 画素の値にするものである。

この最大値プーリングの目的は，畳み込み層で得られた良い特徴を残しつつ空間解像度を下げるためである。畳み込み層の出力は，フィルタカーネルの応答であり，あるフィルタがある位置で非常に大きい応答をしたということは，そのフィルタが何らかの特徴を抽出したということを意味する。しかし平均値プーリングをしてしまうと，その周囲の小さい応答との平均がつぎの層に伝わってしまい，あるフィルタの応答が大きかったという情報が，層が上がってプーリングが行われるたびに薄れて消えていってしまう。最大値プーリングを使うと，応答の大きかったフィルタの情報がつぎの層にも伝えることができる。

〔3〕 全 結 合 層　識別タスクのための CNN の出力はカテゴリであり，2 値識別問題であれば 0 または 1 のスカラ，多値識別問題であれば出力カテゴリを表す one-hot エンコーディングのベクトルである。しかし活性化関数を含む畳み込み層とプーリング層を積み重ねただけでは次元の異なるテンソルのままであるので，これを MLP で所望の出力の次元へ変換する。

深層学習以前から，画像に限らずパターン認識のためには良い特徴量を抽出することができれば，それらの特徴量を識別するための識別器は単純なものでもよい，ということが言われていた。そのため CV や画像認識の研究においては良い特徴量を探すということが大きな部分を占めていたと言ってもよい。SIFT[20] などの局所特徴量やそのエンコーディング手法であった BoVW[28),29]

やVLAD[32]などはその代表例である。一方のCNNは，畳み込み層のフィルタカーネルを学習により推定するため，自動的に特徴量を獲得するとみなすことができる。このため，深層学習以前のBoVWや局所特徴量などはこれらは人手で作られたという意味で，深層学習と比較する場合には**ハンドクラフト（hand-crafted）な特徴量**であると呼ばれることが多い[62]。

畳み込み層とプーリング層からなる部分はCNNの**特徴抽出部**（extractor）とみなすことができる。最上位層が出力する最終的なテンソルは画像の特徴をよく捉えた高次の特徴量であり，これを1次元ベクトルに展開することで，通常のMLPなどの識別器へ入力することができる。畳み込み層と比較する場合には，MLPは**全結合層**（fully connected layer, **FC層**）と呼ばれることが多い。この名前は，畳み込みは疎な結合を持つ線形演算とみなすことができる一方で，MLPはすべてのノード間を結合する密な線形演算であることに由来する。

6.3 高次特徴量と潜在空間

6.3.1 end-to-endとpretrainによる転移学習

深層学習とそれ以前の画像認識手法の違いの一つは，CNNは特徴抽出部と識別部を同時に学習（最適化）を行う点にある。従来のhand-craftedな特徴量を用いた場合には，画像から特徴量を抽出し，つぎにそれらをエンコーディングして，SVMなどの識別器にかける，という多段だがそれぞれの段は独立している，という方法だった。しかしCNNは，画像を入力して識別結果を出力するまで，すべてがニューラルネットワークで表されており，そのパラメータをすべて同時に学習（最適化）することが可能であり（そのため学習自体も難しいが），識別のために有用な特徴量の抽出と，その特徴量の識別とを同時に最適化することで高い性能を発揮することができている。この方法を**end-to-endな学習**と呼ぶ。この名称は，一方の端（end）に画像を入力したらもう一方から出力が出てくる，というアーキテクチャを指しており，またそれによりすべてのパラメータを同時に学習することを指している（日本語では一貫学習という名称を使った人もいたが定着はしていない)。

これに対して，CNN の特徴抽出部をそのままの意味で特徴量抽出に用いるという方法もある[63)]。あるタスクに対して学習した CNN は，識別部を取り除いた特徴抽出部が出力するテンソルは，画像の高次の特徴量を捉えていると考えられる。これはそのタスクに特化した特徴量であるはずであるが，実際にはそれ以外のタスクにも使える汎用的な特徴量であることが多い。そこで，この特徴抽出部が出力する特徴量を画像の特徴量とみなして，それを識別器にかけることで，別のタスクに応用することができるようになる。これは**転移学習**（transfer learning）と呼ばれる方法論の一種でもある。識別器には深層学習とは異なる SVM などの識別器を用いることもできるが，元の CNN の識別部である全結合層を取り除き，別の全結合層を付け加えた新たな CNN を構築することが多い。この場合，特徴抽出部のパラメータは学習せず，識別部のパラメータだけを学習することが多いが，特徴抽出部のパラメータまで再学習することもある。この手順は **fine-tuning** と呼ばれている。

識別部だけを fine-tuning することの利点は，現実的な問題において学習データ数が少ない問題でも，CNN が高い性能を発揮することである。多層の CNN のパラメータ数は非常に多く，識別部を含んだ CNN のパラメータをすべて同時に学習するためには多数の学習データが必要になる。一般には各クラス 1 000 サンプル程度があればよいと言われているが，実応用の問題ではそれほどの数を収集することは容易ではない場合が多く，特に医用画像の認識ではその傾向が顕著である。

そのために CNN の特徴抽出部を別のタスクであらかじめ学習しておいたものは，**事前学習済み**（pretrain）**のモデル**と呼ばれている。これに対して識別部のことを**ヘッド**（head）と呼ぶことが増えている（これに対応して特徴抽出部を**ボディ**（body）や**ネック**（neck）と呼ぶこともある)。これは用途に応じてヘッドを付け替える工具になぞらえた言い方であり，タスクに応じて識別部であるヘッドを付け替えて fine-tuning することが一般的になっている。

6.3.2 中間特徴量とアテンション

CNN の特徴抽出部の出力は画像の高次な特徴を捉えた特徴量であるが，それよりも下の層の出力も，ある意味で画像の特徴をよく捉えた特徴量であり，これらは**中間特徴量**（hidden features）と呼ばれている。入力に近い下位の層の中間特徴量は，入力画像の局所的な特徴を表しており，画像の見た目やテクスチャ，物体の位置などをよく表している。上位の層になると，その中間特徴量は画像の表面的な（見た目やテクスチャなどの）特徴ではなく，画像全体の意味的な特徴をよく捉えるようになっている。

各層の中間特徴量は，それぞれが表す画像の重要な情報というものは少しずつ異なっているが，最終的な識別のための特徴量を作り出すためのものである。そこで，この中間特徴量を操作して，重要と思われる部分に大きな重みを付け，そうではない部分の重みを小さくして，より良い中間特徴量へと変換する，ということが考えられる。これを実現する仕組みが**アテンション**（**注意**，attention）と呼ばれる仕組みである。

CNN の場合，アテンションの重みは 2 種類考えられる。一つ目は空間的なアテンションである（**アテンションマップ**とも呼ばれる）[64]。これには，画像中の認識するべき物体に対応する位置やその周辺付近の特徴量は重要だろうという意味があり，直感的にわかりやすい。中間特徴量はテンソルであり，i 番目の中間特徴量が $I_i \in R^{N_i \times H_i \times W_i}$（ここで N_i，H_i，W_i はそれぞれ特徴マップのチャネル数，高さ，幅）であるとすると，アテンションマップのサイズは $a_i \in R^{1 \times H_i \times W_i}$ である。この中間特徴量とアテンションマップとの積 $I'_i[n,h,w] = I_i[n,h,w] * a_i[h,w]$ が，アテンション後の中間特徴量となる（**図 6.15** (b)）。

二つ目はチャネル方向へのアテンションである[65]。i 番目の中間特徴量 $I_i \in R^{N_i \times H_i \times W_i}$ の n 番目のチャネル $I_i[n] \in R^{H_i \times W_i}$ は，一つ前の畳み込み層の n 番目のフィルタカーネルの応答値である。このフィルタがほかのフィルタよりも何かしらの特徴を捉えたものであるのならば，その出力である n 番目のチャネルの重みを相対的に大きくすれば，識別性能に寄与するかもしれないという

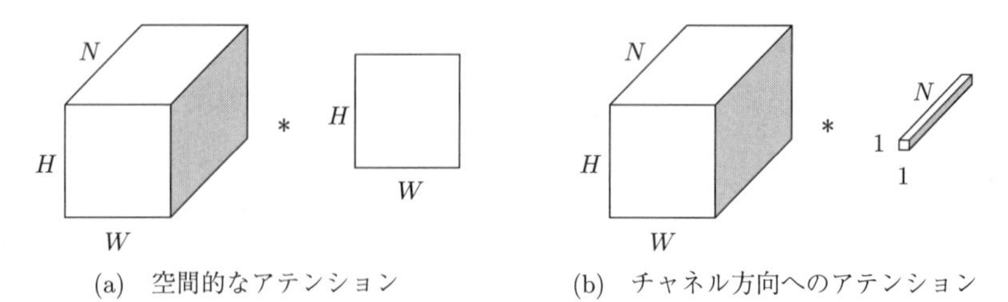

(a) 空間的なアテンション　　(b) チャネル方向へのアテンション

図 6.15 空間的なアテンションとチャネル方向へのアテンション

ことが想像できる。これを実現するアテンションのサイズは $a_i \in R^{N_i \times 1 \times 1}$ であり，この中間特徴量とアテンションの積は $I'_i[n,h,w] = I_i[n,h,w] * a_i[n]$ となる（図 (a)）。

CNN においてアテンションの重み a_i はそれ自体がネットワークによって計算される値である。アテンション a_i の計算には，アテンションをかける中間特徴量 I_i 自体を用いることが多い。先程の式を簡略化して書けば $I'_i = I_i * a_i$ であるが，いまは a_i は I_i の関数とみなせるため，$I'_i = I_i * a_i(I_i)$ と書くことができる。これ以外にも，別の情報からアテンションを計算することも行われている。例えばマルチモーダルなタスクにおいて，テキスト情報から画像へのアテンションを求めるようなことも可能である[66)]。

近年は Transformer に代表される**自己注意**（セルフアテンション，self-attention）**機構**が使われるようになってきている。これは情報検索に類似した考え方から key K，query Q，value V と呼ばれる値を中間特徴量 I_i から計算する。そして $K(I_i)$ と $Q(I_i)$ の類似度に応じて $V(I_i)$ の値を重み付けしたものを $I'_i = V * \mathrm{attention}(K,Q)$ とする。三つの値がいずれもアテンションをかける I_i から計算されるため，自分自身（セルフ）へのアテンションと呼ばれている。

6.3.3 エンコーダ・デコーダと潜在空間への埋込み表現

特徴抽出部が出力する特徴量や中間層の出力である中間特徴量は，連続的に変化する入力画像サンプルを表現する場合には，潜在空間への**埋込み**（embedding）と呼ばれることが多い。

あるCNNモデルが，画像を入力に取り（中間）特徴量を出力するとする。もしこの特徴量が入力画像の特徴をよく捉えたものであれば，特徴量から入力画像を再構成できると期待できる。つまり，画像 x をある関数 f_1 に入力して得られた特徴量を h とする。

$$h = f_1(x) \tag{6.9}$$

すると別の関数 f_2 があって

$$x' = f_2(h) \tag{6.10}$$

というように，入力画像 x を再構成する $x' \approx x$ を生成することが可能である。この場合，最初の関数 f_1 は入力画像を特徴量へと符号化する**エンコーダ**（encoder），つぎの関数 f_2 は，符号化された特徴量から元画像を復号化する**デコーダ**（decoder）とみなすことができる（**図 6.16**）。

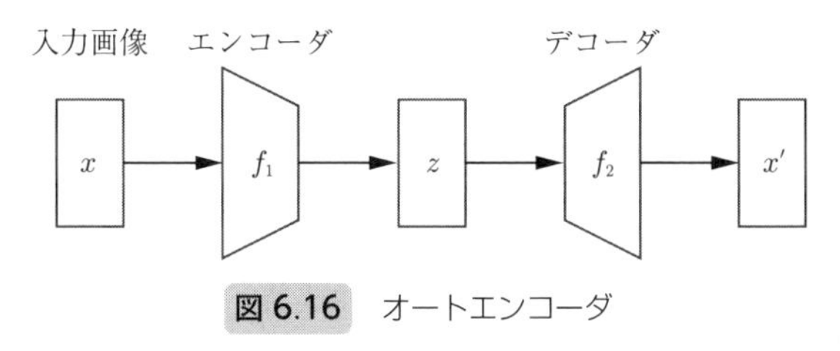

図 6.16 オートエンコーダ

これらの関数 f_1, f_2 が線形（行列）の場合には，これはよく知られた**主成分分析**（principal component analysis）であり

$$h = f_1(x) = Ex \tag{6.11}$$

$$\hat{x} = f_2(h) = E^T h = E^T Ex \tag{6.12}$$

となる。これはつぎの目的関数

$$\min_E \sum_i ||x_i - EE^T x_i||_2^2 \tag{6.13}$$

を E が列直交（$E^T E = I$）という制約下での最小化で求められる。x の次元よりも h の次元が小さくなることから，このような方法は従来から**次元削減**と

呼ばれており，パターン認識においてよく用いられている。特徴量 h の空間は元の x の空間の部分空間であり，その部分空間を張る主成分ベクトルが学習サンプルの共分散の固有ベクトルになっている。そのため，主成分ベクトルを画像として可視化した場合には，顔画像の場合には**固有顔**（eigen faces）[67] などと呼ばれている。

これらの関数 f_1, f_2 が MLP や CNN の場合には，非線形なエンコーダとデコーダによって次元削減した特徴量を求めていることになり，最小化するべき損失関数（目的関数）は

$$\min_{\theta_1, \theta_2} \sum_i \|x_i - f_2(f_1(x_i, \theta_1), \theta_2)\|_2^2 \tag{6.14}$$

である。このようなモデルは，x を入力し，自分自身である x を再構成するため，**自己符号化器**（**オートエンコーダ**，auto-encoder, **AE**）と呼ばれている[68]（その意味では PCA は線形の AE である)。線形の主成分分析とは異なり，特徴量 $z = f_1(x)$ はベクトルの重みという解釈は成り立たないが，デコーダ f_2 が微分可能であれば，z の微小変化が再構成画像 $f_2(z)$ の微小変化をもたらすため，やはり z を連続的に変化させることで，連続的に変化する画像を生成することが可能である。この意味で，デコーダ f_2 は**生成器**（**ジェネレータ**（generator））と呼ばれることがある。

このような特徴量 z の空間は，観測変数 x の空間に対して**潜在空間**（latent space）と呼ばれている。また観測空間からの潜在空間への変換を（多様体間の写像の用語を借りて）埋込みと呼ぶことがあり，z は埋込みや**埋込み表現**と呼ばれる。実際には，観測データ x をいったん埋込み表現へ変換してから CNN やエンコーダへ入力することがある。自然言語は単語ベクトルから埋込み表現へ変換するし，移動軌跡予測では 2 次元座標位置を高次元の埋込み表現へと変換してから，CNN モデルを適用する。この場合，埋込みは固定し，学習は CNN だけ，ということも多い。

確率モデルの意味では，z は**潜在変数**（latent variable）と呼ばれることもある。さまざまな画像を確率的に生成するために，AE に確率モデルを導入した

VAE（variational AE，**変分 AE**）[68] では，エンコーダは入力画像 x を受け取り，確率モデルのパラメータ θ（正規分布の場合には平均と共分散）を出力する。デコーダでは，パラメータから潜在変数 z をサンプリングし，それを元にして画像を生成する。

生成器（**デコーダ**）に MLP ではなく CNN を用いることで，画像としてもっともらしい画像を出力することができるが，それでも AE では学習した画像以外の潜在変数から生成された画像はあまり実画像に近いような画像ではないことがある。これに対して**識別器**（discriminator）と生成器の敵対的な学習という枠組みを用いるのが GAN である[69]（**図 6.17**）。GAN における識別器 D は，与えられた画像が，潜在変数 z から生成器（ジェネレータ）G が生成した画像 $G(z)$ なのか，それとも本物の学習画像 x なのかを識別するように学習する。一方の生成器 G は，生成した画像 $G(z)$ が識別器 D に見破られないように（つまり識別器 D の性能を落とすように）本物のように見える画像を生成できるように学習する。この G と D がたがいに協調するのではなく敵対的に学習することによって，生成器 G は質の高い画像を生成するようになる。

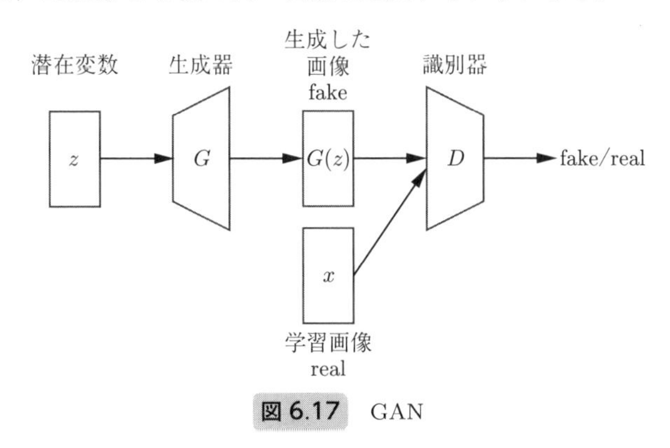

図 6.17 GAN

6.3.4 時系列モデル

CV では動画像の認識も行われるが，その場合に画像とは異なり時間情報が含まれることになる。動画以外にも，音声信号や株価などの時系列を扱うには時間的な情報を抽出する必要があり，またテキストは単語の系列から構成されているためその単語の並びから文脈を理解する必要がある。

〔1〕 **RNN, LSTM**　　このような時系列データを扱うニューラルネットワークに **RNN**（recurrent neural network）がある（図**6.18**）。これは MLP を時間方向へと拡張したものとみなすことができる。3 層 MLP の中間層に着目すると，入力層 z_1 に線形変換（+ バイアス）と活性化関数を適用して

$$z_2 = f(Wz_1 + b) \tag{6.15}$$

と書くことができる。ここには時間情報はないため，各時刻 t において処理をしているとみなせば

$$z_2(t) = f(Wz_1(t) + b) \tag{6.16}$$

と書くことができる。RNN はその名前の通り，自分自身の出力を自分へ再帰的に入力するものであり

$$z_2(t) = f(Wz_1(t) + Wz_2(t-1) + b) \tag{6.17}$$

と書くことができる。つまり，一つ下の層からの同時刻の中間特徴量と，同じ層の前時刻からの中間特徴量の二つを利用する。これを一つのセル（ユニット）として捉え，多層に積み重ねたものが多層 RNN である。一般にその第 l 層目のセルは

$$z_l(t) = f(Wz_{l-1}(t) + Wz_l(t-1) + b) \tag{6.18}$$

と書くことができる。

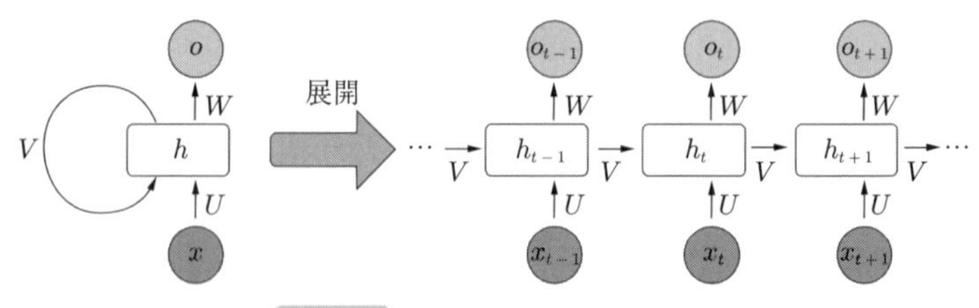

図 6.18　RNN〔出典：fdeloche〕

RNNは時間方向に逐次的に処理を行うため，**勾配消失**や**勾配爆発**という問題がある。これは中間特徴量に繰り返し線形変換 W を適用することに起因する。そこで，できるだけ線形変換が適用されないパスで中間特徴量が時間方向を流れるような変換を取り入れたのが **LSTM** (long-short term memory)[70] である。これはセルの状態という概念を取り入れ，これを用いて，セルへの入力や，セルからの出力，またセル状態自体に対しても，新しい情報をどの程度取り入れるか，また古い情報をどの程度残すのかというゲーティング処理を行うものである。これに似たモデルはさまざまなものが考えられる[71),72]。また演算はすべて行列ベクトル積であるが，これを画像の畳み込みに変更した手法[73),74] も提案されている。

LSTMはRNNよりも長期のデータを扱うことができるが，それでも何か突発的なイベントが発生するような動画像を理解するためには，時間を順方向へと処理していくだけでは対応できない場合がある。そこで，時系列データが最後まで与えられているというオフラインの状況において，時系列を逆にして時間を逆方向にたどるという方法が考えられる。これをLSTMで行うには，単純に時系列データに対して，最後から時間を遡って適用すればよい。こうしてできる逆方向のLSTMと，順方向のLSTMを両方使うのが **bi-directional LSTM**[75] である。それぞれのLSTMは中間層では独立に動作するが，最上位層のセルの出力を統合する方法がよく用いられる。

時系列データの予測や変換を行うためによく用いられているモデルがエンコーダ・デコーダ型のモデルである。時系列の場合には，入力したシーケンスを処理して別のシーケンスを出力することから，sequence-to-sequence (**seq2seq**) と呼ばれる[76]。まずエンコーダLSTMが入力系列を受け取り，処理を行う。入力系列が最後まで入力されたら，LSTMのそれぞれの中間層が入力系列をエンコードした特徴量であるとみなすことができる。これを受け取って，出力系列を生成するのが**デコーダ LSTM** である。デコーダは，ある時刻における最上位層の出力を，つぎの時刻の最下位層の入力へと受け渡すことで，逐次的に出力系列を生成する。これは文章の翻訳や，時系列データの予測などに用いることができる。翻訳の場合には，入力はある言語の文，出力は別の言語の文である。予測の場合には，入力は時刻 t までの過去の時系列，出力は時刻 $t+1$ 以降の未来の時系列である。

〔2〕 並列モデル：**CNN, Transformer**　RNN や LSTM は，時間的に逐次処理を行うため，並列計算ができない。そのため，大量のデータを扱うのには不向きである。そのため，時系列が最後まで与えれているオフライン処理を想定した，逐次処理が不要な方法が考えられている。

そのための方法の一つが 1 次元（1D）または 3 次元（3D）の CNN である。ある信号を CNN で処理することを考えれば，データは時間方向に沿っているため，その軸方向で畳み込みを行えば特徴量が抽出できる。これは普通の意味での信号の畳み込みであるが，これを画像のための 2D CNN のように多層で行うものを **1D CNN** と呼ぶ。また動画像は xy の 2 次元に加えて時間 t 方向の次元が加わるため，畳み込みのカーネルも 3 次元になる。この 3 次元フィルタカーネルを用いた CNN は **3D CNN** と呼ばれている。動画像のための CNN は，データ量も計算量も大きくなるため，3D CNN をそのまま用いる代わりに，フィルタを空間方向と時間方向に分離して，2D CNN と 1D CNN を両方用いるハイブリッド型の CNN もある[77),78)]。

別の方法は，時系列にアテンションを用いた Transfomer[79)] である。これは，セルフアテンションと feed-forward network（FFN）からなる層を積み重ねたエンコーダと，セルフアテンションに加えてエンコーダからのアテンションと FFN からなるデコーダからなる。エンコーダのセルフアテンションでは，各単語が別の単語にどの程度アテンションを与えるのかを計算するために，入力系列から query, key, value という三つのベクトルを生成する。データの検索において，検索ワード（クエリ）に一致する辞書見出し（キー）を探し出し，それに対応する値（バリュー）を取得するという処理があるが，これに類似した用語を用いている。つまり各時刻のデータ $X=(x(1),x(2),\cdots)$ を W_a で線形変換（埋込み）したものをクエリ $Q=XW_a$ とし，それぞれのキー $K=XW_k$ にどの程度似ているのかという類似度（アテンション）を計算する。このときキー K も

同様に X を W_k で線形変換したものを用いるため，**セルフ（自己）アテンション**と呼ばれている。このアテンションに応じてキーに対応する値 $V = XW_v$（これも X を W_v で線形変換したもの）の重み付け和 $V' = aV$ を計算する。類似度計算の方法はさまざまあるが，スケーリング付きの内積がよく用いられており，重みの和が 1 になるように softmax 関数で正規化する。

$$a = \mathrm{softmax}\,\frac{QK^T}{s} \tag{6.19}$$

このアテンションは 1 種類だけでなく，複数用意してそれぞれ計算するものが**マルチヘッドアテンション**と呼ばれている。

この Transformer を発展させたモデルは多数存在する[80]。双方向（bidirectional）に拡張し，エンコーダ部分を用いて事前学習を行う **BERT**（bidirectional encoder representations from transformers）[81] や，膨大なデータセットで事前学習を行いゼロショット学習や少数ショット学習によって文章を生成する **GPT**（generative pretrained transformer）[82] などがある。

transformer はもともとは自然言語処理のために提案されたモデルであるが，これを画像に拡張した **ViT**（vision transformer）[83] や，動画像に拡張した手法も登場している[84]。

6.4　CNN による画像処理

CNN の学習には，データ x_i とそれに対するラベル y_i のペア (x_i, y_i) を多数用意する必要がある。これを**データセット**と呼び，人手によるアノテーションなど何らかの方法でラベル y_i をデータ x_i に付与する必要がある。この設定は**教師あり学習**（supervised learning）と呼ばれ，最小化するべき損失関数は一般に

$$\frac{1}{N}\sum_i L(x_i, y_i) \tag{6.20}$$

と書くことができる。ここで L はある学習サンプル (x_i, y_i) についての損失で

ある。画像認識などの多クラス識別問題の場合には，ラベル y_i は one-hot エンコーディングされた 0-1 ベクトルであり，その次元はクラス数に等しい。そして損失関数は**交差エントロピー**（cross entropy）

$$L_{\mathrm{CE}}(x_i, y_i) = -y_{ik} \log P(y_i = k | x_i) \tag{6.21}$$

が用いられることが多い。ここで $P(k|x_i)$ は，データ x_i を入力としたときのクラス k についての事後確率である。

画像 x_i を入力して画像 y_i を出力する操作 $y = f(x)$ は狭義の画像処理と呼ばれることがあるが，f を CNN で実現する場合には学習サンプル (x_i, y_i) のデータとラベルはどちらも画像である。この場合によく用いられる損失関数は以下の **MSE**（mean-squared error）

$$L_{\mathrm{MSE}}(x_i, y_i) = \|y_i - f(x_i)\|^2 \tag{6.22}$$

である。

画像認識タスクにはさまざまなものがあり，文字認識，物体認識，物体検出などがあるが，ここでは画像を出力するという観点での画像処理タスクを紹介する。

6.4.1 教師なし学習

教師あり学習のためには多数のデータに対してアノテーションが必要になり，この作業のコストは非常に高いことが一般的である。しかしタスクによってはアノテーションコストが非常に低い場合もある。ここではまずそのような画像処理のタスクから紹介する。

一般に，何らかの非可逆変換 g（もしくは逆変換のコストが非常に大きい変換）を画像 y に適用した場合，その適用結果 $x = g(y)$ から y を再現することは困難であることが多い。しかし $g(y)$ を計算するコストが非常に低ければ，多数の学習データを生成することができる。この学習データを用いた学習は，人手によるアノテーションが不要であることから，**教師なし学習**（unsupervised learning）と呼ばれることがある。この方法では，多数の画像 y_i を g によって変換した $x_i = g(y_i)$ を多数生成する。そして，x_i を入力，真値 y_i を出力とする学習サンプル (x_i, y_i) を用いてCNN，つまり関数 f を学習する。つまり $y_i = f(x_i)$ は，非可逆変換 g の逆関数 g^{-1} を学習していることになる。新たな画像 x が与えられたら，学習したCNNによって $y = f(x)$ を生成する。この考え方を利用すると，さまざまな画像処理が可能になる。

このような問題設定は以前から研究されており，何らかの意味で劣化した画像から元の画像を復元するという意味で**画像復元**（image restoration）と呼ばれている[85)]。古典的には劣化過程をモデル化し，逆問題を解くことで画像復元を行うことが多い。しかし上記のように多数の元画像と劣化画像のペアを学習することで非線形回帰問題として定式化して画像復元を行う手法が提案されている。これは劣化過程のモデル化に対して，事例ベースの手法と呼ばれることがある。

〔**1**〕 **超解像**　与えられた画像の解像度を上げる処理を**超解像**（super resolution）と呼ぶ[86)]（**図6.19**(d)）。双線形補間（図(b)）や双3次補間（図(c)），ランチョスなど画像処理でよく用いられる単純な画像サイズの拡大では，画像の詳細は失われてしまう。そのためさまざまな追加情報を利用することで，画像の詳細を復元することが行われてきた（複数枚を利用する方法や撮像過程を詳細にモデル化する方法などがある）。教師なし学習を用いるものは，1枚からの**事例ベース超解像**と呼ばれて研究されてきた。この学習に深層学習を用いることで，精度の高い超解像画像の生成が可能になる。

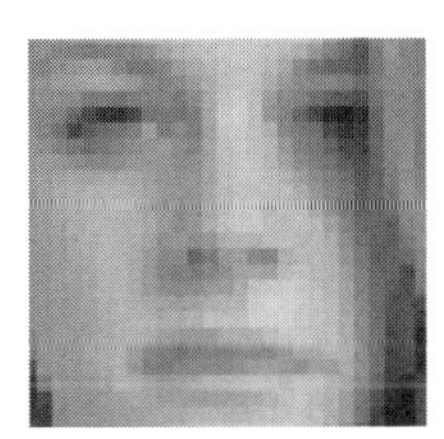
(a)　低解像度

(b)　双線形補間

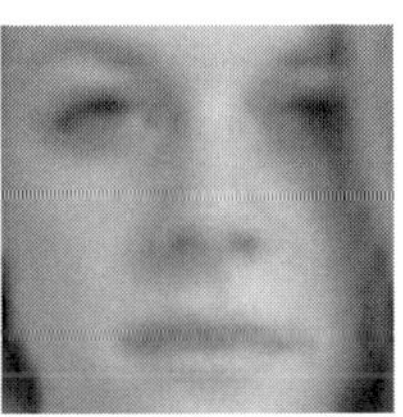
(c)　双3次補間

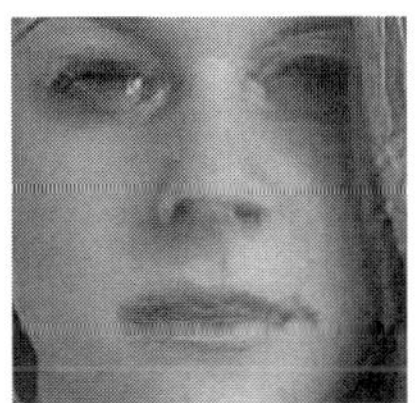
(d)　超 解 像

図6.19　超解像と通常の補間の例

ここではある高解像度画像を y_i とし，これをダウンサンプリング（縮小）した低解像度画像を x_i とする。画像の縮小は単純で計算コストの小さい画像処理であるが，その逆は一般には困難である。そこで CNN モデルの出力 $\mathrm{CNN}(x_i)$ が y_i に近くなるように学習を行うことで，新たな低解像度画像 x が与えられた場合に，高解像度画像 $y = \mathrm{CNN}(x)$ を計算することができる。

〔**2**〕**カラー化**　近年の写真は当然カラー写真であるが，古い写真は白黒のものもある。RGB 画像をグレースケール（白黒）画像に変換することは単純な線形変換であり非常に高速に行うことができるが，一般にグレースケール画像から RGB 画像に戻すことはできない。そこで，カラー画像を y_i とし，それをグレースケール画像へ変換したものを x_i とする。この関係を CNN によって学習することで，新たな白黒画像 x が与えられたら，学習した CNN によってカラー画像 $y = \mathrm{CNN}(x)$ を生成することで，**カラー化**（colorization）が可能になる[87)]。

この考え方を一般化すると，RGB 画像からスペクトル画像を生成することもできる。3 チャネルである RGB 画像に対してスペクトル画像は多チャネルである。周波数スペクトルから RGB 値への変換は（フィルタのスペクトル特性などが既知であると仮定すれば）積分を用いて表せるため，これは線形変換であり高速に計算できる。しかし RGB 値から元のスペクトルを再現することは一般には困難である。そこで，マルチスペクトル画像 y_i から RGB 画像 x_i へと変換式に従って変換を行い，学習サンプル (x_i, y_i) を生成し，これを CNN で学習する。新たな RGB 画像 x に対するマルチスペクトル画像は $y = \mathrm{CNN}(x)$ で生成することができる。これは空間解像度の超解像に対して，**スペクトル超解像**（spectral super-resolution）と呼ばれている[88)]。

〔**3**〕**インペインティング**　古い写真には折り目があったり，古いフィルム映像には多数のスクラッチ（傷）があったりする。また最近の映像では，編集作業によって不要な文字などの情報が入れられてしまうことも発生するまたスナップ写真を撮影した場合に，被写体以外の余計な物体が写り込んでしまうことも多い。これらのように，画像中から何らかの物体を除去したいという要望は多

い。**インペインティング**（inpainting）は，画像中の指定した部分をマスクで除去し（もしくは情報が得られない部分をマスクし），マスク以外の部分からマスク部分の画素情報を復元する処理である[89)]。この処理は最近の画像処理アプリでは物体除去ツールとして広く知られている。簡単な処理で，画像 y_i に人為的に黒塗りした画像 x_i を作成することができる。こうして作成した多数のペアを学習したあと，新たな画像に対して不要部分を黒塗りした画像 x を入力すると，黒塗り部分をインペインティングした画像 $y = \mathrm{CNN}(x)$ を生成することができる。

1 枚の画像に対するインペインティングだけでなく，動画像中のマスク部分を復元する video inpainting もある。移動物体をマスクすることで，あたかもその物体が存在しなかったような映像を生成することが可能になる[90)]。

〔4〕 **オプティカルフロー**　**オプティカルフロー**（optical flow）は各画素の動きベクトルを表すものであり，動画像の理解には重要な情報である（**図 6.20**（b））。オプティカルフローの性質は非常に古くから知られており，**KLT 追跡器**（Kanade–Lucas–Tomasi tracker）[91),92)] や **GFTT**[18)] など疎な特徴点の追跡によるスパースなオプティカルフローの計算も以前から行われていた。近年ではすべての画素で密にフローを計算することが多くなっており，自動運転のための情報としても利用されている。

(a) 動　画　像

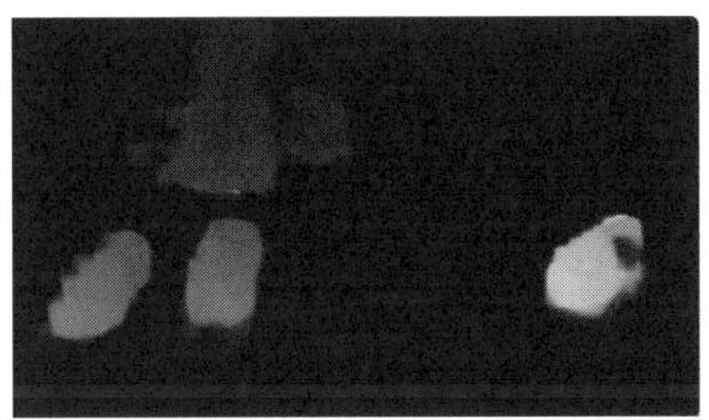

(b) 密なオプティカルフロー

図 6.20　動画像と密なオプティカルフロー〔出典：Karol Majek〕

このオプティカルフローを CNN で生成するためには，教師あり学習の方法が考えられる。つまり 2 枚の入力画像 x_t, x_{t+1} が与えられて，その間の密なオプティカルフロー y_t を従来手法で求めておき，この学習サンプル $((x_t, x_{t+1}), y_t)$

を多数学習するのである[93)]。しかしオプティカルフローは計算コストが高く，GPU による実装も行われているほどである[94)]。そのため多数の学習サンプルを生成することには向いていない。

そこで，2 枚の入力画像 x_t, x_{t+1} だけからオプティカルフロー y_t を求める方法が考えられる。フロー y_t は画像 x_t の各画素の動きベクトルであるため，ある画素 $x_t[x, y]$ をフロー $y_t[x, y] = (u, v)$ で移動した先の座標 $(x + u, y + v)$ の x_{t+1} の画素値 $x_{t+1}[x + u, y + v]$ は，移動する前の x_t の座標 (x, y) の画素値 $x_t[x, y]$ と等しいはずである。古典的なオプティカルフローはこの制約式 $x_t[x, y] = x_{t+1}[x + u, y + v]$ の線形近似を用いて局所的にフローを求めるが，CNN を用いることで，画像全体としてこの制約を満たすようなフローを求めることが可能になる[95)~97)]。

〔5〕 ノイズ除去　　画像にノイズはつきものであり，撮像デバイスである CMOS などから得られる画素値には微小なばらつきが存在する。特に暗いシーンで撮影した画像にはノイズが顕著であり，このようなノイズを除去するノイズ除去（デノイジング）は以前から研究されていた。典型的な加法的ガウスノイズを仮定すれば，観測画像 x_i は真の（ノイズのない）画像 y_i の各画素に独立にノイズ n が加わったもの，つまり $x_i = y_i + n$ である。しかし現実のノイズは複雑であり，ノイズを除去することは一般には困難である。そこで，画像 y_i に人工的にノイズを付加した画像 x_i を CNN で学習することで，新たな画像 x のノイズを除去した画像 $y = \mathrm{CNN}(x)$ を得ることができる[98),99)]。この CNN に AE を利用したものは **denoising AE** と呼ばれている[100)]。

〔6〕 デブラー，ブレ除去　　画像の撮像過程にはさまざまな劣化過程があり，ピンボケや手ブレは日常でよく見かける劣化の一つである。これは古典的には画像に対する**点拡がり関数**（point spread function, **PSF**）のカーネル h の畳み込みによって表現される。つまり観測画像 x_i は真のボケやブレのない画像 y_i に対して h を畳み込んでノイズ n を付加した $x_i = y_i \otimes h + n$ としてモデル化される。真の画像 y_i の画像復元は，畳み込み（コンボリューション）の逆の処理であることから，**デコンボリューション**とも呼ばれている。古典的なデ

コンボリューションにはウィーナフィルタがあるが，PSF が既知でない場合には難しく，また回転などの手ブレにおいて PSF は画像中で一様ではないなどの困難さがある。

そこで，画像 y_i に人為的にさまざまなボケやブレを付加した画像 x_i を CNN で学習することで，新たな画像 x のボケやブレを除去した画像 $y = \mathrm{CNN}(x)$ を得ることができる[101]。

〔7〕 敵対的学習（GAN）の利用　上述の非線形回帰による教師あり学習では，劣化画像 x から元の画像 y を復元することができるが，CNN は複雑な非線形関数であるため，復元された画像が元の画像と一致するとは限らず，元の画像には存在しないようなアーチファクトが発生することもある。そこでできるだけ元の画像と一致するような画像を生成するために，通常は GAN による敵対的学習を利用することが多い。

まず，劣化画像 x_i を入力として受け取る変換 CNN が，元の学習画像 y_i に近い画像 $\hat{y}_i$ を生成する。つぎに識別器が，その生成画像かもしくは元の学習画像 y_i を受け取り，どちらかを識別する。この識別器の性能を下げるように変換 CNN を学習することで，生成される画像は学習画像と類似するようになり，復元される画像の質が向上する。

〔8〕 DIP　教師あり学習のような学習データセットが不要な，CNN による非線形回帰の画像復元手法もある。

古典的な画像復元では，生成される画像 y についての prior（正則化項）$R(y)$ を用いて

$$\min_{y} E(x, y) + R(y) \tag{6.23}$$

という目的関数を最適化するものが多かった。この R はさまざまなものが提案され，よく使われる **TV**（total variation）や，スパースを用いた L_1 正則化などがある。

DIP（deep image prior）[102] は，R 自体に CNN を用いるものであり

$$\min_{\theta} E(x, y) \quad \text{s.t.} \quad y = \mathrm{CNN}(z, \theta) \tag{6.24}$$

という最適化問題を解く。これはつまり，固定されたランダムな潜在変数 z を入力とする CNN の出力が劣化画像 x と一致するように，CNN のパラメータが推定される。最適化が進むにつれて，大まかな画像の構造を先に復元し，その後から画像中の細かいノイズなどの部分を復元する。そのため，完全に最適化が進めば y は劣化画像 x と一致してしまうが，途中で最適化を打ち切ることで，劣化していない画像を出力する事が可能である。

DIP はセグメンテーションやブレ除去などに応用されており，セグメンテーションのためのマスクを DIP で作成する手法や[103]，ブレ除去のための PSF 推定に DIP を利用する手法[104] が提案されている。

6.4.2 大規模データセットの作成

上記で見たように，画像処理を用いることでアノテーションが不要になるタスクでは，多数の学習ペアを生成することが可能である。しかし以下で紹介するように，そのようなタスクばかりではない。その場合には，高いアノテーションコスト（作業時間および人件費）をかけてでも大規模なデータセットを構築する必要がある。

〔1〕 **セグメンテーション**　　画像を領域に分割する処理を**セグメンテーション**（**領域分割**，segmentation）と呼び，画像処理の初期からさまざまな手法が提案されてきた。しかし同じ色や同じテクスチャを持つ領域に分割する手法は多数存在していたが，ある物体を一つの領域として分割することは困難であった。これは「物体」の定義自体があいまいであるためであり，それを定義するときにどのような意味を持たせるのかに依存する。例えば人物は，それ自体が一つの物体として分割したい場合もあれば，人物の顔，腕，下半身，上半身，などの領域に分割したい場合もある。後者の場合にはテクスチャが類似した領域に分割することも可能であるが，前者は領域の定義自体が困難である。

そこで，データセットとして画像 x_i に対するラベル画像 y_i を用意し，このアノテーション作業自体が領域の意味を規定するという立場を取り，人物や車などを一つの領域として分割する**セマンティックセグメンテーション**（semantic segmentation）が登場した[105]。ここで画像 x_i は RGB の 3 チャネルであるが，ラベル画像 y_i は各ラベルがチャネルとなっているマルチチャネル画像である。こうして作成したデータセットを CNN で学習することで，新たな画像 x のセグメンテーションラベル画像 $y = \mathrm{CNN}(x)$ を生成することができる。

セマンティックセグメンテーションで用いられるラベルには，人物，自動車，道路，建物，樹木などがある[106),107]。しかし複数の人物が存在してもそれらの領域には人物というラベルが付与されるだけであり，個々の人を判別する情報はなかった。そこで物体検出手法と組み合わせ，検出された矩形内を領域分割することで複数の物体を異なる領域へと分割する**インスタンスセグメンテーション**（instance segmentation）が提案された[108]。これは検出された物体のみのマスクが分割結果となるが，画像中のすべての領域を分割し，かつ個々の物体も分割する**パノプティックセグメンテーション**（panopitc segmentation）というアプローチもある[109]。

〔**2**〕 **エッジ検出**　　エッジ検出は古典的な画像処理であり，単純なソーベルフィルタやラプラシアンフィルタによるフィルタリングや，ヒステリシスを考慮した **Canny エッジ検出**（Canny edge detector）[110] などがよく用いられている。しかし人間の感覚と一致するような物体の輪郭線としてのエッジを得ることは難しいタスクであり長年研究されている。

そこで，入力画像 x_i に対するエッジ画像 y_i を人間がアノテーションすることで構築したデータセットを用いて CNN を学習することで，$y = \mathrm{CNN}(x)$ によって新たな画像 x のエッジ y を抽出することが可能になる[111]。またエッジの両側の領域カテゴリによってエッジの種類を分ける，セマンティックエッジ検出も提案されている[112]。

〔**3**〕 **線画，手書き風スケッチ**　　人間が感じるエッジは物体の輪郭線だけでなく，物体を特徴付ける線であることが多い。画家はその線をスケッチとして描くが，アニメーション作成過程ではラフスケッチとして描かれた鉛筆線画から，アニメーションとして利用できる線へと変換する必要がある。そのために手書き鉛筆線画 x_i とそれに対応する線画画像 y_i をデータセットとして用意

し，CNN で学習することで，線画への変換が可能になる[113),114)]。

線画の着色もアニメーション作成過程の一部であり，線画の着色も，白黒画像のカラー化と同様の考え方で行える。ただしカラー画像をグレースケールへと変換するのは容易であるが，着色された画像をグレースケールへと変換しても，着色前の線画を得ることはできない。そのため，着色前の線画画像 x_i と着色後の画像 y_i をデータセットとして用意する必要がある[115)]。

また線画の物体に影をつける（シェーディング）は，単純な 2 次元だけではなく物体の 3 次元情報が必要となる。特にアニメーションは**カートゥーンシェーディング**と呼ばれる特殊な処理が必要になる。これも，線画画像 x_i と，シェーディングを施した画像 y_i をデータセットとして用意することで変換が可能になる[116)]。

そもそもスケッチ線画の作成は単純なエッジ抽出とは異なるため，画像から単純にエッジ処理をするだけでは有用ではない。そこで物体の輪郭 + シェーディングと鉛筆画をデータセットとして学習することで，写真から鉛筆画風のスケッチへと変換できる[117)]。

〔4〕 **画 像 変 換**　　上記のような画像から画像への変換を可能にしているは，データセットとして与えられた画像ペアの間の変換を学習する CNN モデルである。この変換はどのようなものでもよい。例えば画像とエッジのペアが与えられたら，画像を与えてエッジを出力する（前述のような）エッジ検出を学習することができるが，その逆も学習することができる。つまりエッジ画像を与えて元画像を出力したり，顔のスケッチ画を与えて顔写真を出力したりすることも可能になる[118)]。

このような学習に基づく画像間の変換を Image-to-Image Translation と呼び，GAN による敵対的学習を利用したものが **pix2pix**[119)] と呼ばれる手法である。pix2pix は conditional GAN（cGAN）[120)] に基づいている。まず変換前後の学習画像ペアを x_i, y_i とする。x_i を変換したものを $\hat{y}_i = \mathrm{CNN}(x_i)$ とする。識別器は，与えられたペア (x, y) が，真の学習画像のペア (x_i, y_i) なのか，それとも変換された画像のペア $(x_i, \hat{y}_i)$ なのかを識別する（**図 6.21**）。この識別

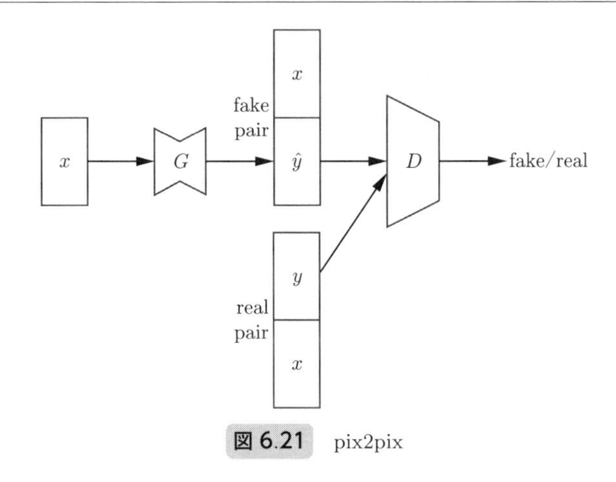

図 6.21　pix2pix

器の性能を下げるように，変換の生成器が学習されるため，x_i を変換した結果画像 $\hat{y}_i$ の質が高くなる。画像変換だけでなく，動画像を変換する **vid2vid** という手法も提案されている[121)]。

pix2pix はまったく同じ構造で多数のタスクの画像を変換できることから，さまざまな画像変換に応用されている。pix2pix の論文[†]では，線画から写実的な画像への変換，白黒画像からカラー画像への変換，航空写真から地図への変換，セマンティックセグメンテーションのラベル画像から実写的な RGB 画像への変換，昼間の風景画像から夜景への変換などが示された。この手法は多数の応用例を生み出し，線画の着色，人物以外の背景の除去，ある人物から別の人物への変換，などが紹介されている。

6.4.3 潜在空間の利用

ある画像をエンコーダで潜在空間へと写像すると，その画像の特徴をよく表現した潜在変数が得られる。この潜在変数を利用することで，さまざまな画像を生成することが可能になる。

〔1〕 中間特徴量の補間による画像生成　主成分分析によって得られる潜在変数（中間特徴量）h は，主成分ベクトルの係数だった。そして $h = Ex$

[†] https://phillipi.github.io/pix2pix/

とした場合にはこの係数を用いた主成分ベクトルの重み付き和 $\hat{x} = E^T h$ で元画像 x を再構成することができる。ここで2枚の画像 x_1, x_2 からそれぞれ $h_1 = Ex_1, h_2 = Ex_2$ とすると，行列計算の線形性から，潜在変数を補間したものは画像を補間したものになる。つまり $h = th_1 + (1-t)h_2$ とすると

$$tx_1 + (1-t)x_2 = E^T h = tE^T h_1 + (1-t)E^T h_2 \tag{6.25}$$

となる。したがってこのように h を変化させると，元の画像 x を変化させた画像の主成分を連続的に変化させた画像を生成することが可能になる。顔や人体などの3次元メッシュ形状に適用して，さまざまなバリエーションを持つ3Dモデルを生成する古典的な方法に 3D Morphable Model（3DMM）がある[122]。

主成分分析は線形であるため，潜在変数を補間して生成した画像は，元の画像をブレンドしたようなものになってしまい，現実的な画像にはならない。例えば数字の1と3の潜在変数を補間しても，1の画像と3の画像が重ね合わさったような画像が得られるだけである。それに対して非線形変換を用いるAEによって得られる潜在変数を補間すると，状況は一変する。つまり，二つの文字 x_1, x_2 をエンコードした潜在変数 $z_1 = f_1(x_1)$ と $z_2 = f_1(x_2)$ を，z の潜在空間で補間した $z_3 = tz_1 + (1-t)z_2$ を生成器（デコーダ）で画像 $x' = f_2(z_3)$ にすると，二つの文字を補間したような画像を得ることができる。

GANの生成器は，潜在空間における潜在変数から画像を生成するため，同様のことが可能である。つまりある潜在変数 $z(t)$ を潜在空間中で t に従って連続的に動かし，それらを生成器で画像に変換すると，画像上で見た目が連続的に変化していく顔画像のムービー $x'(t) = f_2(z(t))$ を生成することができる。しかしAEとは異なり，単純なGANでは，ランダムな潜在変数から画像を生成器によって生成するだけであるため，生成される画像の見た目を制御することが難しい。そこでcGAN[120] を用いて潜在変数から生成される画像についてさまざまな条件を加えることで，条件で意図した通りの見た目を持ちつつ，質の高い画像を生成することができるようになる。

〔**2**〕 **スタイル転移**　　画家はそれぞれ個性的なタッチで絵を描き，その筆使

いがゴッホの絵をゴッホらしいものにしている。ある写真をゴッホが描いたような絵画風の画像へと変換する処理は，**画風変換**や**スタイル転移**（style transfer）と呼ばれている（**図 6.22**）。これを実現するために，ゴッホ的な画風の画像（スタイル画像）の局所的な筆の運び（タッチ）を，別の画像へと転移することが必要となる。そのために使われるのが中間特徴量である。

(a) 2 枚のスタイル画像 S

(b) それぞれに対応するスタイル転移後の画像 Y 〔出典：Pjfinlay〕

図 6.22 スタイル転移の例

下位の層の中間特徴量は，スタイル画像 S のタッチなど局所的な特徴をよく表している。一方で上位の層の中間特徴量は，どこにどのような物体があるのかという画像 X のシーンの内容（コンテンツ）をよく表している。そこで，画風を変換したい写真 X の，上位の層の特徴量は保ちつつ，下位の層の特徴量はスタイル画像 S のものになるように変換することを考える。ここで，下位の層の特徴量を ϕ_u とすると

$$L_u = \sum_u \|\phi_u(S) - \phi_u(Y)\| \tag{6.26}$$

を小さくするようにすれば S と Y の下位の層の特徴量（つまりスタイル）は近くなる。一方，上位の層の特徴量を ϕ_l とすると

$$L_l = \sum_l \|\phi_l(X) - \phi_l(Y)\| \tag{6.27}$$

を小さくするようにすれば，X と Y の上位層の特徴量（つまりコンテンツ）は近くなる。この**知覚的損失**（perceptual loss）と呼ばれる中間特徴量同士の損失 L_u と L_l を最小化する Y を求めることで，シーン全体のコンテンツは同じであるが局所的な特徴はスタイル画像のものに一致するような画像 Y を生成することが可能になる[123]。

〔3〕 **DeepFake**　　顔画像の合成は CG 分野で研究が進んでおり，映画産業などの需要のために，俳優の顔の 3 次元スキャンや表情のパフォーマンスキャプチャ（モーションキャプチャ）[124]，ライトステージによる反射率計測[125] などの技術を使って，非常に高精細な顔画像が生成されている。

しかしある俳優が演じた映像を別の俳優が演じたように CG で合成するためには，顔位置の検出，顔の向きの検出，顔形状の取得，などの技術が必要になる。そのための研究は CV において昔から研究されていた。また実際に映画にも利用されている[126),127]。

しかし近年は DeepFake と深層学習に基づく手法によって顔を入れ替えた動画を手軽に生成できるようになっている（図 **6.23**）[128]。これには二つのエンコーダ・デコーダを用いる。人物 A と人物 B の顔画像を潜在変数へとエンコードするエンコーダ E には同一のものを用いるが，潜在変数から顔画像を再構成するデコーダには別のもの D_A, D_B を用いる。つまり

$$h_A = E(A) \tag{6.28}$$

$$h_B = E(B) \tag{6.29}$$

として

図 6.23 DeepFake の例〔出典：Edward Webb〕

$$D_A(h_A) \simeq A \tag{6.30}$$

$$D_B(h_B) \simeq B \tag{6.31}$$

となるようにする。するとどちらの人物についても共通の潜在空間が学習されるが，その潜在空間から画像への変換は個人の特徴を付与するものになる。すると

$$I = D_B(h_A) \tag{6.32}$$

という再構成で得られる画像 I は人物 B であるが，そのシーンは人物 A が行っているものである。こうすることで，動画中の人物 A の顔を人物 B の顔と入れ替えることが可能になる。この DeepFake は，従来の CV 技術を用いた顔の入れ替えよりも非常に手軽に実行できることから，多数の映像が生成されインターネット上で公開されている。ただしその応用では，現職大統領による偽のスピーチ動画の作成や，有名女優の偽ポルノ動画の作成など，社会的に問題があるものが多く，さまざまな問題点が指摘されている[129),130)]。そのため，動画や画像が DeepFake によって作成されたものであるかどうかを判別する技術も開発されている[128)]。

6.4.4 画質の改善への応用

前述までの画像処理手法をさまざまな形で組み合わせた画像処理の研究が現在も活発に行われている。以下はその中の例である。

〔1〕 **ヘイズ除去**　霧がかかると近くの風景しか見えなくなるが，晴れていても霞や黄砂，光化学スモッグなどにより，遠くの風景は霞んで見えるようになる。英語ではこれを**ヘイズ**（haze）と呼ぶが，そのような遠くの風景が霞んでいる画像から，霞んでいないコントラストがはっきりとした画像を復元する処理は**デヘイズ**（dehazing）と呼ばれている。

深層学習以前は「自然の風景を撮影した画像はある程度のコントラストがあり，暗い画素を含んでいる」という事前知識を用いる **dark channel prior**[131) が用いられていたが，近年では深層学習に基づく手法が提案されている。ヘイズや雲は空気中の粒子による光の散乱現象であるとモデル化される事が多く[132)，この場合には画素ごとの光の吸収率と，環境光を推定する必要がある。これを教師あり学習で解くためには，同じシーンで霞がある画像とない画像を用意すればよいが，現実世界で霞を用意するのは困難である。そこで，評価時には現実のシーンを利用するが，学習には，RGBD カメラなどで撮影された奥行きが得られているシーンを利用して，仮想的に霞をつけた画像を用意する手法が提案されている[133),134)。

〔2〕 **水滴除去**　雨が降ると窓ガラスに水滴がつくが，画像認識を用いる自動運転システムにおいては画像には水滴がないほうが好ましいし，日常でも水滴がない写真のほうが見栄えが良い。

このような水滴除去を行うために水滴をモデル化するには，ガラスと水滴の形状，水滴による光の屈折などを考慮する必要があり[135)，非常に困難である。そこで，そのような物理的に正確なモデル化をする代わりに，水滴がある場所をマップとして推定し，そのマップを利用したインペインティングやアテンションにより画像を復元する方法が提案されている[136),137)。

6.5 ま と め

本章では，現在のコンピュータビジョンの基盤となっているさまざまな技術について紹介した。CNN に代表される深層学習は 2012 年頃から有名となり，Transformer[79] は 2017 年に登場した。本章では触れていないが，2022 年には現在の最新手法である拡散モデルが発表され，ChatGPT を代表とするさまざまな画像 AI・生成 AI が世間で利用されるようになっている。本章では 2000 年頃からのコンピュータビジョンの歴史も含めて技術を紹介したが，現在重要となっている技術や概念は直近 5 年で開発されたものであると言ってよい。このような急速な技術の進展は，実際のところ現在に限ったことではない。

> *コンピュータ・ビジョンは比較的新しく，かつ急速に成長しつつある分野である。最初の実験は 1950 年代遅くに行われており，数多くの本質的な概念は最近の 5 か年に展開されている*[138]*。*

> *マシンビジョンはまだ新しく，急激に変化している分野である。この分野について執筆することは胸おどる仕事であるが，新しい結果がつぎつぎとあらわれるので，どこで見切りをつけ執筆を終えればよいかを決めるのが難しい*[139]*。*

この先もさまざまな技術が登場し，実社会で応用されている場面を見る機会が増えるだろう。

> *この状況は 30 年以上も前から変わっていない。この分野は，萌芽期からその発展のスピードを維持しているようであり，これからもそうであり続けるだろう*[140]*。*

第 7 章

CVをとりまく環境

本章では，コンピュータビジョン（以下，CV）が実社会においてどのように利用されているか，とりわけ開発コミュニティ（オープンソースソフトウェア）とビジネスでの事例を見ていく。前半の 7.1 節では，画像処理や点群処理，および深層学習のためのオープンソースソフトウェアを紹介し，後半の 7.2 節では，顔認識や一般物体認識，姿勢推定，拡張現実感，画像生成などの CV のカテゴリごとに，具体的にどのようにビジネスに応用されているかを見ていく。

7.1　オープンソースソフトウェア

これまでの章で見たように，CV にはさまざまなアルゴリズムが存在し，またそれらを組み合わせることで新しいアルゴリズムが作られてきた。このような CV の開発を円滑に行うために，これらのアルゴリズムやフレームワークが**オープンソースソフトウェア**として，コミュニティによって開発が進められ，公開されている。ここでは代表的ないくつかのオープンソースソフトウェアについて紹介する。

7.1.1　CVライブラリ

〔1〕 **OpenCV**　**OpenCV** は “Open Compuber Vision Library” の略称であり，CV の基本アルゴリズムの非常に広い範囲をカバーするオープンソースライブラリである[1)]。

以下が，OpenCV 4.7.0（2023 年 3 月時点の最新版）に実装されている機能の例である（カッコ内はモジュール名）。

- 画像ファイルや動画ファイルの入出力（imgcodecs, videoio）
- 画像や動画の描画/可視化（highgui）
- 畳み込みやノイズ除去等のフィルタ処理（imgproc）
- カメラキャリブレーションやステレオマッチング等の 3 次元画像処理（calib3d）
- 背景差分やオプティカルフロー推定などの動画処理（video）
- キーポイントや局所特徴量抽出（feature2d）
- Cascaded Classifier や HOG Detector などの物体検出器（objdetect）
- 深層学習（dnn）
- Support Vector Machine や AdaBoost などの機械学習アルゴリズム（ml）
- Inpainting や HDR 画像生成などの Computational Photography（photo）
- 複数画像をつなげて 1 枚の画像生成を行う Image Stitching（stitching）

なお，OpenCV のライセンスは “BSD 3-Clause License” で公開されていたが，2020 年 10 月公開のバージョン 4.5 および 3.4.12 からは Apache License 2.0 へ変更となっている。

また，言語はおもに C++であるが，Python インタフェースや Java インタフェースなども利用可能である。OS は Windows，Linux，Android，Mac OS などをサポートしており，MMX や SSE を利用して高速に動作するよう設計されている。

もともとはインテルの技術者を中心に開発が始まったが，その後 Willow Garage，Itseez へと開発の中心が移り，現在再びインテルを中心に開発が行われている。

〔2〕 **Point Cloud Library**　2010 年の Microsoft Kinect の登場以降，深度センサが安価に手に入るようになり，点群データを用いた研究やサービスが一気に花開いた。また，2010 年の Google による自動運転への参入表明[2)] 以

降，LiDARを用いて車両周囲の3次元環境を認識するための技術開発も大きく発展してきた。そのような3次元点群を処理する目的で利用されているC++用のライブラリが**PCL**（Point Cloud Library）[3]である。PCLは，レジストレーションや特徴点抽出など，点群処理に使用するさまざまなアルゴリズムが実装されたオープンソースライブラリであり，BSDライセンスで公開されている。バージョン1.13.0の時点で，以下のような機能が実装されている（2023年3月時点の最新版）。

- pcd形式やply形式などの点群ファイルの読み書き（pcl_io）
- 点群やメッシュなどの描画/可視化（pcl_visualization）
- ノイズ除去やCropping，密度平滑化などのフィルタ処理（pcl_filters）
- 法線や曲率推定などの基本特徴やShape ContextやSHOT等の局所特徴量の抽出（pcl_features）
- NarfやISSなどのキーポイント抽出（pcl_keypoints）
- 平面や円筒形などの基本形状の抽出（pcl_sample_consensus）
- Iterative Closest Points（ICP）やNormal Distributions Transform（NDT）などの点群同士の位置合わせアルゴリズム（pcl_registration）
- 距離ベースのクラスタリングや法線ベクトルを元にしたクラスタリングなど（pcl_segmenation）
- Poisson surface reconstructionなどの点群からのメッシュ生成やその平滑化（pcl_surface）
- Correspondence Groupingや3Dハフ変換などのオブジェクトの位置と姿勢を認識するためのアルゴリズム（pcl_recognition）

2010年にWillow Garageにより開発が開始され，2011年5月にバージョン1.0が公開された。

〔3〕 **Open3D**　　**Open3D**は2018年に最初のバージョン0.1.0が公開された，オープンソースの点群処理ライブラリである（MITライセンス）[4]。公開当初はPCLと比較すると実装されているアルゴリズムは少なかったが，徐々に機能を増やしている。依存ライブラリが少ないために軽量で，使いやすいと

いう特徴がある。C++で実装されているが，Python インタフェースが充実しており，Python を使用して実装されることが多い深層学習とも相性が良い。

バージョン 0.16.1（2023 年 3 月時点の最新版，リリースは 2022 年 11 月）では，以下のような機能が実装されている。

- pcd 形式や ply 形式などの点群ファイルの読み書き
- 点群やメッシュなどの GUI および Web 上での描画/可視化
- ノイズ除去や Cropping，密度平滑化などのフィルタ処理
- poisson surface reconstruction などの点群からのメッシュ生成
- ICP（Iterative Closest Points）や色情報を使った ICP など点群同士の位置合わせアルゴリズム

また，**Open3D-ML**[5] という拡張モジュールにより，深層学習フレームワーク（TensorFlow または PyTorch）と連動して動かすことが可能となる。Open3D-ML にはあらかじめ，KITTI[6] などの既存 3 次元点群データセットを読み込むための関数や，セマンティックセグメンテーション，物体検出等のモデルが用意されている。

7.1.2 深層学習フレームワーク

2012 年の ILSVRC という画像認識のコンテスト[7] で深層学習がその性能を見せつけて以降，非常に多くの深層学習ライブラリが公開され，そのいくつかは現在も開発が続けられている。ここでは特に利用者が多い代表的な深層学習フレームワークを紹介したい。

〔1〕 **TensorFlow** **TensorFlow** は Google が中心となって開発しているオープンソースの機械学習ライブラリであり，Apache2.0 ライセンスで公開されている[8]。TensorFlow では計算の手順を図 **7.1** のようなデータフローグラフという有向グラフで表す。グラフの各ノードにはどのような演算を行うかが定義されており，あるノードの演算結果をエッジでつながったつぎの演算ノードの入力とすることで，例えば畳み込みニューラルネットワークのような階層的な計算を定義することができる。もちろんグラフの設計次第で，深層学

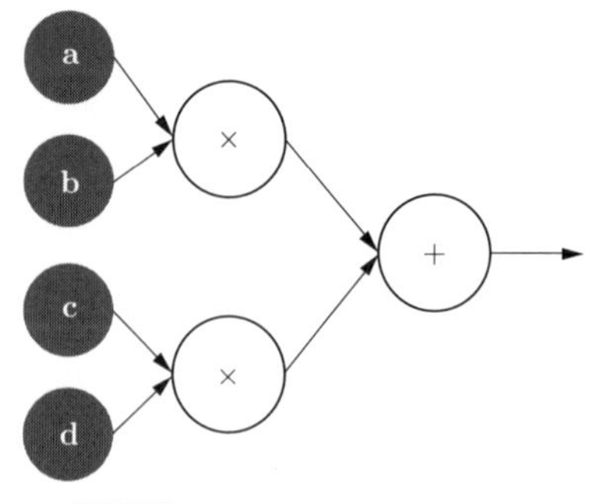

図 7.1　データフローグラフの例

習以外の計算も可能である。

データフローグラフを流れるデータは多次元配列（テンソル）で表され，例えば画像であれば「縦（H）× 横（W）× カラーチャネル（C）」の 3 次元のテンソルとなる。このようにテンソル単位でフロー的に計算を行うという考え方はほかの深層学習ライブラリにも共通する考え方である。深層学習で使用される畳み込み演算は **GPU**（Graphic Processing Unit）等を用いた並列計算に向いており，実際これらのライブラリを使用するときは GPU の使用が一般的である。TensorFlow の場合は CPU，GPU に加え，**TPU**（Tensor Processing Unit）と呼ばれる，Google の開発した機械学習に特化した演算装置をサポートしている。

インタフェースとなるプログラミング言語は Python および C++をサポートしており，対応 OS は Ubuntu，Windows，macOS をサポートしている。また，ブラウザ上で JavaScript を用いて開発/実行可能な tensorflow.js も存在する。

TensorFlow は開発用の Python インタフェースとして **Keras** を標準サポートしている[9)]。Keras は簡単かつ柔軟に深層学習モデルをデザインするためのインタフェースで，もともとは TensorFlow だけではなく Theano や CNTK など複数の深層学習フレームワークをバックエンドとして使用することを想定していた。しかし，TensorFlow がバージョン 1.4.0 から Keras を同梱するようになり，やがて Keras 側もバージョン 2.3.0 を最後にほかのバックエンドのサポートを終了した[10),†]。

また **TensorFlow Lite** というモバイル開発向けのライブラリも存在する。TensorFlow Lite は Android，iOS，Edge TPU，Raspberry Pi などのモバイルデバイスや組込みデバイス上で推論が動作するよう最適化されている。

近年では，画像などの 2 次元データだけでなく，ポリゴンデータやボクセルデータ，点群のような 3 次元データに対しても深層学習を適用する研究が盛り上がっている。例えば**微分可能レンダリング**という研究分野では，与えられた画像内の物体の 3 次元形状を，深層学習によって推定するが，そのために必要な機能群が **TensoFlow Graphics**[11)] というライブラリで提供されている。

LiDAR などのセンサによって取得される 3 次元点群については，**TensorFlow 3D**[12)] というライブラリが開発されており，点群に対する物体検出やセマンティックセグメンテーションなどが利用可能である。

〔**2**〕 **PyTorch**　　**PyTorch** は Torch というライブラリをベースに開発された機械学習ライブラリである[13)]。Torch が Lua という言語をもとに開発されたのに対し，PyTorch はその名の通り Python を主要言語として採用している。Python 以外に C++のインタフェースも持ち，Linux，Windows，macOS をサポートしている。開発は，Facebook AI Research Lab（FAIR）を中心に進められており，ソースは修正 BSD ライセンスで公開されている。

CV の技術者にとっては，Torchvision[14)] という ImageNet[15)] や MS COCO[16)] 等の画像データセットへのアクセスや，Faster R-CNN[17)] のような物体検出モデルや DeepLab v3[18)] などのセマンティックセグメンテーション等，さまざまな CV タスクのモデルを簡単に使用できるモジュールが便利である。

本章を執筆している 2023 年時点で，深層学習ライブラリは PyTorch と Tensorflow で人気を二分している。TensorFlow Lite などモバイル系の実装への強みや Apache2.0 という特許の懸念をクリアしたライセンスなどにより，Ten-

† （2024 年 8 月追記）2024 年 5 月，Keras バージョン 3 から，またマルチバックエンドが復活した。https://atmarkit.itmedia.co.jp/ait/articles/2405/22/news022.html

sorFlow のほうが産業界で好まれ，一方ロジックの把握やデバッグのしやすさから PyTorch は研究分野で使用される傾向がある[19),20)]。

それぞれのライブラリは，おたがいの苦手分野を克服すべく開発を進めており，例えば TensorFlow はバージョン 2.0 から Eager Execution[21)] というモジュールによって，PyTorch の Define-by-Run[†]という方式を取り込んで開発のしやすさを向上させ，一方で PyTorch は **PyTorch Mobile**[22)] という，Android および iOS 向けのランタイムをリリースしている。

また，PyTorch でも TensorFlow と同様に微分可能レンダリングや 3 次元点群処理のためのライブラリをそれぞれ **PyTorch3D**[23)]，**PyTorch Points 3D**[24)] として公開している。また点群処理に関しては，**GNNs**（Graph Neural Networks）用のライブラリである **PyTorch Geometric**[25)] を使用することもできる。

〔**3**〕 **Apache MXNet**　　**MXNet**[26)] はカーネギーメロン大学にて開発開始された深層学習フレームワークで，現在は Apache ソフトウェア財団にてプロジェクトが進められている。Python，Scala，Julia，Clojure，Java，C++，R，そして Perl と八つもの言語をサポートしており，ライセンスは Apache2.0 で公開されている。

Amazon は **Amazon Web Service**（**AWS**）[27)] というクラウドサービス上で TensorFlow や PyTorch などさまざまな深層学習フレームワークを利用できるようサポートしているが，なかでも MXNet に最も力を入れており，開発へのコントリビューションや自社サービスへの取込みなどを行っている[28)]。その理由として，ほかのフレームワークと比較してマルチ GPU など分散環境における高いスケーラビリティや，省メモリなこと，コアライブラリが C++のみで書かれているため，iOS や Android などモバイルも含めたほかの OS やプラットフォームへの高い移植性をあげている。

MXNet は Gluon[29)] というハイレベル API を持っており，よりシンプルに

---

† 実行時に計算グラフを構築する方式。一方で実行前に計算グラフを構築する方式を **Define-and-Run** と呼ぶ。

深層学習のモデルを構築できるようになっている。さらにGluonCV[30]というCV向けのモジュールでは，物体検出やセグメンテーションなどの最新モデルを簡単に利用できるようになっている。

〔4〕 **OpenVINO** **OpenVINO**はIntelが中心となって開発を進めている推論専用の深層学習フレームワークで，Apache2.0でコードが公開されている[31]。GPUやTPUなどの並列演算専用のプロセッサではなく，Intel CPU上で高速に推論を行うために，マルチコアの利用やSIMDの利用などさまざまな最適化が施されている。またCPU以外にもIntelの提供する**VPU**（Vision Processing Unit）[32]や内臓GPU，FPGAなど複数チップの混在環境でもチップの切替えや併用が可能となっている。

モデルはほかの深層学習フレームワークを使用して学習させることを想定している。このとき，TensorFlowやPyTorchなどフレームワークごとに量子化ツールが提供されており，このツールを用いて演算に使用される型をFP16やINT8型などに軽量化することができる。OpenVINOはそのようにして学習されたモデルを，さらにモデルオプティマイザというモジュールでハードウェアに適した中間表現に変換することで，より高速に推論できるよう工夫をしている。

あらかじめ超解像や人物検出，姿勢推定等，インテルが開発したさまざまな学習済みのモデルが用意されており，無償で利用可能である。

〔5〕 **その他のフレームワークおよび周辺技術** ここでは，その他の深層学習フレームワークや周辺技術について簡単に紹介する。

a）Neural Network Libraries（nnabla） ソニーが開発している深層学習フレームワークで，Apache2.0で公開されている[33]。Neural Network Consoleというコーディング不要でGUI上からネットワークをデザインできるツールも公開されている[34]。ほかの国産フレームワークとしては，Preffered Networksが開発したChainer[35]があったが，残念ながら現在は開発中止となっている。

b）JAX 近年利用者を急激に増やしているのが**JAX**と呼ばれる自動微分（深層学習にも利用されている最適化のためのアルゴリズム）に特化した

Python ライブラリである[36]。JAX は Numpy という（Python プログラマにはお馴染みの）数値計算モジュールと同じ書き方で，CPU だけでなく GPU や TPU を利用でき，さらに自動微分を Python や Numpy の関数に適用できるため，比較的簡単に機械学習アルゴリズムを実装できるというメリットがある。ライセンスは Apache2.0。

c） OpenCV　7.1.1 項〔1〕で紹介した OpenCV も推論専用の深層学習モジュールを持っており CPU 上でも動くようさまざまな最適化が施されている。TensorFlow のモデルや **ONNX** 形式などを読み込むことができる。また OpenCV Zoo[37] でさまざまな学習済みモデルが公開予定である（2023 年 3 月時点）。

d） ONNX　深層学習が登場した当初はほかにも Caffe[38] や Theano[39]，Microsoft Cognitive Toolkit（CNTK）[40] など，さまざまな深層学習フレームワークが乱立していた（現在は開発中止となっている）。現在でも例えば TensorFlow で学習したモデルは PyTorch で使用できないなど，相互運用性に課題がある。このような問題を解決するために提案されたのが，**ONNX**（Open Neural Network Exchange）という深層学習モデルの記述方法に関するオープンな仕様である[41]。TensorFlow や PyTorch 等ほとんどの深層学習フレームワークが，学習したモデルを ONNX フォーマットで出力可能である。これにより，ある深層学習フレームワークで学習したモデルを推論用の別フレームワーク（OpenVINO など）で実行する，といったことが可能になる。

e） OpenXLA　深層学習のソフトウェアをさまざまなハードウェア上で動かす際，その最適化はハードごとに個別に行わねばならず，非常に手間が掛かる。**OpenXLA**[42] は TensorFlow，PyTorch，JAX などさまざまな深層学習フレームワークのモデルを，幅広いハードウェア（さまざまなメーカーの CPU，GPU，TPU 等）向けにコンパイルし，最適化した形で動作させるためのオープンソースフレームワークである。OpenXLA は 2023 年 3 月に発表され，名だたる深層学習に関わる企業や半導体企業がプロジェクトに参加しており[43]，Apache2.0 ライセンスで公開されている。

f) MediaPipe **MediaPipe**[44] は Google により開発された，動画に対して簡単に深層学習を適用したアプリを開発するためのライブラリである。あらかじめ物体検出や追跡，骨格検出やハンドトラッキングなどのさまざまな学習済みモデルが用意されており，これらのモデルを動画に対して推論させ，結果の可視化までを行うことができる。

7.2 CV のビジネス事例

本節では，ここまでに紹介された CV の技術が，実際にどのようにビジネスとして利用されてきたか，いくつかの例を見ていく。

7.2.1 顔　検　出

6.1.1 項で述べたように，顔検出技術は Viola-Jones 法に端を発する高速で省電力な手法の出現により実用化が急速に進展した。初期の広く普及した顔検出技術の応用としてデジタルカメラが挙げられる。例えば 2005 年に販売された Nikon COOLPIX 5900[45]/7600[46]/7900[47] では，顔検出技術をオートフォーカスへ応用することで，自動で顔にピントを合わせる機能を初めて搭載した[48]。この顔検出オートフォーカス機能は以後さまざまなメーカーのデジタルカメラへ実装され，いまやデジカメの標準機能となっている。また，人だけでなくペットの顔を認識する機能[49),50] や，人が笑ったタイミングでシャッターを切る機能[51]，子供の笑顔だけ判別する機能[52] など，CV のさまざまな技術がデジタルカメラへと実装されてきた。

7.2.2 顔　認　証

画像から，その人物がだれなのかを照合する顔認証技術は，特に近年の深層学習によって精度が大幅に向上し，ビジネスでの利用も大きく広がってきた分野の一つである。その用途として代表的なものがセキュリティの分野であり，例えばそれまでパスワードを使用していた PC やスマートフォンへのログイン機能を，デバイスに付属したカメラで撮影した顔を認証に用いることでユーザの手間を簡略化している[53),54)]。また，イギリスやアメリカなどで空港の出入国や搭乗手続き，保安検査などに顔認証が使用されており[55),56)]，日本でもすでに羽田空港や成田空港などで導入されている[57),58)]。ほかにも入退室管理[59)〜62)]や，万引き防止[63)〜65)]，コンサートでのチケット確認（転売防止）[66),67)]，さらに決済にまでその利用が広がっている[68)〜70)]。

また，顔認証機能が組み込まれた一般家庭用IoTカメラでは，玄関先や屋内の家族や不審者を認識し，それをユーザのスマートフォンへ通知するなどの機能を有している[71)〜73)]。

セキュリティ以外の分野では，SNSや写真共有サービスなどで，写真にだれが写っているのかを認識して，タグを付けたりグループ化するのに利用されている[74)〜76)]。また，あらかじめ有名人の顔を顔認識システムに組み込んでおくことで，自分が有名人のだれと似ているかを判定したり[77)]，メディアにおける動画の検索やタグ付けなどに利用されるケース[78)]もある。

このように非常に広範な領域で利用される一方で，顔認識技術にはつねにプライバシー侵害の懸念がつきまとっており，例えば2018年のアメリカで，Amazonが顔認証技術を警察に提供していたことが判明し大きな議論となった[79)]。その後，サンフランシスコで顔認証の技術の公共機関での利用禁止や[80)]，イギリスで顔認証の警察における利用はプライバシーの侵害であるとの判決が控訴裁判所で下されるなど[81)]，顔認証技術反対の動きが広まり，結果としてAmazonも警察への提供を一年間停止する決定を下した[82)]。このような流れの中で，大手SNSのFacebookは2021年11月に顔認識による写真のタグ付けサービスを停止すると発表した[83)]。中国では国内に広大な監視カメラネットワークを敷いており，犯罪行為の監視に顔認証技術が使用される一方で，少数民族であるウイグル人の識別にも使用されていることがわかり問題となった[84),85)]。またイランにおいては，ヒジャブを着けていない女性の取り締まりに利用されている[86)]。

日本でも2020年3月から警察で，民間の防犯カメラやSNSの画像を顔認証技術で照合しており，議論が不十分ではないかとの声が上がっている[87),88)]。また2021年7月からJR東日本では，過去に駅構内で重大犯罪を犯した出所者/仮出所者や，指名手配中の容疑者などの顔をデータベースに登録し，照合を行っていたが[89]，その後の批判を受けて出所者/仮出所者の照合を取りやめている[90]。ただしその後も指名手配犯や不審者などの検知は続けていたため，「顔認証システムの利用は直ちに中止されるべき」との意見書が日弁連から出されている[91]。

7.2.3 一般物体認識

深層学習が最初にCVの分野で大きな成果をもたらしたのが**一般物体認識**（generic object recognition）という，画像に写っているオブジェクトのカテゴリを判定する問題であった[92]。そのため，ビジネスとしても現在さまざまなところに活用されている。

例えばGoogle Photo[75]やAmazon Photos[76]，iOSのメモリ[93]などの写真共有サービスでは，大量の写真を整理するためにタグが付いていない写真の中から，「山」，「海」，「食事」といったカテゴリ名で画像検索やグルーピングが行えるようになっている。AdobeはExperience Manager[94]という自社が提供するコンテンツ管理サービス内で，スマートタグという画像の内容に基づいた自動タグ付け機能を提供している。Facebookは視覚障碍者用に同サイトの画像を認識し，一般物体認識だけでなく，文字認識や顔認識なども組み合わせることで，その内容を音声で解説する機能を提供している[95]。

このような画像の分類機能は非常に便利ではあるが，一方で学習データの中に差別的表現が多く含まれてしまう場合に，それをそのまま学習してしまうという問題がある。例えば前述のGoogle Photoでは黒人のカップルの画像をゴリラと誤認識してしまうという問題が起こったことがある[96]。

道で見かけた花や虫などの名前や性質を知りたいときに，携帯のカメラをかざすとその種類がわかれば便利である。このニーズを満たすために花や虫，鳥，魚の種類を調べるスマートフォンアプリがさまざまなスタートアップから提供されている[97]~[104]。

このように花というカテゴリの中から，その種類まで特定するようなタスクは，一般物体認識の中でも特に**詳細画像識別**（fine grained visual categorization）と呼ばれている。詳細画像識別の応用で変わったところでは，これから食べる食事を撮影すると，その食事の種類を自動判定してカロリーを算出してくれるアプリがある[105)]。これによって，ダイエットのカロリー管理などに役立てることができる。

一般消費者向けのサービスやアプリだけではなく，各産業向けの応用ももちろん活発である。例えば小売業ではバーコードだけではなく，カメラ等ほかのセンサと組み合わせることで商品を識別し，レジの効率化を図る試みがなされており，一部実用化されている。例えばスマートフォン[106)]やショッピングカート[107)]で事前に会計を済ませたり，レジ上で複数の商品を一度に会計する[†1]などの技術が開発されている[108)~110)]。

農業の分野では，イチゴやアスパラガス，トマト，ピーマン，レタス，キュウリなどの農作物が収穫可能かや，病気かどうか，仕分けなどを画像から判定し，収穫や間引き，仕分けなどの自動化につなげる試みが活発である[111)~120)]。

漁業でも同じように，それまで目視で種分けされていた水揚げ後の魚を，一般画像認識により自動で選別する実証実験が行われた[121)]。

製造現場での応用として，工場で製造した製品の不良品を，それまで目視で行っていた作業を，カメラにより自動化するというものがある[122)~126)]。

医療においては，CT 画像や X 線画像，MRI 画像，内視鏡画像等，さまざまな特殊な画像が病気の診断に使用されるが，そのためには医師に十分な経験が必要な上，診断にも時間が掛かっていた。これを CV によってサポートすることで，医師の負担を軽減しようとさまざまな研究機関や企業が開発および製品の提供を行っている[127)~131), †2]。一方で，このような技術を実際の診療所に適用しようとしたところ，安定したネットワークや撮影環境，プロセス等さまざまな問題に直面したという報告もあり[132)]，実際の導入には現場のプロセス/価

†1　この場合前処理として画像の中から商品領域を個々に抽出する前処理が必要となる。

†2　これらの技術は一般物体認識の技術によって画像を病気かどうかを判別するだけでなく，病変の位置なども物体検出やセマンティックセグメンテーション，アテンションなどによって提案する場合がほとんどである。

値観/環境等さまざまなことを考慮する必要がある。

7.2.4 物体検出/追跡

物体検出（object localization）は，画像に写っている人やモノなどの位置を検出する技術で，これもまた非常に応用範囲の広い技術である。また検出した人や物体を追跡する技術も合わせて使用され，そこで計測された位置の時系列の変化はさまざまな用途に利用されている。例えば，車両や人などを検出および追跡することで，交通量調査の自動化を行うことができる[133)～135)]。

特に人検出/追跡は，監視カメラの用途において必要性が高い。例えば，工場内の危険位置等あらかじめ指定した領域への侵入検知[136),137)]や，駅ホームから線路へ転落した際の検知[138)]，混雑状況の把握[139)～142)]など，さまざまな用途に利用できる。

7.2.2 項で紹介した IoT カメラは人のみならず，車両や動物（ペット）などの位置検出も行い，ユーザの設定に従って決まったアクションを起こしてくれる[71)～73)]。

無人店舗においては，カメラやデプスセンサなどで顧客の位置を検出/追跡し，何を購入したかなどの認識に役立てている[70),143)～145)]。また無人でなくとも，店舗内での人の動きをカメラで追跡することで，その客の導線を分析し，店内のレイアウト配置の最適化などに活かすことができる[146)]。また，小売業ではほかにも棚に並んでいる商品の自動判定を行うことで，足りない商品の補充や配置間違いの修正を迅速に行うなどに役立てている[146)～150)]。

1 次産業での利用の例として，漁業の分野では，水中カメラで魚の検出や追跡を行うための技術開発や製品が販売されており，養殖業における魚のサイズ測定[151)]や数の計測[152)]，摂食といった行動記録[153)]などに役立てることができる。

現在活発に開発されている自動運転技術は，Visual SLAM やシーン認識，セマンティックセグメンテーション等非常に多くの種類の CV 技術が利用されている分野である。物体検出はその中でも歩行者や周辺車両，バイクや自転車，道路標識や信号の検出など，非常に幅広い目的で活用されている[154]。

7.2.5 姿勢推定

7.1.1 項〔2〕でも触れた通り Microsoft が 2010 年に発売した深度センサ Kinect は，それまで数十万円以上した深度センサの価格を 1〜2 万円程度まで押し下げ，その後 Microsoft が人の姿勢推定も含んだ Kinect SDK の提供を開始（ただし商用は有料）したため，ビジネスにおける姿勢推定技術の利用が大きく進んだ。また，その後深層学習によってカメラの映像のみからでも姿勢推定が高速に推定が行えるようになったことも[155]，利用を後押ししている。

Kinect による姿勢推定はもともと XBox というゲーム機の入力インタフェースとして提供され，直接ジェスチャーでゲームを動かすという，これまでにない経験を提供した†。

また Kinect 登場後，比較的初期にゲーム以外のビジネスへと応用された例としては，バーチャルフィッティングという仮想着せ替えサービスがある[157)〜159]。これはアパレル等の店舗内に人の全身が映るような巨大モニタと Kinect やカメラなどのセンサを設置し，モニタの前に立った顧客の上に仮想的に服を重畳したものをモニタ上へ表示するというサービスである。同じようなコンセプトのゲームへの応用として，モニタの前に立った子供がヒーローに変身できるというアーケードゲームも提供されていた（2020 年 9 月サービス終了）[160]。このように，姿勢推定は次項で解説する拡張現実感のためのテクノロジーとしても使用されている。

7.2.4 項で紹介した無人店舗の場合，顧客が棚の中の何を取得したのかを知るために，姿勢推定を使用して商品を取得しようと手を伸ばした状態等を認識さ

---

† ただし XBox 用の Kinect はすでに販売を終了しており，現在は Azure Kinect という名称で独立したデバイスとして販売されている[156]。
（2024 年 8 月追記）しかし，2023 年 8 月に Azure Kinect も生産終了が発表され，以降はパートナー企業がセンサー技術を引き継いだ製品を提供することになった。https://techcommunity.microsoft.com/t5/mixed-reality-blog/microsoft-s-azure-kinect-developer-kit-technology-transfers-to/ba-p/3899122

せている。

医療現場では，外科手術中に MRI や CT スキャン画像などを確認する場合があるが，無菌状態を保つ必要があるため，手がキーボードやマウス使うことで雑菌に接触するのを防ぎたい。そこで Kinect を活用し，ジェスチャー認識によって画像のビューワーを操作するという活用例がある[161)]。

スポーツにおいては，例えばそれまで人によってのみ行われてきた体操の採点の補助に用いるケースや[162)]，ゴルフやテニスのスイングフォームの確認[163),164)]などに姿勢推定技術が利用されている。

また，生産現場における作業者の動きを撮影して骨格情報を抽出し，どのような動作を行っているのかを識別することで，作業手順の確認や作業者へのナビゲーションに役立てるといった利用方法も提案されている[165),166)]。

7.2.6　拡 張 現 実 感

拡張現実感（augmented reality, **AR**）とはカメラで撮影した映像に対して仮想的なオブジェクトを重畳表示する技術である。そのため，重畳表示を行う対象によってさまざまな技術が使用されている。例えば従来はカメラの画像から白黒の 2 次元マーカーを認識し，そこに 3D モデルを重ね合わせて表示させることが主であったが，その後局所特徴量を用いてイラストや写真等のテクスチャのある画像をマーカーにするケース（特定物体認識）や，顔を撮影してその上にデコレーションを施すもの（顔特徴追跡），床や道路などの平面を認識してその上にキャラクターを置くもの（Visual SLAM）など，さまざまな種類の技術が利用されている。

なお，AR と混同されやすい用語として**メタバース**（metaverse），**仮想現実感**（virutual reality, **VR**），**複合現実感**（mixed reality, **MR**）などがある。

メタバース：コンピュータの中に構築された 3 次元仮想空間。

仮想現実感（**VR**）：ユーザにあたかも仮想空間にいるかのような情報を与えるインタフェース技術。

拡張現実感（**AR**）：センサを通じて取得した現実空間の情報に，仮想世界の情報を重ね合わせて提示する技術。

複合現実感（MR）：ARで提示した仮想世界の情報に対し，ユーザと仮想世界間でインタラクションを行えるようにしたもの。

ただし複合現実感（MR）の定義は人や媒体によって異なることがあり，例えばヘッドマウントディスプレイなどを用いてより没入感を高めたARをMRと呼ぶ場合などがある。また逆に仮想世界とのインタラクションも含めてARと呼ぶ場合もあるため，本章では両者を区別せずすべてARとして解説する。

本節では，ARを実現する個々のCV技術について，ビジネスでの事例を紹介する。

〔1〕 マーカー認識　　2001年にAR Tookit[167]というオープンソースソフトウェアが登場したことによって，そのインパクトから個人開発者がデモの開発に参入し，ARという概念が徐々に知られるようになってきた[168]。この頃のARは，ARマーカーという2次元バーコード（**図7.2**）を使用して，その上に3Dモデルを重畳表示する方式で，ビジネスではエンタテインメントなどの分野で活用された。

図7.2　ARマーカーの例[167]

例えばARマーカー上に3Dの美少女を表示させ，さらにARマーカーを張り付けた棒でその美少女とインタラクティブに遊べる「電脳フィギュアARis」[169]という製品†は，2008年に発売されると，さまざまなメディアに取り上げられ話題となった[170),171]。

† https://www.youtube.com/watch?v=yCCx7zANsGE

また，ビデオゲームとカードゲームを融合し，ゲーム機に取り付けたカメラでカードの縁についたマーカーの情報を認識し，あたかもモンスターがそのカードの上に召喚されたかのような演出†1に使用するケース[172)]や，同じくゲーム機に取り付けたカメラから魔法の本に印刷されたマーカーを読み取ることで，あたかも自分が唱えた魔法が発動したかのような演出を与えるケースなど[173), †2]，ゲームの臨場感を盛り上げるのに使用された例もある。

〔**2**〕 **特定物体認識** 特定物体認識は画像から局所特徴量を抽出し，画像同士で比較することで撮影された物体が同じものかを判定する技術である。一般物体認識との違いは，一般物体認識が画像の「カテゴリ」を判別するものなのに対し，特定物体認識は画像に撮影された物体が同一のものかを判定する。

特定物体認識自体は画像検索のための技術で，現実の物体の 3 次元的な姿勢を追跡する AR の技術とは異なるが，カメラで目の前の物体を撮影することで，その対象について調べることができるため，ビジネス上では「AR」というくくりで扱われることが多い。また物体を認識後その特徴点を追跡することで，AR マーカーと同様にカメラの 3 次元的な姿勢を計算することができるため，白黒の AR マーカーの代わりに自然画像のマーカーとして扱うことができる（図 **7.3**）。

自然画像による AR の事例として，レゴショップでは商品の箱を店内のキオスク端末にかざすと，完成品のイメージが箱の上に重畳表示される，デジタルボックスと呼ばれるサービスをプロモーションに利用している[174), †3]。同様に商品のパッケージを携帯電話で撮影すると AR が体験できる[175), 176)]，といった形で AR がまだ物珍しい頃に，そのインパクトを利用した販売促進方法がとられていた。

また応用として，自然画像マーカーを塗り絵として提供し，マーカー上に塗られた色をテクスチャとして 3D モデルに張り付け，それを重畳表示するという方法で AR にさらに遊び心を加えた例もある。これはドラえもんの映画とタイ

---

†1 https://www.youtube.com/watch?v=hWBQ9UE-OkM
†2 https://www.youtube.com/watch?v=lTkEmfHLsnc
†3 https://www.youtube.com/watch?v=BUDIduApeLI

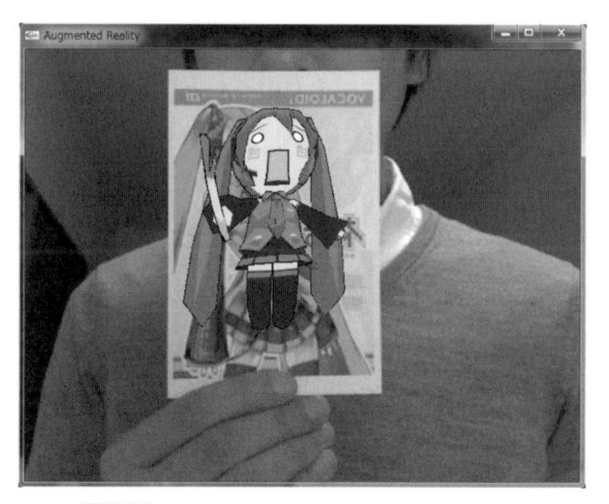

図 7.3　自然画像マーカーを用いた AR の例

アップしたお菓子のおまけとして提供され，話題になった[177),†1]。同様に広告が目的の例として，ファッション雑誌の広告や，街中の広告ポスター，YouTube 動画広告に写っている女性をスマートフォンのカメラでかざすと，AR によってあたかも服が透けて下着が見えているかのような錯覚を起こすという，下着会社のキャンペーンがあった[178),†2]。これは，ただ単に 3D オブジェクトを重畳する以上のインパクトを与えることに成功し，この AR アプリは約 10 万ダウンロード，YouTube 動画も 100 万再生以上を達成した。

技術の進展で識別できるオブジェクトの数が大きく増えると，目の前にある商品をカメラで撮影することで，その商品の販売サイトへ直接誘導できるようなソリューションも増えてきた。例えば Amazon や Google はそれぞれのアプリで書籍等の商品をカメラで撮影することで，購入サイトへ誘導する[179),180)]。IKEA は店内で家具を撮影すると，その家具をオンラインで購入できるサービスを提供している[181)]。

〔3〕 顔　追　跡　　顔追跡は顔全体の動きだけでなく，目鼻口など個々のパーツの動きも含めて追跡する技術である。そのため，顔の上にぴったり張り付

---
†1　https://www.youtube.com/watch?v=XgUKyyzDPF8
†2　https://vimeo.com/50638914

くようにデコレーションなどを重畳表示することができる。このように AR を使用して顔や人の体に化粧や服，バッグ等を重畳させることを**仮想試着**（virual try-on）という。

身近な例として，Snapchat[182)] や Line[183)]，FaceTime[184)]，Google Duo[185)]，SNOW[186)] などのカメラを使用する SNS やコミュニケーションツールに，顔をさまざまにデコレーションする機能が実装されている（**図 7.4** は Snapchat の例）。また深層学習によって顔の上に画像を重畳するよりも顔自体の映像を生成することで，リアルタイムで別人の顔に変わるような技術も製品化されている[187)]。

図 7.4　SnapChat[182)] のレンズ機能の例

またこのようなコミュニケーションのためのデコレーションだけではなく，口紅等の化粧を顔の上にぴったり重畳表示することで，その化粧品を使用した様子が想像しやすくなり，販売につなげやすくなる。このような試みは Snapchat や[188),189)]，Pinterest[190)]，Facebook[191)]，Amazon[192)]，SNOW[193)] などの SNS や EC サイト大手ではすでに行われている。また化粧品会社自身が自社サイトで提供する例もある[194)]。化粧品だけでなく眼鏡会社も，モバイルアプリや店頭での眼鏡の仮想試着に活用している[195),196)]。

〔4〕 **Visual SLAM**　**Visual SLAM** とは，カメラを動かしながら周囲の 3 次元マップとカメラの自己位置を同時に推定する技術である。カメラの代わりに距離センサを用いる **LiDAR SLAM** や，加速度センサやジャイロス

コープを併用する **Visual Inertial SLAM**，カメラと距離センサの情報を両方使用する **RGBD SLAM** などもある。このような SLAM 技術は，マーカーがない状態でも 3D オブジェクトを現実空間へ重畳表示できるため，AR を利用するための敷居を下げることができる。

ビジネスでの事例として，家具の販売店が部屋の中に実際に家具を置いたらどうなるかを AR で体感できるアプリをリリース[197] しており，また自動車メーカーがユーザに自社の製品の外観を顧客にリアルに体感してもらうために利用している[198]。このように AR は顧客に対して製品購入前のイメージを持ってもらうために利用できる。

Visual SLAM はゲームでの事例も多い。例えばゲーム中にお気に入りのモンスターを現実空間へ呼び出して一緒に写真撮影をしたり[199],[200]，ラジコンカーに付けたカメラ映像を見ながらラジコンを運転し，さらにそのカメラ映像上にさまざまなアイテムや敵を重畳表示するだけでなく，それらとのインタラクションをラジコンカーの動きに反映させる†といった使い方が実装されてい

図 7.5 Google Search で「ティラノサウルス」を AR 表示[203]

† https://www.nintendo.co.jp/switch/rmaaa/movie/index.html

る[201]。また，人の姿勢推定や顔追跡なども組み合わせて，キャラクターとのインタラクションをリッチにしている例もある[202),†]。

Googleは自社の検索サービスをスマートフォンで利用した場合，動物や文化遺産などの検索結果がARで表示できる機能を提供している（図**7.5**）[203]。

〔**5**〕 **Visual Poisitioning System** 特定物体認識やVisual SLAMの技術を応用すると，事前に撮影しておいた屋外の画像と携帯カメラで撮影した画像とのマッチングを行うことで，携帯カメラの3次元的な位置を推定できる。このような技術を**VPS**（Visual Positioning System）と呼び，Google[204]，Apple[205]，Microsoft[206]，Niantic[207]などがサービスを提供している。ARを実現するためには，カメラが3次元的にどの位置にあってどの方向を向いているか，というのを厳密に計測する必要あり，これはGPSの位置情報だけでは不十分である。VPSを使用することで，例えばカメラで撮影している映像上に目的地に向かうまでのナビゲーションを表示することが可能となる（図**7.6**）。

図7.6 Google Maps AR Navigation[208]

〔**6**〕 **ARを実現するための技術** ここで紹介したARを実現するために，一からVisual SLAM等のCV技術を開発する必要はほとんどなく，現在は有

† https://www.youtube.com/watch?v=idUZpVjFs3E

料や無料の SDK（Software Development Kit）がさまざまな企業やコミュニティから提供されている。

iOS や Android などのスマートフォン向けであれば，それぞれ Apple から ARKit[209]，Google からは ARCore[210] という SDK が提供されている。ただしこの場合，iOS と Android 向けに別々にプログラムを開発する必要があるため，さまざまなデバイスでの開発を統一したい場合はほかのベンダーが提供している有償の SDK を利用するのが良い[211)~215]。また昨今はアプリをインストールすることなく，Web ブラウザだけで利用可能な WebAR と呼ばれる技術を提供する企業も現れている[216)~218]。

無償で利用できるライブラリとしては，最初の AR ブームの立役者となった ARToolKit[167] がある[†1]。ARToolKit はマーカー型と自然画像マーカー型の AR に対応している。また，WebAR 用の無償で使用できるライブラリとして AR.js[222] があり，こちらもマーカー型と自然画像マーカー型に対応している。

カメラだけでなく LiDAR 等距離センサの情報も組み合わせることで，Visual SLAM だけでは取得できない密な奥行の情報を取り，よりリッチな AR 体験を提供できる。例えば LiDAR を搭載した iPhone や iPad では奥行情報を ARKit から利用できるようになっている[223),†2]。

Microsoft の Hololens2（図 **7.7**）など，AR のための専用ヘッドセットも販売されている[225),226]。また Apple も AR ヘッドセット Apple Vision Pro を WWDC2023 にて発表した（編集注：現在，日本でもすでに販売している）[227]。専用ヘッドセットは，ディスプレイを直接頭に装着することで，いちいちスマートフォンを見ることなく，両手が空いた状態で作業ができるため，工場などの企業向け用途に向いている。またこれらヘッドセットは距離センサを搭載し，専用プロセッサを用意するなど，スマートフォンよりもずっとリッチな AR 体験を提供できる。そのため，自動車の整備作業を効率化する目的で使用される例[228] や，

[†1] 本稿を執筆している 2023 年 3 月時点で開発の更新は 3 年近く止まっており[219]，現在は artoolkitX というライブラリが別途立ち上がっている[220),221]。

[†2] なお，Google はカメラの映像だけから奥行推定を行っている[224]。

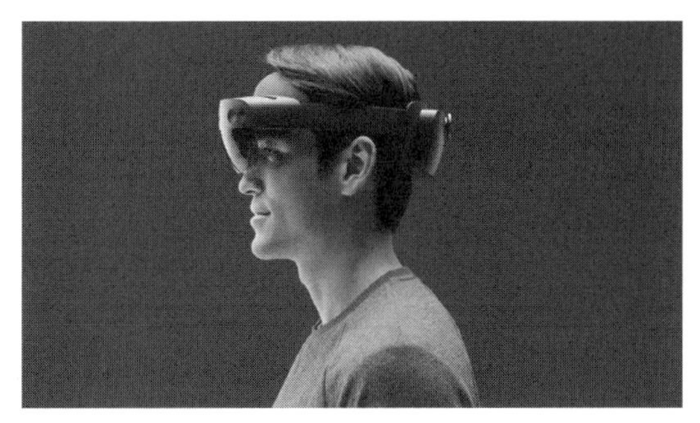

図 7.7　Hololens2[225]

地上と地下のインフラを AR を用いて可視化するために使用する例[229] などがある。なお，Google Glass[230),†] などのいわゆるスマートグラスは，眼鏡についたディスプレイに情報提示することはできるが，SLAM 等の現実世界への重畳表示に必要な技術を提供しているわけではないため，AR ヘッドセットとは区別する。同様に Meta Quest2[231] や PlayStation VR[232] などの VR ヘッドセットは，現実世界への重畳表示は行わず，視覚全体を CG 等の仮想空間で表現するため AR ヘッドセットとは区別する。ただし近年，Meta Quest Pro[233] や VIVE XR Elite[234] など VR と AR 両方に対応するヘッドセットも登場している。

また重要な動向として，現在 **OpenXR** という AR および VR の標準化活動が進んでおり，2019 年 7 月にバージョン 1.0 がリリースされている[235]。OpenXR は AR/VR デバイスごとに専用のプログラムを書くことなく，同じソースコードでそれらに対応することを目指しており，2023 年の本稿執筆時点で Microsoft や Meta，MagicLeap，HTC などのデバイス用ランタイムが提供されている。今後はスマートフォン用にも拡大していくことが期待される。

7.2.7　画　像　生　成

6.3.3 項で解説した GAN の登場によって，それ以前の CV ではあまりなじみのなかった**画像生成**という研究分野が大きく花開いた。画像生成とは，画像に映っているものを認識するという一般の CV とは逆のアプローチで，人の手を

† 2023 年 3 月で販売終了している。

介さずに自動または半自動でランダムなノイズや人の言葉などから，意味のある画像を生成する技術である。特にその後，**拡散モデル**（denoising diffusion probablistic model）による画像生成の登場[236),237)]が品質を大きく改善したことで，より一層この分野が活気づいた。

画像生成は，例えば画像編集で切り取った領域の自動補間[238)]に使用されたり，自分に似たアバターや似顔絵を生成したり[187),239)]，学習させた画風のイラストを生成させる[240)]など，ビジネスにおいても徐々に活用が広がりつつある。特に本稿を執筆している2023年時点において，**Text-to-Image**という自然言語から画像を生成する技術が現在進行形で，恐るべき速さで進化しており，今後ビジネスでも大きなインパクトを与えることは間違いないと思われる。

Text-to-Imageの画像生成では，プロンプトと呼ばれる自然言語の文，例えば「火山地帯で空を飛びながら炎の息をはく赤いドラゴン」といった形で自然言語を入力するとその内容を反映した画像を生成する（図 **7.8**）。

図 7.8　DALL-E2で生成された画像の例[241)]

この技術は一般人でも利用可能で，Craiyon[242)]，DALL-E2[241)]，Midjourney[243)]，Stable Diffusion[244)]などが無料デモおよび有料サービスとして利用可能となっている。またStable Diffusionはソースコードおよび学習モデルまでオープンにしており[†]，その技術を利用したサービスが次々と生まれてい

† https://github.com/CompVis/stable-diffusion

る[245)〜247)]。また，Microsoft は DALL-E2 を組み込んで，デザインサポートを行うツール[248)]や，画像生成のサービス（2023 年 3 月時点ではプレビュー版）[249)]を提供している[†1]。

一方で，人工知能が生成した画像の著作権の問題が議論されたり[250)〜252)]，またアーティストが書いた画像を無断で人工知能の学習に使用され，結果としてその AI が生成する画像によってアーティストの仕事が奪われかねないなど，社会的な課題も浮き彫りになってきており，訴訟にまで発展している[253),254)]。このような中，ペイントソフトに搭載予定だった画像生成機能が，ユーザの反対により非搭載となるケースなども現れている[255)]。画像共有サイトにおいては，人工知能によって生成された画像の掲載を認めるのか否か，各社対応がわかれている[256)〜258)]。Adobe は 2023 年 3 月に，自社の画像共有サイト "Adobe Stock" に集められた権利関係がクリアな画像のみを学習に使用した画像生成 Web サービス Firefly をリリースし[259)]，Photoshop，Illustrator や Premiere Pro などの自社の映像/画像制作ソフトウェアにも機能を順次実装していく予定としている（2023 年 3 月時点）[260)]。

前述した通り，この分野は現在進行形で恐るべき速さで進展しており，この本が出版される頃にはすでにこの項で書かれたことが古くなっている可能性も高く，今後も注視が必要である[†2]。

7.2.8 クラウドサービス

深層学習は，特に学習時において大量の学習データだけでなく，コンピューティングパワーも必要とする。そのため必要な GPU も含めたコンピューティングリソースを柔軟に提供してくれるクラウドサービスは非常に有用である。クラウドサービスの大手 3 社（Amazon，Google，Microsoft）は，いずれも TensorFlow や PyTorch などの深層学習フレームワークや GPU 環境等がセッ

†1 Microsoft は DALL-E2 の開発元である OpenAI へ出資している。

†2 例えば 2023 年 3 月時点で，すでにテキストから動画や 3D を生成するサービスが出始めている[261)〜264)]。

トアップされた仮想マシンのイメージを用意している[265)~267)]。

また，機械学習を使用したビジネスを行う場合，その機械学習技術のみならず，学習データの保管やラベル付け，モデルの検証，バージョン管理，サービスインフラの構築等，さまざまな要素が必要となってくる。それら全体を覆うプロセスのことを **MLOps**[268)] と呼ぶが，これについても上記クラウドサービス 3 社は必要な機能をパッケージとして提供している[269)~271)]。日本でも ABEJA が学習データの作成も含めた MLOps のサービスを提供している[272)]。

もっと手軽に深層学習を試したい場合は，Google が Colaboratory というブラウザ上で Python を使用して TensorFlow を利用でき，かつ GPU や TPU へもアクセスできるサービスを提供している[273)]。

もしすでに学習済みの一般物体認識や物体検出，OCR などが利用したいということであれば，これらクラウドサービスが提供している WebAPI を使用すればよい[274)~276)]。またクラウド大手 3 社以外でも，そのような WebAPI を提供している企業は複数存在する[277)~280)]。

実際に CV を業務に使用する場合，カメラを設置した後それをクラウド上へ送信する仕組みを構築するなど，一連の作業が必要となる。それら CV だけでない，エッジ側からクラウド側の両方のインフラまで提供するサービスを利用することで，さらに導入のコストを下げることが可能である[281)~285)]。

7.3 ま　と　め

本章で見てきたように CV のビジネスでの利用は，特に深層学習の登場以降加速度的に増え，農業，漁業，工業，医療，サービス業など，あらゆる分野に活用され始めている。これは，ライブラリやクラウドサービス等によって技術の利用のハードルが大幅に下がっていることも背景にあり，今後ますます活用が広がっていくと思われる。

モノのインターネット（internet of things, IoT）という用語がビジネスの世界でバズワードとなって久しいが，CV にはモノ一つひとつにセンサを付与しないでも広範囲を非接触に測定可能という大きなメリットがあり，今後 IoT 時代の中核技術となっていく可能性が高い。

また，CV を用いたビジネスはその数が膨大なため，本章では紹介しきれなかった分野や紹介から漏れたサービスも多く，また現在進行形で新しいサービスが次々と生まれているため，本章執筆時のスナップショットとして参考にした上で，おのおの気になる分野の動きを注視してもらいたい。

本章を通して CV を実世界に活用する具体的イメージをつかんでもらえたら幸いである。

引用・参考文献

1章

1) Razavi, B.（著），黒田忠広（監訳）：アナログ CMOS 集積回路の設計 基礎編，丸善 (2003)

2) Razavi, B.（著），黒田忠広（監訳）：アナログ CMOS 集積回路の設計 応用編，丸善 (2003)

3) 谷口研二：LSI 設計者のための CMOS アナログ回路入門，CQ 出版 (2005)

4) Baker, R. J.：*CMOS: Circuit Design, Layout, and Simulation*, Wiley-IEEE Press (2019)

5) Kester, W.：*The Data Conversion Handbook*, Newnes (2004)

6) Saint, C. and Saint, J.：*IC Mask Design: Essential Layout Techniques*, McGraw-Hill (2002)

7) 藤吉弘亘（編）：CVIM チュートリアル 1（香川景一郎，寺西信一（著）：CMOS イメージセンサ），共立出版 (2023)

8) 米本和也：改訂 CCD/CMOS イメージセンサの基礎と応用，CQ 出版 (2018)

9) 米本和也：CCD/CMOS イメージセンサの性能と測定評価，CQ 出版 (2022)

10) 寺西信一（編）：画像入力とカメラ，オーム社 (2012)

11) 相澤清晴，浜本隆之（編著）：CMOS イメージセンサ，コロナ社 (2012)

12) 角南英夫，川人祥二（編著）：メモリデバイス・イメージセンサ，丸善 (2009)

13) 黒田隆男：イメージセンサの本質と基礎，コロナ社 (2012)

14) Ohta, J.：*Smart CMOS Image Sensors and Applications*, CRC Press (2007)

15) 大村泰久（編著）：半導体デバイス工学，オーム社 (2012)

16) 香川景一郎，寺西信一：ニュウモン コンピュテーショナル CMOS イメージセンサ，コンピュータビジョン最前線 Summer, pp. 74–130 (2022)

17) 三村秀典，原和彦，川人祥二，青木徹，廣本宣久：ナノビジョンサイエンス—画像技術の新展開—，コロナ社 (2009)

18) Weckler, G.：Operation of p-n Junction Photodetectors in a Photon Flux Integrating Mode, *IEEE Journal of Solid-State Circuits*, **2**, 3, pp. 65–73 (1967)

19) Teranishi, N., *et al.*：No image lag photodiode structure in the interline CCD image sensor, in *Proc. IEDM*, pp. 324–327 (1982)

20) Fossum, E. R. and Hondongwa, D. B.：A Review of the Pinned Photodiode for CCD and CMOS Image Sensors, *IEEE Journal of the Electron Devices*

Society, **2**, 3, pp. 33–43 (2014)

21) Hamamoto, T. and Aizawa, K. : A computational image sensor with adaptive pixel-based integration time, *IEEE Journal of Solid-State Circuits*, **36**, 4, pp. 580–585 (2001)

22) Kawahito, S., *et al.* : A High-Sensitivity Oversampling Digital Signal Detection Technique for CMOS Image Sensors Using Non-Destructive Intermediate High-Speed Readout Mode, in *Proc. IEEE Workshop on CCDAIS* (2001)

23) Seo, M.-W., *et al.* : A Low-Noise High-Dynamic-Range 17-b 1.3-Megapixel 30-fps CMOS Image Sensor With Column-Parallel Two-Stage Folding-Integration/Cyclic ADC, *IEEE Transactions on Electron Devices*, **59**, 12, pp. 3396–3400 (2012)

24) Oike, Y. and El Gamal, A. : CMOS Image Sensor With Per-Column ΣΔ ADC and Programmable Compressed Sensing, *IEEE Journal of Solid-State Circuits*, **48**, 1, pp. 318–328 (2013)

25) Sakakibara, M., *et al.* : A back-illuminated global-shutter CMOS image sensor with pixel-parallel 14b subthreshold ADC, in *Proc. ISSCC*, pp. 80–82 (2018)

26) Ahn, J., *et al.* : A 1/4-inch 8Mpixel CMOS image sensor with 3D backside-illuminated 1.12 μm pixel with front-side deep-trench isolation and vertical transfer gate, in *Proc. ISSCC*, pp. 124–125 (2014)

27) Hasegawa, T., *et al.* : A new 0.8 μm CMOS image sensor with low RTS noise and high full well capacity, in *Proc. IISW*, R02 (2019)

28) Oike, Y. : Evolution of Image Sensor Architectures With Stacked Device Technologies, *IEEE Transactions on Electron Devices*, **69**, 6, pp. 2757–2765 (2022)

29) Nakazawa, K., *et al.* : 3D Sequential Process Integration for CMOS Image Sensor, in *Proc. IEDM*, pp. 30.4.1–30.4.4 (2021)

30) 傳田精一：半導体の 3 次元実装技術，CQ 出版社 (2011)

31) Yadid-Pecht, O., *et al.* : CMOS active pixel sensor star tracker with regional electronic shutter, *IEEE Journal of Solid-State Circuits*, **32**, 2, pp. 285–288 (1997)

32) Takahashi, T., *et al.* : A Stacked CMOS Image Sensor With Array-Parallel ADC Architecture, *IEEE Journal of Solid-State Circuits*, **53**, 4, pp. 1061–1070 (2018)

33) Lotto, C., *et al.* : A sub-electron readout noise CMOS image sensor with pixel-level open-loop voltage amplification, in *Proc. ISSCC*, pp. 402–404 (2011)

34) Sato, M., *et al.* : A 0.50e- rms Noise 1.45 μm-Pitch CMOS Image Sensor

with Reference-Shared In-Pixel Differential Amplifier at 8.3Mpixel 35fps, in *Proc. ISSCC*, pp. 108–110 (2020)

35) Nagata, M., *et al.* : A smart CMOS imager with pixel level PWM signal processing, in *Proc. VLSI Symposium*, pp. 141–144 (1999)

36) Kagawa, K., *et al.* : A 3.6pW/frame·pixel 1.35V PWM CMOS Imager with Dynamic Pixel Readout and no Static Bias Current, in *Proc. ISSCC*, pp. 54–55 (2008)

37) Andoh, F. *et al.* : A digital pixel image sensor for real-time readout, *IEEE Transactions on Electron Devices*, **47**, 11, pp. 2123–2127 (2000)

38) Kagawa, K., *et al.* : Pulse-Domain Digital Image Processing for Vision Chips Employing Low-Voltage Operation in Deep-Submicrometer Technologies, *IEEE Journal of Selected Topics in Quantum Electronics*, **10**, 4, pp. 816–828 (2004)

39) Ni, Y. and Matou, K. : A CMOS log image sensor with on-chip FPN compensation, in *Proc. ESSCIRC* (2001)

40) Lee, M.-J. and Charbon, E. : Progress in single-photon avalanche diode image sensors in standard CMOS: From two-dimensional monolithic to three-dimensional-stacked technology, *Japanese Journal of Applied Physics*, **57**, 10, pp. 1002A3-1–1002A3-6 (2018)

41) Gao, P., *et al.* : 16.7Mpixel 8000fps sparse binarized scientific image sensor, in *Proc. IISW*, R39 (2019)

42) Oike, Y., *et al.* : Design and Implementation of Real-Time 3-D Image Sensor With 640 × 480 Pixel Resolution, *IEEE Journal of Solid-State Circuits*, **39**, 4, pp. 622–628 (2004)

43) Yasutomi, K., *et al.* : A Sub-100 μm-Range-Resolution Time-of-Flight Range Image Sensor With Three-Tap Lock-In Pixels, Non-Overlapping Gate Clock, and Reference Plane Sampling, *IEEE Journal of Solid-State Circuits*, **54**, 8, pp. 2291–2303 (2019)

44) Takahashi, T., *et al.* : A digital CDS scheme on fully column-inline TDC architecture for an APS-C format CMOS image sensor, in *Proc. VLSI Symposium*, pp. 90–91 (2011)

45) Arai, T., *et al.* : A 1.1 μm 33Mpixel 240fps 3D-stacked CMOS image sensor with 3-stage cyclic-based analog-to-digital converters, in *Proc. ISSCC*, pp. 126–128 (2016)

46) Nitta, Y., *et al.* : High-Speed Digital Double Sampling with Analog CDS on Column Parallel ADC Architecture for Low-Noise Active Pixel Sensor, in *Proc. ISSCC*, pp. 500–501 (2006)

47) Cho, K.-B., *et al.* : A 1.5-V 550-μW 176 × 144 autonomous CMOS active pixel image sensor, *IEEE Transactions on Electron Devices*, **50**, 1, pp. 96–

105 (2003)

48) Watabe, T., *et al.* : A 33Mpixel 120 fps CMOS image sensor using 12b column-parallel pipelined cyclic ADCs, in *Proc. ISSCC*, pp. 388–389 (2012)

49) Chae, Y., *et al.* : A 2.1Mpixel 120 frame/s CMOS image sensor with column-parallel ΔΣADC architecture, in *Proc. ISSCC*, pp. 394–395 (2010)

50) Okada, C., *et al.* : A High-Speed Back-Illuminated Stacked CMOS Image Sensor with Column-Parallel kT/C-Cancelling S&H and Delta-Sigma ADC, in *Proc. ISSCC*, pp. 116–118 (2021)

51) Veerappan, C., *et al.* : A 160×128 single-photon image sensor with on-pixel 55ps 10b time-to-digital converter, in *Proc. ISSCC*, pp. 312–314 (2011)

2章

1) Morimoto, K., *et al.* : 3.2 Megapixel 3D-Stacked Charge Focusing SPAD for Low-Light Imaging and Depth Sensing, in *Proc. IEDM*, pp. 20.2.1–20.2.4 (2021)

2) Kusuhara, F., *et al.* : Analysis and reduction of floating diffusion capacitance components of CMOS image sensor for photon-countable sensitivity, in *Proc. IISW* (2015)

3) Ma, J., *et al.* : Review of Quanta Image Sensors for Ultralow-Light Imaging, *IEEE Transactions on Electron Devices*, **69**, 6, pp. 2824–2839 (2022)

4) Ma, J., *et al.* : A 0.19e- rms Read Noise 16.7 Mpixel Stacked Quanta Image Sensor With 1.1 μm-Pitch Backside Illuminated Pixels, *IEEE Electron Device Letters*, **42**, 6, pp. 891–894 (2021)

5) Sakano, Y., *et al.* : A 132dB Single-Exposure-Dynamic-Range CMOS Image Sensor with High Temperature Tolerance, in *Proc. ISSCC*, pp. 106–108 (2020)

6) Liu, C., *et al.* : A 4.6 μm, 512 × 512, Ultra-Low Power Stacked Digital Pixel Sensor with Triple Quantization and 127 dB Dynamic Range, in *Proc. IEDM*, pp. 16.1.1–16.1.4 (2020)

7) Mase, M., *et al.* : A wide dynamic range CMOS image sensor with multiple exposure-time signal outputs and 12-bit column-parallel cyclic A/D converters, *IEEE Journal of Solid-State Circuits*, **40**, 12, pp. 2787–2795 (2005)

8) Honda, H., *et al.* : A 1-inch Optical Format, 14.2 M-pixel, 80 fps CMOS Image Sensor with a Pipelined Pixel Reset and Readout Operation, in *Proc. VLSI Symposium*, pp. C4–C5 (2013)

9) Akahane, N., *et al.* : A Sensitivity and Linearity Improvement of a 100-dB Dynamic Range CMOS Image Sensor Using a Lateral Overflow Integration Capacitor, *IEEE Journal of Solid-State Circuits*, **41**, 4, pp. 851–858 (2006)

10) Mori, M., *et al.*：A 1/4 in 2M pixel CMOS image sensor with 1.75 transistor/pixel, in *Proc. ISSCC*, pp. 110–111 (2004)
11) Yoshihara, S., *et al.*：A 1/1.8-inch 6.4 MPixel 60 frames/s CMOS Image Sensor with Seamless Mode Change, in *Proc. ISSCC*, pp. 492–493 (2006)
12) Kim, Y. C., *et al.*：1/2-inch 7.2 MPixel CMOS Image Sensor with 2.25 μm Pixels Using 4-Shared Pixel Structure for Pixel-Level Summation, in *Proc. ISSCC*, pp. 494–495 (2006)
13) Murakami, H., *et al.*：A 4.9 Mpixel Programmable-Resolution Multi-Purpose CMOS Image Sensor for Computer Vision, in *Proc. ISSCC*, pp. 104–106 (2022)
14) Gallego, G., *et al.*：Event-Based Vision: A Survey, *IEEE Transactions on Pattern Analysis and Machine Intelligence*, **44**, 1, pp. 154–180 (2022)
15) Culurciello, E., *et al.*：A biomorphic digital image sensor, *IEEE Journal of Solid-State Circuits*, **38**, 2, pp. 281–294 (2003)
16) Finateu, T. *et al.*：A 1280×720 Back-Illuminated Stacked Temporal Contrast Event-Based Vision Sensor with 4.86 μm Pixels, 1.066 GEPS Readout, Programmable Event-Rate Controller and Compressive Data-Formatting Pipeline, in *Proc. ISSCC*, pp. 112–114 (2020)
17) Niclass, C., *et al.*：A 128 × 128 Single-Photon Imager with on-Chip Column-Level 10b Time-to-Digital Converter Array Capable of 97ps Resolution, in *Proc. ISSCC*, pp. 44–45 (2008)
18) Kim, G., *et al.*：A millimeter-scale wireless imaging system with continuous motion detection and energy harvesting, in *Proc. VLSI Symposium*, pp. 141–142 (2014)
19) Hsu, T. H., *et al.*：A 0.8V Intelligent Vision Sensor with Tiny Convolutional Neural Network and Programmable Weights Using Mixed-Mode Processing-in-Sensor Technique for Image Classification, in *Proc. ISSCC*, pp. 262–263 (2022)
20) Lefebvre, M., *et al.*：A 0.2-to-3.6TOPS/W Programmable Convolutional Imager SoC with In-Sensor Current-Domain Ternary-Weighted MAC Operations for Feature Extraction and Region-of-Interest Detection, in *Proc. ISSCC*, pp. 118–120 (2021)
21) Hsu, T. H., *et al.*：A 0.8 V Multimode Vision Sensor for Motion and Saliency Detection With Ping-Pong PWM Pixel, *IEEE Journal of Solid-State Circuits*, **56**, 8, pp. 2516–2524 (2021)
22) Remondino, F. and Stoppa, D. (Eds.)：*TOF Range-Imaging Cameras*, Springer (2013)
23) Bruschini, C., *et al.*：Single-photon avalanche diode imagers in biophotonics: review and outlook, *Light: Science & Applications*, **8**, Article number 87

(2019)

24) Henderson, R. K., *et al.*: A 256 × 256 40nm/90nm CMOS 3D-Stacked 120dB Dynamic-Range Reconfigurable Time-Resolved SPAD Imager, in *Proc. ISSCC*, pp. 106–108 (2019)

25) Kumagai, O., *et al.*: A 189×600 Back-Illuminated Stacked SPAD Direct Time-of-Flight Depth Sensor for Automotive LiDAR Systems, in *Proc. ISSCC*, pp. 110–112 (2021)

26) 香川景一郎，寺西信一：ニュウモン コンピュテーショナル CMOS イメージセンサ，コンピュータビジョン最前線 Summer, pp. 74–130 (2022)

27) Ebiko, Y., *et al.*: Low power consumption and high resolution 1280×960 Gate Assisted Photonic Demodulator pixel for indirect Time of flight, in *Proc. IEDM*, pp. 33.1.1–33.1.4 (2020)

28) Bamji, C. S., *et al.*: 1Mpixel 65 nm BSI 320 MHz demodulated TOF Image sensor with 3 μm global shutter pixels and analog binning, in *Proc. ISSCC*, pp. 94–96 (2018)

29) Keel, M.-S., *et al.*: A 4-tap 3.5 μm 1.2 Mpixel Indirect Time-of-Flight CMOS Image Sensor with Peak Current Mitigation and Multi-User Interference Cancellation, in *Proc. ISSCC*, pp. 106–108 (2021)

30) Yasutomi, K., *et al.*: A 38 μm Range Precision Time-of-Flight CMOS Range Line Imager with Gating Driver Jitter Reduction Using Charge-Injection Pseudo Photocurrent Reference, in *Proc. ISSCC*, pp. 100–102 (2022)

31) Nagae, H., *et al.*: A Time-Resolved 4-tap Image Sensor Using Tapped PN-Junction Diode Demodulation Pixels, in *Proc. IISW*, R45 (2021)

32) Candes, E. and Wakin, M.: An Introduction To Compressive Sampling, *IEEE Signal Processing Magazine*, **25**, 2, pp. 21–30 (2008)

33) Kagawa, K., *et al.*: A Dual-Mode 303-Megaframes-per-Second Charge-Domain Time-Compressive Computational CMOS Image Sensor, *Sensors*, **22**, 5, Article 1953 (2022)

34) Hitomi, Y., *et al.*: Video from a single coded exposure photograph using a learned over-complete dictionary, in *Proc. ICCV*, pp. 287–294 (2011)

35) Nagahara, H., *et al.*: High-speed imaging using CMOS image sensor with quasi pixel-wise exposure, in *Proc. ICCP*, pp. 81–91 (2016)

36) Luo, Y., *et al.*: CMOS computational camera with a two-tap coded exposure image sensor for single-shot spatial-temporal compressive sensing, *Optics Express*, **27**, 22, pp. 31475–31489 (2019)

37) Oike, Y. and El Gamal, A.: CMOS Image Sensor With Per-Column ΣΔ ADC and Programmable Compressed Sensing, *IEEE Journal of Solid-State Circuits*, **48**, 1, pp. 318–328 (2013)

38) Sarhangnejad, N., *et al.*: Dual-Tap Pipelined-Code-Memory Coded-Expo-

sure-Pixel CMOS Image Sensor for Multi-Exposure Single-Frame Computational Imaging, in *Proc. ISSCC*, pp. 102–104 (2019)

39) Wang, A., *et al.*：An angle-sensitive CMOS imager for single-sensor 3D photography, in *Proc. ISSCC*, pp. 412–414 (2011)

40) Koyama, S., *et al.*：A 3D vision 2.1 Mpixel image sensor for single-lens camera systems, in *Proc. ISSCC*, pp. 492–493 (2013)

41) Yamazaki, T., *et al.*：Four-directional pixel-wise polarization CMOS image sensor using air-gap wire grid on 2.5-μm back-illuminated pixels, in *Proc. IEDM*, pp. 8.7.1–8.7.4 (2016)

42) Yokogawa, S., *et al.*：Plasmonic Color Filters for CMOS Image Sensor Applications, *Nano Letters*, **12**, 8, pp. 4349–4354 (2012)

43) Miyamichi, A., *et al.*：Multi-band plasmonic color filters for visible-to-near-infrared image sensors, *Optics Express*, **26**, 19, pp. 25178–25187 (2018)

3 章

1) 大越孝敬：三次元画像工学，朝倉書店 (1991)

2) Takanori, O.：Three-Dimensional Imaging Techniques (1976)

3) Lippmann, G.：Epreuves reversibles. Photographies integrals, *Comptes-Rendus Academie des Sciences*, **146**, pp. 446–451 (1908)

4) Wu, G., *et al.*：Light field image processing: An overview, *IEEE Journal of Selected Topics in Signal Processing*, **11**, 7, pp. 926–954 (2017)

5) Fujita, S., *et al.*：Extracting multi-view images from multi-focused plenoptic camera, in *Proc. IFMIA*, **11050**, pp. 17–22 (2019)

6) Mildenhall, B., *et al.*：Local light field fusion: Practical view synthesis with prescriptive sampling guidelines, *ACM Trans. Graph.*, **38**, 4, pp. 1–14 (2019)

7) Overbeck, R. S., *et al.*：A system for acquiring, processing, and rendering panoramic light field stills for virtual reality, *ACM Trans. Graph.*, **37**, 6, pp. 1–15 (2018)

8) Broxton, M., *et al.*：Immersive Light Field Video with a Layered Mesh Representation, **39**, 4, pp. 86:1–86:15 (2020)

9) Mignard-Debise, L., *et al.*：A unifying first-order model for light-field cameras: the equivalent camera array, *IEEE Transactions on Computational Imaging*, **3**, 4, pp. 798–810 (2017)

10) Venkataraman, K., *et al.*：PiCam: An Ultra-Thin High Performance Monolithic Camera Array, *ACM Trans. Graph.*, **32**, 6 (2013)

11) Fattal, D., *et al.*：A multi-directional backlight for a wide-angle, glasses-free three-dimensional display, *Nature*, **495**, 7441, pp. 348–351 (2013)

12) Taguchi, Y., *et al.*：TransCAIP: A Live 3D TV System Using a Camera Ar-

ray and an Integral Photography Display with Interactive Control of Viewing Parameters, *IEEE Transactions on Visualization & Computer Graphics*, **15**, 05, pp. 841–852 (2009)

13) Takaki, Y. and Dairiki, T. : 72-directional display having VGA resolution for high-appearance image generation, in *Proc. SPIE*, **6055**, pp. 307–314 (2006)

14) Koike, T. and Naemura, T. : BRDF display: interactive view dependent texture display using integral photography, in *Proc. IPT/EDT*, pp. 1–4 (2008)

15) Naoki, S., *et al.* : Kirameki Display: Practical Light Field Display to Represent Real Texture, in *Proc. IDW*, p. 540 (2022)

16) Huang, F., *et al.* : Eyeglasses-free Display: Towards Correcting Visual Aberrations with Computational Light Field Displays, *ACM Trans. Graph. (Proc. SIGGRAPH)*, **33**, 4, pp. 1–12 (2014)

17) Lawrence, J., *et al.* : Project Starline: A High-Fidelity Telepresence System, *ACM Trans. Graph.*, **40**, 6 (2021)

4章

1) 奥富正敏ほか：ディジタル画像処理（改訂第2版），画像情報教育振興協会 (2020)

2) Jensen, H. W.（著），苗村健（訳）：フォトンマッピング：実写に迫るコンピュータグラフィックス，オーム社 (2002)

3) Kajiya, J. T. : The Rendering Equation, in *Proc. SIGGRAPH*, pp. 143–150 (1986)

4) Phong, B. T. : Illumination for Computer Generated Pictures, *Commun. ACM*, **18**, 6, pp. 311–317 (1975)

5) McMillan, L. and Bishop, G. : Plenoptic Modeling: An Image-Based Rendering System, in *Proc. SIGGRAPH*, pp. 39–46 (1995)

6) Levoy, M. and Hanrahan, P. : Light Field Rendering, in *Proc. SIGGRAPH*, pp. 31–42 (1996)

7) Shafer, S. A. : Using color to separate reflection components, *Color Research & Application*, **10**, 4, pp. 210–218 (1985)

8) The stanford 3D scanning repository
http://graphics.stanford.edu/data/3Dscanrep/

9) Narasimhan, S. G., *et al.* : Acquiring Scattering Properties of Participating Media by Dilution, *ACM Trans. Graph.*, **25**, 3, pp. 1003–1012 (2006)

10) Jensen, H. W., *et al.* : A Practical Model for Subsurface Light Transport, in *Proc. SIGGRAPH*, pp. 511–518 (2001)

11) EEM package (2016)
https://github.com/chengvt/EEM

12) 日本分析化学会表示・起源分析技術研究懇談会（編）：食品表示を裏づける分析技術：科学の目で偽装を見破る，東京電機大学出版局 (2010)
13) Kubo, H., *et al.*：Curvature-Dependent Reflectance Function for Rendering Translucent Materials, in *Proc. SIGGRAPH* (2010)

5 章

1) Facebook is building the future of connection with lifelike avatars
https://tech.fb.com/ar-vr/2019/03/codec-avatars-facebook-reality-labs/
2) Full-Body Codec Avatars
https://www.youtube.com/watch?v=_ZkG4iB_exU
3) Böhme, M., *et al.*：Shading constraint improves accuracy of time-of-flight measurements, *CVIU*, **114**, 12, pp. 1329–1335 (2010)
4) Franco, J. S., *et al.*：Visual shapes of silhouette sets, in *Proc. 3DPVT*, pp. 397–404 (2006)
5) Vlasic, D., *et al.*：Dynamic shape capture using multi-view photometric stereo, in *Proc. SIGGRAPH Asia*, pp. 1–11 (2009)
6) Debevec, P.：The Light Stages and Their Applications to Photoreal Digital Actors, in *Proc. SIGGRAPH Asia* (2012)
7) Loper, M., *et al.*：SMPL: A Skinned Multi-Person Linear Model, in *Proc. SIGGRAPH* (2015)
8) Osman, A. A. A., *et al.*：STAR: A Sparse Trained Articulated Human Body Regressor, in *Proc. ECCV*, pp. 598–613 (2020)
9) Güler, R. A., *et al.*：Densepose: Dense human pose estimation in the wild, in *Proc. CVPR*, pp. 7297–7306 (2018)
10) Saito, S., *et al.*：Pifuhd: Multi-level pixel-aligned implicit function for high-resolution 3d human digitization, in *Proc. CVPR*, pp. 84–93 (2020)
11) Saito, S., *et al.*：Pifu: Pixel-aligned implicit function for high-resolution clothed human digitization, in *Proc. ICCV*, pp. 2304–2314 (2019)
12) Zheng, Z., *et al.*：DeepHuman: 3D Human Reconstruction From a Single Image, in *Proc. ICCV* (2019)
13) Zou, S., *et al.*：3D Human Shape Reconstruction from a Polarization Image, in *Proc. ECCV*, pp. 351–368 (2020)
14) Jafarian, Y. and Park, H. S.：Learning High Fidelity Depths of Dressed Humans by Watching Social Media Dance Videos, in *Proc. CVPR*, pp. 12753–12762 (2021)
15) Pishchulin, L., *et al.*：Building Statistical Shape Spaces for 3D Human Modeling, *Pattern Recognition* (2017)
16) Bogo, F., *et al.*：FAUST: Dataset and evaluation for 3D mesh registration, in *Proc. CVPR*, pp. 3794–3801 (2014)

17) Yu, T., *et al.*: Function4D: Real-time Human Volumetric Capture from Very Sparse Consumer RGBD Sensors, in *Proc. CVPR*, pp. 5746–5756 (2021)

18) Render people
https://renderpeople.com/

19) Bogo, F., *et al.*: Dynamic FAUST: Registering human bodies in motion, in *Proc. CVPR*, pp. 6233–6242 (2017)

20) Ionescu, C., *et al.*: Human3.6m: Large scale datasets and predictive methods for 3d human sensing in natural environments, *TPAMI*, **36**, 7, pp. 1325–1339 (2013)

21) Zhang, C., *et al.*: Detailed, Accurate, Human Shape Estimation From Clothed 3D Scan Sequences, in *Proc. CVPR* (2017)

22) Ma, Q., *et al.*: Learning to dress 3d people in generative clothing, in *Proc. CVPR*, pp. 6469–6478 (2020)

23) Alldieck, T., *et al.*: Video Based Reconstruction of 3D People Models, in *Proc. CVPR*, pp. 8387–8397 (2018)

24) Ma, Q., *et al.*: The Power of Points for Modeling Humans in Clothing, in *Proc. ICCV* (2021)

25) Hwang, H., *et al.*: ElderSim: A Synthetic Data Generation Platform for Human Action Recognition in Eldercare Applications (2020)

26) Robinette, K. M., *et al.*: The CAESAR project: a 3-D surface anthropometry survey, in *3-D Digital Imaging and Modeling*, pp. 380–386 (1999)

27) Anguelov, D., *et al.*: Scape: shape completion and animation of people, in *Proc. SIGGRAPH*, pp. 408–416 (2005)

28) Hasler, N., *et al.*: A statistical model of human pose and body shape, in *Proc. CGF*, **28**, pp. 337–346 (2009)

29) Lassner, C., *et al.*: Unite the People: Closing the Loop Between 3D and 2D Human Representations, in *Proc. CVPR* (2017)

30) Gall, J., *et al.*: Motion capture using joint skeleton tracking and surface estimation, in *Proc. CVPR*, pp. 1746–1753 (2009)

31) Shotton, J., *et al.*: Real-time human pose recognition in parts from single depth images, in *Proc. CVPR*, pp. 1297–1304 (2011)

32) Cao, Z., *et al.*: OpenPose: Realtime Multi-Person 2D Pose Estimation using Part Affinity Fields, *TPAMI*, **43**, 1, pp. 172–186 (2019)

33) Cao, Z., *et al.*: Realtime Multi-Person 2D Pose Estimation using Part Affinity Fields, in *Proc. CVPR* (2017)

34) Wei, S. E., *et al.*: Convolutional pose machines, in *Proc. CVPR* (2016)

35) Kanazawa, A., *et al.*: End-to-end recovery of human shape and pose, in *Proc. CVPR*, pp. 7122–7131 (2018)

36) Mehta, D., *et al.*: Vnect: Real-time 3d human pose estimation with a single

rgb camera, in *Proc. SIGGRAPH*, **36**, 4, pp. 1–14 (2017)

37) Pavllo, D., *et al.*：3d human pose estimation in video with temporal convolutions and semi-supervised training, in *Proc. CVPR*, pp. 7753–7762 (2019)

38) Lin, T. Y., *et al.*：Microsoft coco: Common objects in context, in *Proc. ECCV*, pp. 740–755 (2014)

39) Andriluka, M., *et al.*：2d human pose estimation: New benchmark and state of the art analysis, in *Proc. CVPR*, pp. 3686–3693 (2014)

40) Sigal, L., *et al.*：Humaneva: Synchronized video and motion capture dataset and baseline algorithm for evaluation of articulated human motion, *IJCV*, **87**, 1-2, p. 4 (2010)

41) Joo, H., *et al.*：Panoptic studio: A massively multiview system for social interaction capture, *TPAMI*, **41**, 1, pp. 190–204 (2017)

42) Wandt, B., *et al.*：CanonPose: Self-Supervised Monocular 3D Human Pose Estimation in the Wild, in *Proc. CVPR* (2021)

43) Kassner, M. P. and Patera, W. R.：PUPIL: Constructing the Space of Visual Attention (2012)
https://dspace.mit.edu/handle/1721.1/72626

44) Nishino, K. and Nayar, S. K.：The world in an eye [eye image interpretation], in *Proc. CVPR* (2004)

45) Zhang, X., *et al.*：Appearance-based gaze estimation in the wild, in *Proc. CVPR*, pp. 4511–4520 (2015)

46) Baltrusaitis, T., *et al.*：Openface 2.0: Facial behavior analysis toolkit, in *Proc. FG*, pp. 59–66 (2018)

47) Kellnhofer, P., *et al.*：Gaze360: Physically unconstrained gaze estimation in the wild, in *Proc. ICCV*, pp. 6912–6921 (2019)

48) Wood, E., *et al.*：Learning an appearance-based gaze estimator from one million synthesised images, in *Proc. ETRA*, pp. 131–138 (2016)

49) Murakami, J. and Mitsugami, I.：Gaze from Head: Gaze Estimation Without Observing Eye, in Palaiahnakote, S., Baja, Sanniti di G., Wang, L. and Yan, W. Q. eds., *Pattern Recognition*, pp. 254–267 (2020)

50) Nonaka, S., *et al.*：Dynamic 3D Gaze from Afar: Deep Gaze Estimation from Temporal Eye-Head-Body Coordination, in *Proc. CVPR* (2022)

6章

1) Kanade, T.：Picture Processing System by Computer Complex and Recognition of Human Faces (1973)

2) Viola, P. and Jones, M.：Rapid object detection using a boosted cascade of simple features, in *Proc. CVPR*, **2**, pp. 511–518 (2001)

3) 大西正輝：図書紹介：学習理論，電子情報通信学会誌，**93**, 10, p. 897 (2010)

4) Felzenszwalb, P. F., *et al.* : TPAMI CVPR Special Section, *IEEE Transactions on Pattern Analysis and Machine Intelligence*, **35**, 12, pp. 2819–2820 (2013)
5) Freund, Y. and Schapire, R. E. : A Decision-Theoretic Generalization of On-Line Learning and an Application to Boosting, *Journal of Computer and System Sciences*, **55**, 1, pp. 119–139 (1997)
6) Rowley, H., *et al.* : Neural network-based face detection, *IEEE Transactions on Pattern Analysis and Machine Intelligence*, **20**, 1, pp. 23–38 (1998)
7) Rowley, H., *et al.* : Neural network-based face detection, in *Proc. CVPR*, pp. 203–208 (1996)
8) Lewis, J. P. : Fast Template Matching, in *Proc. Vision Interface 95*, pp. 120–123 (1995)
9) Crow, F. C. : Summed-Area Tables for Texture Mapping, in *Proc. SIGGRAPH*, pp. 207–212 (1984)
10) Ferreira, A. J. and Figueiredo, M. A. : Boosting algorithms: A review of methods, theory, and applications, *Ensemble machine learning: Methods and applications*, pp. 35–85 (2012)
11) Hitomi, E. E., *et al.* : 3D scanning using RGBD imaging devices: A survey, *Developments in Medical Image Processing and Computational Vision*, pp. 379–395 (2015)
12) Shotton, J., *et al.* : Real-time human pose recognition in parts from single depth images, in *Proc. CVPR*, pp. 1297–1304 (2011)
13) Shotton, J., *et al.* : Real-Time Human Pose Recognition in Parts from Single Depth Images, *Commun. ACM*, **56**, 1, pp. 116–124 (2013)
14) Resende, P. A. A. and Drummond, A. C. : A Survey of Random Forest Based Methods for Intrusion Detection Systems, *ACM Computing Survey*, **51**, 3 (2018)
15) Tuytelaars, T. and Mikolajczyk, K. : Local Invariant Feature Detectors: A Survey, *Foundations and Trends® in Computer Graphics and Vision*, **3**, 3, pp. 177–280 (2008)
16) Schmid, C., *et al.* : Evaluation of Interest Point Detectors, *International Journal of Computer Vision*, **37**, 2, pp. 151–172 (2000)
17) Harris, C. and Stephens, M. : A combined corner and edge detector, in *Proc. AVC*, pp. 147–151 (1988)
18) Shi, J. and Tomasi, C. : Good features to track, in *Proc. CVPR*, pp. 593–600 (1994)
19) Rosten, E. and Drummond, T. : Machine Learning for High-Speed Corner Detection, in *Proc. ECCV*, pp. 430–443 (2006)
20) Lowe, D. : Object recognition from local scale-invariant features, in *Proc.*

ICCV, **2**, pp. 1150–1157 (1999)

21) Bay, H., *et al.* : SURF: Speeded Up Robust Features, in *Proc. ECCV*, pp. 404–417 (2006)

22) Mikolajczyk, K. and Schmid, C. : Scale & Affine Invariant Interest Point Detectors, *International Journal of Computer Vision*, **60**, 1, pp. 63–86 (2004)

23) Mikolajczyk, K., *et al.* : A Comparison of Affine Region Detectors, *International Journal of Computer Vision*, **65**, 1, pp. 43–72 (2005)

24) Calonder, M., *et al.* : BRIEF: Binary Robust Independent Elementary Features, in *Proc. ECCV*, pp. 778–792 (2010)

25) Rublee, E., *et al.* : ORB: An efficient alternative to SIFT or SURF, in *Proc. ICCV*, pp. 2564–2571 (2011)

26) Mur-Artal, R., *et al.* : ORB-SLAM: A Versatile and Accurate Monocular SLAM System, *IEEE Transactions on Robotics*, **31**, 5, pp. 1147–1163 (2015)

27) Joachims, T. : Text categorization with Support Vector Machines: Learning with many relevant features, in *Proc. ECML*, pp. 137–142 (1998)

28) Sivic, J. and Zisserman, A. : Video Google: a text retrieval approach to object matching in videos, in *Proc. ICCV*, **2**, pp. 1470–1477 (2003)

29) Csurka, G., *et al.* : Visual categorization with bags of keypoints, in *Proc. ECCV*, pp. 1–22 (2004)

30) Tamaki, T., *et al.* : Computer-aided colorectal tumor classification in NBI endoscopy using local features, *Medical Image Analysis*, **17**, 1, pp. 78–100 (2013)

31) Lazebnik, S., *et al.* : Beyond Bags of Features: Spatial Pyramid Matching for Recognizing Natural Scene Categories, in *Proc. CVPR*, **2**, pp. 2169–2178 (2006)

32) Jégou, H., *et al.* : Aggregating local descriptors into a compact image representation, in *Proc. CVPR*, pp. 3304–3311 (2010)

33) Perronnin, F. and Dance, C. : Fisher Kernels on Visual Vocabularies for Image Categorization, in *Proc. CVPR*, pp. 1–8 (2007)

34) Zhang, J., *et al.* : Local Features and Kernels for Classification of Texture and Object Categories: A Comprehensive Study, *International Journal of Computer Vision*, **73**, 2, pp. 213–238 (2007)

35) Vedaldi, A. and Zisserman, A. : Efficient Additive Kernels via Explicit Feature Maps, *IEEE Transactions on Pattern Analysis and Machine Intelligence*, **34**, 3, pp. 480–492 (2012)

36) Fan, R. E., *et al.* : LIBLINEAR: A Library for Large Linear Classification, *Journal of Machine Learning Research*, **9**, 61, pp. 1871–1874 (2008)

37) Deng, J., *et al.* : ImageNet: A large-scale hierarchical image database, in *Proc. CVPR*, pp. 248–255 (2009)

38) LeCun, Y., *et al.*：Gradient-based learning applied to document recognition, *Proceedings of the IEEE*, **86**, 11, pp. 2278–2324 (1998)

39) Li, F.-F., *et al.*：Learning Generative Visual Models from Few Training Examples: An Incremental Bayesian Approach Tested on 101 Object Categories, in *2004 Conference on Computer Vision and Pattern Recognition Workshop*, pp. 178–178 (2004)

40) Griffin, G., *et al.*：Caltech-256 Object Category Dataset (2007)

41) Everingham, M., *et al.*：The Pascal Visual Object Classes Challenge: A Retrospective, *International Journal of Computer Vision*, **111**, 1, pp. 98–136 (2015)

42) Sun, C., *et al.*：Revisiting Unreasonable Effectiveness of Data in Deep Learning Era, in *Proc. ICCV* (2017)

43) Kuznetsova, A., *et al.*：The Open Images Dataset V4, *International Journal of Computer Vision*, **128**, 7, pp. 1956–1981 (2020)

44) Mahajan, D., *et al.*：Exploring the Limits of Weakly Supervised Pretraining, in *Proc. ECCV* (2018)

45) Schuhmann, C., *et al.*：LAION-5B: An open large-scale dataset for training next generation image-text models, in *Proc. NeurIPS* (2022)

46) 中山英樹：画像解析関連コンペティションの潮流，電子情報通信学会誌，**100**, 5, pp. 373–380 (2017)

47) 藤吉弘亘，平川翼，山下隆義：深層学習が変えた画像認識へのアプローチ，電子情報通信学会誌，**105**, 5, pp. 364–370 (2022)

48) Rosenblatt, F.：The perceptron: A probabilistic model for information storage and organization in the brain, *Psychological Review*, **65**, pp. 386–408 (1958)

49) Minsky, M. and Papert, S.：Perceptrons; an introduction to computational geometry, MIT Press, p. 258 (1969)

50) Rumelhart, D. E., *et al.*：Learning representations by back-propagating errors, *Nature*, **323**, 6088, pp. 533–536 (1986)

51) Shawe-Taylor, J. and Cristianini, N.：Kernel Methods for Pattern Analysis, Cambridge University Press, illustrated edition (2004)

52) Koller, D. and Friedman, N.：Probabilistic Graphical Models: Principles and Techniques, The MIT Press (2009)

53) Boykov, Y., *et al.*：Fast Approximate Energy Minimization via Graph Cuts, *IEEE Transactions on Pattern Analysis and Machine Intelligence*, **23**, 11, pp. 1222–1239 (2001)

54) Elad, M.：Sparse and Redundant Representations: From Theory to Applications in Signal and Image Processing, Springer Publishing Company, Incorporated, 1st edition (2010)

55) 佐藤真一：深層学習登場前夜とその後，電子情報通信学会誌，**105**, 5, pp. 360–363 (2022)
56) Rakicevic, N.：NeurIPS Conference: Historical Data Analysis. Analysing conference trends from 1987 to 2020 (2021)
57) Hinton, G. E. and Salakhutdinov, R. R.：Reducing the Dimensionality of Data with Neural Networks, *Science*, **313**, 5786, pp. 504–507 (2006)
58) Lecun, Y., *et al.*：Gradient-Based Learning Applied to Document Recognition, in *Proceedings of the IEEE*, pp. 2278–2324 (1998)
59) Fukushima, K.：Neocognitron: A self-organizing neural network model for a mechanism of pattern recognition unaffected by shift in position, *Biological Cybernetics*, **36**, 4, pp. 193–202 (1980)
60) Sobel, I.：History and Definition of the so-called "Sobel Operator", more appropriately named the Sobel-Feldman Operator (2014) https://www.researchgate.net/project/An-Isotropic-3x3-Image-Gradient-Operator
61) Jain, A. K. and Farrokhnia, F.：Unsupervised texture segmentation using Gabor filters, *Pattern recognition*, **24**, 12, pp. 1167–1186 (1991)
62) 藤吉弘亘，山下隆義：深層学習による画像認識，日本ロボット学会誌，**35**, 3, pp. 180–185 (2017)
63) Sharif Razavian, A., *et al.*：CNN Features Off-the-Shelf: An Astounding Baseline for Recognition, in *Proc. CVPR* (2014)
64) Fukui, H., *et al.*：Attention Branch Network: Learning of Attention Mechanism for Visual Explanation, in *Proc. CVPR* (2019)
65) Hu, J., *et al.*：Squeeze-and-Excitation Networks, in *Proc. CVPR* (2018)
66) Ye, L., *et al.*：Cross-Modal Self-Attention Network for Referring Image Segmentation, in *Proc. CVPR* (2019)
67) Pentland, *et al.*：View-based and modular eigenspaces for face recognition, in *Proc. CVPR*, pp. 84–91 (1994)
68) Kingma, D. P. and Welling, M.：An Introduction to Variational Autoencoders, *Foundations and Trends® in Machine Learning*, **12**, 4, pp. 307–392 (2019)
69) Wang, L., *et al.*：A State-of-the-Art Review on Image Synthesis With Generative Adversarial Networks, *IEEE Access*, **8**, pp. 63514–63537 (2020)
70) Hochreiter, S. and Schmidhuber, J.：Long Short-Term Memory, *Neural Comput.*, **9**, 8, pp. 1735–1780 (1997)
71) Greff, K., *et al.*：LSTM: A Search Space Odyssey, *IEEE Transactions on Neural Networks and Learning Systems*, **28**, 10, pp. 2222–2232 (2017)
72) Jozefowicz, R., *et al.*：An Empirical Exploration of Recurrent Network Architectures, in *Proc. ICML*, **37**, pp. 2342–2350 (2015)

73) Shi, X., *et al.*：Convolutional LSTM Network: A Machine Learning Approach for Precipitation Nowcasting, in Cortes, C., *et al.* eds., *Advances in Neural Information Processing Systems*, **28**, Curran Associates, Inc. (2015)
74) Wang, Y., *et al.*：PredRNN: Recurrent Neural Networks for Predictive Learning using Spatiotemporal LSTMs, in Guyon, I., *et al.* eds., *Advances in Neural Information Processing Systems*, **30**, Curran Associates, Inc. (2017)
75) Graves, A. and Schmidhuber, J.：Framewise phoneme classification with bidirectional LSTM and other neural network architectures, *Neural Networks*, **18**, 5, pp. 602–610 (2005)
76) Sutskever, I., *et al.*：Sequence to Sequence Learning with Neural Networks, in *Proc. CoRR*, abs/1409.3215 (2014)
77) Xie, S., *et al.*：Rethinking Spatiotemporal Feature Learning: Speed-Accuracy Trade-offs in Video Classification, in *Proc. ECCV* (2018)
78) Qiu, Z., *et al.*：Learning Spatio-Temporal Representation With Pseudo-3D Residual Networks, in *Proc. ICCV* (2017)
79) Vaswani, A., *et al.*：Attention is All you Need, Advances in Neural Information Processing Systems (NIPS), **30** (2017)
80) Khan, S., *et al.*：Transformers in Vision: A Survey, *ACM Computing Surveys*, **54**, 10s, pp. 1–41 (2022)
81) Devlin, J., *et al.*：BERT: Pre-training of Deep Bidirectional Transformers for Language Understanding, in *Proc. NAACL*, **1**, pp. 4171–4186 (2019)
82) Radford, A., *et al.*：Language Models are Unsupervised Multitask Learners (2019)
https://openai.com/blog/better-language-models/
83) Dosovitskiy, A., *et al.*：An Image is Worth 16x16 Words: Transformers for Image Recognition at Scale, in *Proc. ICLR* (2021)
84) Ulhaq, A., *et al.*：Vision Transformers for Action Recognition: A Survey, *CoRR*, abs/2209.05700 (2022)
85) 村松正吾：画像復元における分析・合成システム，電子情報通信学会誌，**106**, 1, pp. 2–9 (2023)
86) Wang, Z., *et al.*：Deep Learning for Image Super-resolution: A Survey, *IEEE Transactions on Pattern Analysis and Machine Intelligence*, **43**, 10, pp. 3365–3387 (2020)
87) Anwar, S., *et al.*：Image Colorization: A Survey and Dataset (2020)
88) Zhang, L., *et al.*：Pixel-Aware Deep Function-Mixture Network for Spectral Super-Resolution, *Proc. AAAI*, **34**, 07, pp. 12821–12828 (2020)
89) Qin, Z., *et al.*：Image inpainting based on deep learning: A review, *Displays*, **69**, p. 102028 (2021)

90) Kim, D., *et al.*：Deep Video Inpainting, in *Proc. CVPR* (2019)
91) Lucas, B. D. and Kanade, T.：An Iterative Image Registration Technique with an Application to Stereo Vision, in *Proc. IJCAI*, pp. 674–679 (1981)
92) Tomasi, C. and Kanade, T.：Detection and Tracking of Point Features, Technical Report CMU-CS-91-132, Carnegie Mellon University (1991)
93) Dosovitskiy, A., *et al.*：FlowNet: Learning Optical Flow With Convolutional Networks, in *Proc. ICCV* (2015)
94) Chase, J., *et al.*：Real-Time Optical Flow Calculations on FPGA and GPU Architectures: A Comparison Study, in *Proc. FCCM*, pp. 173–182 (2008)
95) Ilg, E., *et al.*：FlowNet 2.0: Evolution of Optical Flow Estimation With Deep Networks, in *Proc. CVPR* (2017)
96) Ren, Z., *et al.*：Unsupervised Deep Learning for Optical Flow Estimation, in *Proc. AAAI*, pp. 1495–1501 (2017)
97) Hur, J. and Roth, S.：Optical Flow Estimation in the Deep Learning Age, pp. 119–140, Springer International Publishing (2020)
98) Tian, C., *et al.*：Deep learning on image denoising: An overview, *Neural Networks*, **131**, pp. 251–275 (2020)
99) Jain, V. and Seung, S.：Natural Image Denoising with Convolutional Networks, in Koller, D., *et al.* eds., *Advances in Neural Information Processing Systems*, **21**, Curran Associates, Inc. (2009)
100) Vincent, P., *et al.*：Extracting and Composing Robust Features with Denoising Autoencoders, in *Pro. ICML*, pp. 1096–1103 (2008)
101) Koh, J., *et al.*：Single-image deblurring with neural networks: A comparative survey, *Computer Vision and Image Understanding*, **203**, p. 103134 (2021)
102) Ulyanov, D., *et al.*：Deep Image Prior, in *Proc. CVPR* (2018)
103) Gandelsman, Y., *et al.*："Double-DIP"：Unsupervised Image Decomposition via Coupled Deep-Image-Priors, in *Proc. CVPR* (2019)
104) Ren, D., *et al.*：Neural Blind Deconvolution Using Deep Priors, in *CVPR* (2020)
105) Minaee, S., *et al.*：Image Segmentation Using Deep Learning: A Survey, *IEEE Transactions on Pattern Analysis and Machine Intelligence*, **44**, 7, pp. 3523–3542 (2022)
106) Lin, T., *et al.*：Microsoft COCO: Common Objects in Context, in *Proc. ECCV Part V*, **8693** of *Lecture Notes in Computer Science*, pp. 740–755 (2014)
107) Cordts, M., *et al.*：The Cityscapes Dataset for Semantic Urban Scene Understanding, in *Proc. CVPR* (2016)
108) He, K., *et al.*：Mask R-CNN, in *Proc. ICCV* (2017)

109) Kirillov, A., *et al.*：Panoptic Segmentation, in *Proc. CVPR* (2019)
110) Canny, J.：A Computational Approach to Edge Detection, *IEEE Transactions on Pattern Analysis and Machine Intelligence*, **PAMI-8**, 6, pp. 679–698 (1986)
111) Poma, X. S., *et al.*：Dense Extreme Inception Network: Towards a Robust CNN Model for Edge Detection, in *Proc. WACV* (2020)
112) Yu, Z., *et al.*：CASENet: Deep Category-Aware Semantic Edge Detection, in *Proc. CVPR* (2017)
113) エドガーシモセラ，飯塚里志：1-1 ラフスケッチの自動線画化技術，映像情報メディア学会誌，**72**, 5, pp. 337–341 (2018)
114) Simo-Serra, E., *et al.*：Learning to Simplify: Fully Convolutional Networks for Rough Sketch Cleanup, *ACM Trans. Graph.*, **35**, 4 (2016)
115) Kim, H., *et al.*：Tag2Pix: Line Art Colorization Using Text Tag With SECat and Changing Loss, in *Proc. ICCV* (2019)
116) Zheng, Q., *et al.*：Learning to Shadow Hand-Drawn Sketches, in *Proc. CVPR* (2020)
117) Li, Y., *et al.*：Im2Pencil: Controllable Pencil Illustration From Photographs, in *Proc. CVPR* (2019)
118) Chen, S.-Y., *et al.*：DeepFaceDrawing: Deep Generation of Face Images from Sketches, *ACM Trans. Graph.*, **39**, 4 (2020)
119) Isola, P., *et al.*：Image-To-Image Translation With Conditional Adversarial Networks, in *Proc. CVPR* (2017)
120) Mirza, M. and Osindero, S.：Conditional Generative Adversarial Nets, *CoRR*, abs/1411.1784 (2014)
121) Wang, T.-C., *et al.*：Video-to-Video Synthesis, in Bengio, S., *et al.* eds., *Advances in Neural Information Processing Systems*, **31**, Curran Associates, Inc. (2018)
122) Egger, B., *et al.*：3D Morphable Face Models — Past, Present, and Future, *ACM Trans. Graph.*, **39**, 5 (2020)
123) Liu, L., *et al.*：Advanced deep learning techniques for image style transfer: A survey, *Signal Processing: Image Communication*, **78**, pp. 465–470 (2019)
124) Murphy-Chutorian, E. and Trivedi, M. M.：Head Pose Estimation in Computer Vision: A Survey, *IEEE Transactions on Pattern Analysis and Machine Intelligence*, **31**, 4, pp. 607–626 (2009)
125) Debevec, P., *et al.*：Acquiring the Reflectance Field of a Human Face, in *Proc. SIGGRAPH*, pp. 145–156 (2000)
126) Bitouk, D., *et al.*：Face Swapping: Automatically Replacing Faces in Photographs, *ACM Trans. Graph.*, **27**, 3, pp. 1–8 (2008)
127) Sharf, Z.：How David Fincher Apologized for Replacing 'Social Network'

Actor with Armie Hammer's Face
https://www.yahoo.com/entertainment/david-fincher-apologized-replacing-social-161101122.html

128) Mirsky, Y. and Lee, W.：The Creation and Detection of Deepfakes: A Survey, *ACM Computing Survey*, **54**, 1 (2021)

129) BURGESS, M.：急増するポルノ版ディープフェイク，このままでは "偽動画" が溢れる時代がやってくる
https://wired.jp/2020/11/06/deepfake-porn-websites-videos-law/

130) Hao, K.：偽プーチンと金正恩が出演するディープフェイク広告，放送中止に
https://www.technologyreview.jp/s/220625/deepfake-putin-is-here-to-warn-americans-about-their-self-inflicted-doom/

131) He, K., *et al.*：Single image haze removal using dark channel prior, in *Proc. CVPR*, pp. 1956–1963 (2009)

132) Dobashi, Y., *et al.*：Visual simulation of clouds, *Visual Informatics*, **1**, 1, pp. 1–8 (2017)

133) Gui, J., *et al.*：A Comprehensive Survey on Image Dehazing Based on Deep Learning, *CoRR*, **abs/2106.03323** (2021)

134) Li, B., *et al.*：Benchmarking Single-Image Dehazing and Beyond, *IEEE Transactions on Image Processing*, **28**, 1, pp. 492–505 (2019)

135) Sato, T., *et al.*：A Method for Real-Time Rendering of Water Droplets Taking into Account Interactive Depth of Field Effects, pp. 125–132, Springer US (2003)

136) Quan, Y., *et al.*：Deep Learning for Seeing Through Window With Raindrops, in *Proc. ICCV* (2019)

137) Qian, R., *et al.*：Attentive Generative Adversarial Network for Raindrop Removal From a Single Image, in *Proc. CVPR* (2018)

138) Ballard, D. H. and Brown, C. M. 著，福村晃夫ほか訳：コンピュータ・ビジョン，序文，科学技術出版社 (1987)

139) Horn, B. K. P. 著，NTT ヒューマンインタフェース研究所プロジェクト RVT 訳：ロボットビジョン－機械は世界をどう視るか－，まえがき，朝倉書店 (1993)

140) Szeliski, R. 著，玉木徹ほか訳：コンピュータビジョン－アルゴリズムと応用－，訳者序文，共立出版 (2013)

7章

1) opencv.org：Open Source Computer Vision Library (OpenCV)
https://opencv.org/

2) Thrun, S.：What we're driving at, *Google official blog*
https://googleblog.blogspot.com/2010/10/what-were-driving-at.html

3) pointclouds.org：Point Cloud Library (PCL)

https://pointclouds.org/

4) Zhou, Q. Y., *et al.* : Open3D: A Modern Library for 3D Data Processing, *arXiv:1801.09847* (2018)

5) open3d.org : Open3D-ML
https://github.com/isl-org/Open3D-ML

6) Geiger, A., *et al.* : Vision meets robotics: The KITTI dataset, *The International Journal of Robotics Research*, **32**, 11, pp. 1231–1237 (2013)

7) Russakovsky, O., *et al.* : ImageNet Large Scale Visual Recognition Challenge, *International Journal of Computer Vision (IJCV)*, **115**, 3, pp. 211–252 (2015)

8) tensorflow.org : TensorFlow
http://tensorflow.org/

9) keras.io : Keras
https://keras.io/

10) 一色政彦：マルチバックエンド Keras の終焉，tf.keras に一本化，*atmarkIT*
https://atmarkit.itmedia.co.jp/ait/articles/2005/13/news017.html

11) tensorflow.org : TensorFlow Graphics
https://github.com/tensorflow/graphics

12) Research, G. : TensorFlow 3D
https://github.com/google-research/google-research/tree/master/tf3d

13) pytorch.org : PyTorch
http://pytorch.org/

14) pytorch.org : Torchvision
https://pytorch.org/vision/stable/index.html

15) Russakovsky, O., *et al.* : ImageNet Large Scale Visual Recognition Challenge, *International Journal of Computer Vision*, **115**, 3, pp. 211–252 (2015)

16) Lin, T. Y., *et al.* : Microsoft COCO: Common Objects in Context, in *Proc. ECCV*, pp. 740–755 (2014)

17) Ren, S., *et al.* : Faster R-CNN: Towards Real-Time Object Detection with Region Proposal Networks, *Advances in Neural Information Processing Systems (NIPS)* (2015)

18) Chen, L. C., *et al.* : Rethinking Atrous Convolution for Semantic Image Segmentation, *arXiv*, **arXiv:1706** (2017)

19) 一色政彦：PyTorch vs. TensorFlow，ディープラーニングフレームワークはどっちを使うべきか問題【2021 年】，*atmarkIT*
https://atmarkit.itmedia.co.jp/ait/articles/2012/16/news019.html

20) 一色政彦：PyTorch vs. TensorFlow，ディープラーニングフレームワークはどっちを使うべきか問題【2022 年】，*atmarkIT*
https://atmarkit.itmedia.co.jp/ait/articles/2201/16/news013.html

21) tensorflow.org：Eager Execution
https://www.tensorflow.org/guide/eager
22) pytorch.org：PyTorch Mobile
https://pytorch.org/mobile/home/
23) Meta Platforms, Inc.：PyTorch3D
https://pytorch3d.org/
24) Chaton, T., *et al.*：Torch-Points3D: A Modular Multi-Task Frameworkfor Reproducible Deep Learning on 3D Point Clouds, in *Proc. 3DV* (2020)
25) Fey, M. and Lenssen, J. E.：Fast Graph Representation Learning with PyTorch Geometric, in *ICLR Workshop on Representation Learning on Graphs and Manifolds* (2019)
26) Apache Software Foundation：Apache MXNet
https://mxnet.apache.org/
27) Amazon.com：Amazon Web Service
https://aws.amazon.com/
28) Vogels, W.：MXNet - Deep Learning Framework of Choise at AWS, *All Things Distributed*
https://www.allthingsdistributed.com/2016/11/mxnet-default-framework-deep-learning-aws.html
29) Apache Software Foundation：mxnet.gluon
https://mxnet.incubator.apache.org/versions/1.8.0/api/python/docs/api/gluon/index.html
30) Apache Software Foundation：GluonCV
https://cv.gluon.ai/
31) Intel Corporation：OpenVINO
https://github.com/openvinotoolkit/openvino
32) Intel Corporation：Intel Movidius Vision Processing Units
https://www.intel.com/content/www/us/en/products/details/processors/movidius-vpu.html
33) Sony Network Communications Inc.：Neural Network Libraries
https://nnabla.org/
34) Sony Network Communications Inc.：Neural Network Console
https://dl.sony.com/
35) Preferred Networks, inc.：Chainer
https://chainer.org/
36) Bradbury, J., *et al.*：JAX: composable transformations of Python+NumPy programs (2018)
37) opencv.org：OpenCV Zoo
https://github.com/opencv/opencv_zoo

38) Yangqing, J.：Caffe
https://caffe.berkeleyvision.org/
39) Montreal Institute for Learning Algorithms (MILA)：Theano
https://github.com/Theano/Theano
40) Microsoft Corporation.：Microsoft Cognitive Toolkit
https://github.com/microsoft/CNTK
41) onnx.ai：ONNX
https://onnx.ai/
42) OpenXLA：OpenXLA
https://github.com/openxla
43) Rubin, J.：OpenXLA is available now to accelerate and simplify machine learning, *Google Open Source Blog*
https://opensource.googleblog.com/2023/03/openxla-is-ready-to-accelerate-and-simplify-ml-development.html
44) Google LLC：MediaPipe
https://google.github.io/mediapipe/（参照：2021 年 9 月）
45) Nikon Imaging Japan Inc.：COOLPIX5900
https://www.nikon-image.com/products/compact/lineup/5900/
46) Nikon Imaging Japan Inc.：COOLPIX7600
https://www.nikon-image.com/products/compact/lineup/7600/
47) Nikon Imaging Japan Inc.：COOLPIX7900
https://www.nikon-image.com/products/compact/lineup/7900/
48) WebBCN：ニコン，世界初の「顔認識 AF」搭載のデジカメ 3 機種，*CNet Japan*
https://japan.cnet.com/article/20080738/
49) 富士フイルム株式会社：世界初の新機能が満載！画面を 2 つに分けて表示・操作できる「2 画面サクサク再生」で，画像検索がさらにカンタン！犬と猫の顔を自動で見つける「ペット自動検出」機能で，ペット撮影にも最適！高機能スリムデジタルカメラ「FinePix Z700EXR」新発売
https://www.fujifilm.co.jp/corporate/news/articleffnr_0351.html
50) RICOH IMAGING COMPANY, LTD.：コンパクトデジタルカメラ/Optio I-10
http://www.ricoh-imaging.co.jp/japan/products/optio-i-10/feature.html
51) Sony Corporation.：Cybershot DSC-T200
https://www.sony.jp/cyber-shot/products/DSC-T200/spec.html
52) Sony Corporation.：HDR-CX12
https://www.sony.jp/handycam/products/HDR-CX12/
53) Microsoft Corporation.：Windows Hello face authentication
https://docs.microsoft.com/en-us/windows-hardware/design/device-experiences/windows-hello-face-authentication
54) Apple Inc.：先進の Face ID テクノロジーについて

https://support.apple.com/ja-jp/HT208108
55) Street, F.：How facial recognition is taking over airports, *CNN Travel*
https://edition.cnn.com/travel/article/airports-facial-recognition/index.html
56) TABILABO 編集部：アメリカン航空が顔認証システムを導入　5 秒未満で保安検査場を通過できるように！, *TABI LABO*
https://tabi-labo.com/303989/wt-american-airlines-tsaprecheck
57) 法務省：Further Use of Facial Recognition Automated Gates (Notice)
https://www.moj.go.jp/ENGLISH/m_nyuukokukanri07_00016.html
58) Narita Airport：Face Express
https://www.narita-airport.jp/html/faceexpress/ja/index.html（参照：2021 年 9 月）
59) NEC Corporation：Digital ID プラットフォーム
https://jpn.nec.com/digitalid/digitalidpf/index.html
60) SECURE Inc.：SECURE AI Office Base
https://secureinc.co.jp/aioffice/
61) Azbil Corporation.：入退室管理システム
https://www.azbil.com/jp/product/building/access-control-system/index.html
62) KIDS-WAY CORPORATION：顔認証システム［フェイスマ］
https://www.kids-way.ne.jp/iot/face.html
63) 加藤慶信, 金子寛人：万引き常習犯の来店, 顔認証で自動検知　ジュンク堂書店, 日経情報ストラテジー
https://www.nikkei.com/article/DGXMZO92890410W5A011C1000000/
64) 藤中潤：万引き対策　顔認証・AI, テクノロジーの力で逃がさず, 日経ビジネス
https://www.nikkei.com/article/DGXZQOFK226GP0S1A320C2000000/
65) 読売新聞：書店で万引き疑われる人物, 顔認識カメラで把握…導入後の被害が半減, 読売新聞オンライン
https://www.yomiuri.co.jp/national/20210924-OYT1T50041/
66) 浅山亮：NEC, 顔認証で「ももクロ」チケット転売防止, 日経 MJ
https://www.nikkei.com/article/DGXMZO80664930Y4A201C1H56A00/
67) eplus inc.：顔認証入場システム（顔写真登録サイト）利用方法
https://eplus.jp/sf/web/guide/faceticket_about
68) DG Financial Technology, Inc.：顔認証決済が未来を変える！中国と日本での動向を解説
https://www.veritrans.co.jp/tips/column/face_settlement.html
69) 熊谷紗希：ファーストキッチンの「顔認証決済システム」　派手メークでも「本人」と認証できるのか？, ITmedia ビジネスオンライン
https://www.itmedia.co.jp/business/articles/2112/24/news072.html

70) NTT Data Coporation：顔パスで買い物！レジ無しデジタル店舗出店サービス『Catch&Go™』がさらに進化
https://www.nttdata.com/jp/ja/news/release/2020/011600/
71) Netatmo：Netatmo Smart Indoor Camera
https://www.netatmo.com/en-us/security/cam-indoor
72) Netatmo：Netatmo Smart Outdoor Camera
https://www.netatmo.com/en-us/security/cam-outdoor
73) Google Store：Nest Cam
https://store.google.com/us/product/nest_cam_indoor_wired
74) facebook Help Center：What is the face recognition setting on Facebook and how does it work?
https://www.facebook.com/help/122175507864081
75) Google Photos Help Center：Search by people, things & places in your photos
https://support.google.com/photos/answer/6128838
76) Amazon.com：Amazon Photos
https://www.amazon.co.jp/b?ie=UTF8&node=5262648051
77) Wikipedia：顔ちぇき!
https://ja.wikipedia.org/wiki/顔ちぇき!
78) Amazon.com：Amazon Rekognition Developer Guide: Recognizing celebrities
https://docs.aws.amazon.com/rekognition/latest/dg/celebrities.html
79) Simonite, T.：ほぼ規制なし？米警察が犯罪捜査に使う「アマゾンの顔認識技術」の危険性，*WIRED*
https://wired.jp/2018/06/08/few-rules-govern-police-use/
80) デイヴリー：サンフランシスコ市，顔認証技術の使用を禁止へ，*BBC News Japan*
https://www.bbc.com/japanese/48276999
81) Collins, K.：Police use of facial recognition gets reined in by UK court, *CNet Tech*
https://www.cnet.com/tech/services-and-software/police-use-of-facial-recognition-gets-reined-in-by-uk-court/
82) BBC News：アマゾン，顔認証技術の警察使用を1年禁止　反差別の高まりで，*BBC News Japan*
https://www.bbc.com/japanese/53006093
83) 佐藤由紀子：Meta（旧 Facebook），Facebook での顔認識機能停止へ　10 億人以上のテンプレートは削除，*ITmedia News*
https://www.itmedia.co.jp/news/articles/2111/03/news030.html
84) Ng, A.：中国はいかにして顔認識技術で人々の行動を統制しているか，*CNet Japan*

https://japan.cnet.com/article/35158691/

85) Harwell, D. and Dou, E.：Huawei tested AI software that could recognize Uighur minorities and alert police, report says, *Washington Post*
https://www.washingtonpost.com/technology/2020/12/08/huawei-tested-ai-software-that-could-recognize-uighur-minorities-alert-police-report-says/

86) JOHNSON, K.：女性の「ヒジャブ」着用規定違反を顔認識で検知，イランの取り締まり強化が波紋，*WIRED*
https://wired.jp/article/iran-says-face-recognition-will-id-women-breaking-hijab-laws/

87) 一田和樹：日本の警察は，今年 3 月から防犯カメラや SNS の画像を顔認証システムで照合していた，ニューズウィーク日本版
https://www.newsweekjapan.jp/ichida/2020/09/post-9.php

88) 京都新聞：社説：捜査に顔認証　手続きの厳格化が必要，京都新聞（参照：2021 年 9 月）

89) 読売新聞：駅の防犯対策，顔認識カメラで登録者を検知…一部出所者も対象に，読売新聞オンライン
https://www.yomiuri.co.jp/national/20210920-OYT1T50265/

90) 小川崇，赤田康和：「駅で出所者を顔認識」とりやめ　JR 東「社会的合意まだ得られず」，朝日新聞デジタル
https://www.asahi.com/articles/ASP9P64GLP9PUTIL02D.html

91) 弁護士ドットコムニュース：「鉄道会社は顔認証システムの利用を直ちに中止すべき」日弁連が意見書，弁護士ドットコムニュース
https://www.bengo4.com/c_1009/n_13820/

92) Krizhevsky, A., *et al.*：ImageNet Classification with Deep Convolutional Neural Networks, in *Advances in Neural Information Processing Systems (NIPS)* (2012)

93) Apple Inc.：iPhone，iPad，iPod touch の写真 App でメモリーを使う方法
https://support.apple.com/ja-jp/HT207023l（参照：2021 年 9 月）

94) Adobe Inc.：Adobe Experience Manager
https://business.adobe.com/jp/products/experience-manager/sites/aem-sites.html

95) facebook Help Center：How does automatic alt text work on Facebook?
https://www.facebook.com/help/216219865403298

96) CNN：黒人を「ゴリラ」とタグ付け　グーグル写真アプリで不具合発覚，*CNN.co.jp*
https://www.cnn.co.jp/tech/35066861.html

97) GreenSnap, Inc.：Green Snap
https://greensnap.jp/

98) PlantNet：Pl@ntNet

https://plantnet.org/
99) Glority Global Group Ltd.：PictureThis：撮ったら，判る-1 秒植物図鑑
https://apps.apple.com/jp/app/picturethis-撮ったら-判る-1 秒植物図鑑/id1252497129（参照：2021 年 9 月）
100) Next Vision Limited：Picture Insect：撮ったら，判る–1 秒昆虫図鑑
https://apps.apple.com/jp/app/picture-insect-撮ったら-判る-1 秒昆虫図鑑/id1461694973（参照：2021 年 9 月）
101) Cornell University：Merlin Bird ID
https://merlin.allaboutbirds.org/
102) Next Vision Limited：Picture Bird - 撮ったら，判る–1 秒鳥図鑑
https://apps.apple.com/jp/app/picture-bird-撮ったら-判る-1 秒鳥図鑑（参照：2021 年 9 月）
103) 株式会社ズカンドットコム：魚みっけ
https://mikke.zukan.com/
104) Next Vision Limited：Picture Fish - Fish Identifier
https://apps.apple.com/jp/app/picture-fish-fish-identifier/id1474584436（参照：2021 年 9 月）
105) foo.log Inc：FoodLog
https://foo-log.co.jp/business-foodlog.html
106) Perez, S.：Sam's Club to test new Scan & Go system that uses computer vision instead of barcodes, *Tech Crunch*
https://techcrunch.com/2019/03/04/sams-club-to-test-new-scan-go-system-that-uses-computer-vision-instead-of-barcodes/
107) Perez, S.：Amazon to test Dash Cart, a smart grocery shopping cart that sees what you buy, *Tech Crunch*
https://techcrunch.com/2020/07/14/amazon-to-test-dash-cart-a-smart-grocery-shopping-cart-that-sees-what-you-buy/
108) BAIN Co., Ltd.：BakeryScan
https://bakeryscan.com/（参照：2021 年 9 月）
109) 菊池克，白石壮馬，佐藤貴美，鍋藤悠，岩元浩太，宮野博義：あらゆる小売商品を認識可能にする多種物体認識技術，Technical Report 1, NEC Corporation
https://jpn.nec.com/techrep/journal/g19/n01/190118.html
110) KYOCERA Corporation：画像認識型「スマート無人レジシステム」を開発
https://www.kyocera.co.jp/newsroom/news/2021/001623.html
111) 国立研究開発法人科学技術振興機構：スマホカメラと AI 画像解析でイチゴの生産作業を最適化
https://www.jst.go.jp/sis/scenario/list/2020/07/202007-03.html（参照：2021 年 9 月）
112) inaho 株式会社：RaaS モデルによるアスパラガス収穫ロボットの導入

https://inaho.co/solution/raas（参照：2021 年 9 月）
113) 大曾根三緒：トマト収穫ロボット開発の今～「スマート農業」がもたらす未来とは～，*minorasu*
https://minorasu.basf.co.jp/80225
114) AGRIST Inc.：AI を搭載した自動収穫ロボット
https://agrist.com/projects（参照：2021 年 9 月）
115) 進藤智則：機械学習でレタスを減農薬に，「ロボット＋農業」の米有力ベンチャー，日経 XTECH
https://xtech.nikkei.com/dm/article/EVENT/20140917/377021/
116) 岩井健太：きゅうり農家が深層学習に挑戦―自作の仕分け機を作るまでの道筋，マイナビニュース
https://news.mynavi.jp/techplus/article/20180606-642208/
117) Marubeni Network Solutions Inc.：水耕栽培農園における育成不良苗検出システム導入について
https://www.marubeni-network.com/press/2020/200916.html
118) plantix：Plantix
https://plantix.net/
119) 富士通株式会社株式会社伊藤園：伊藤園と富士通，AI 画像解析による茶葉の摘採時期判断技術を開発
https://pr.fujitsu.com/jp/news/2022/05/10.html
120) IKEDA, M.：作物と雑草を AI で認識，自動運転除草ロボット開発 FarmWise に農業界から寄せられる熱い視線，*The Bridge*
https://thebridge.jp/2022/09/farmwise-develops-autonomous-weeding-robot
121) 横山蔵利：AI 技術を使って魚を自動選別　青森，朝日新聞デジタル
https://www.asahi.com/articles/ASP1H6VVMP1GULUC001.html
122) NEC Corporation：NEC Advanced Analytics - RAPID 機械学習
https://jpn.nec.com/rapid/index.html
123) 長町基：AI で原料を判定，食品業界全体に AI 活用拡大を目指すキユーピーの挑戦，*MONOist*
https://monoist.itmedia.co.jp/mn/articles/2004/03/news080.html
124) Amazon Web Services, Inc.：Amazon Lookout for Vision
https://aws.amazon.com/jp/lookout-for-vision/
125) Higa, T.：豆腐業界初の検品業務 AI 自動化・省人化，日本 IBM が徳島県・四国化工機の豆腐生産工場スマートファクトリー化に向け支援，*Tech Crunch*（参照：2021 年 9 月）
126) 早川厚志：Dynabook，画像認識 AI による作業品質改善ソリューションを製造業向けに提供，*Tech Crunch*
https://news.mynavi.jp/techplus/article/20230213-2590445/

127) LPIXEL Inc.：EIRL
https://eirl.ai/
128) CYBERNET SYSTEMS CO., LTD.：EndoBRAIN®シリーズ
https://www.cybernet.co.jp/medical-imaging/products/endobrain/
129) 宮本和明：がん検診は人工知能で！ Deep Learning が悪性腫瘍を見逃さない，日経クロステック
https://xtech.nikkei.com/it/atcl/column/14/466140/080300048/
130) behold.ai：PIONEERING ARTIFICIAL INTELLIGENCE IN HEALTHCARE
https://behold.ai/how-it-works/
131) Viz.ai：Viz LVO
https://www.viz.ai/ischemic-stroke
132) Coldewey, D.：Google の失敗から学ぶ，AI ツールを医療現場へ適用することの難しさ，*Tech Crunch*
https://techcrunch.com/2020/04/27/google-medical-researchers-humbled-when-ai-screening-tool-falls-short-in-real-life-testing/
133) Future Standard：SCORER Traffic Counter
https://www.scorer.jp/products/scorer-traffic-counter
134) Present Square Co., Ltd.：SmartCounter
https://traffic-count.jp/
135) 富士通株式会社：Social Century Transport AI 交通量計測システム
https://www.fujitsu.com/jp/products/network/managed-services-network/transport/ai-traffic-measurement/
136) MONOist：AI で製鉄所の安全を守る，人物検知でラインの自動停止も
https://monoist.itmedia.co.jp/mn/articles/1901/07/news013.html
137) Toshiba Information Systems (Japan) Corp.：エッジリッチ型画像認識ボード「CVNucleus® VisCAM」
https://www.tjsys.co.jp/embedded/edgerich-camera/index_j.htm
138) 小田急電鉄株式会社：既設の駅構内カメラを活用した「転落検知システム」の運用を開始
https://www.odakyu.jp/news/o5oaa1000001pnle-att/o5oaa1000001pnll.pdf
139) 松隈信彦，大沢隆之，額賀信尾，大塚理恵子，加藤学：公共交通における人流技術の活用，日立評論，**98**, 24-27, pp. 632–633 (2016)
140) Vacan, inc.：AIS あらゆる場所の混雑状況を AI カメラで可視化
https://corp.vacan.com/service/vacan-ais
141) OPTiM Corp.：OPTiM AI Camera
https://www.optim.cloud/services/ai-camera/
142) Future Standard：密集検知
https://www.scorer.jp/solutions/congestion-detection

143) Amazon.com：amazon go
https://www.amazon.com/b?ie=UTF8&node=16008589011
144) 株式会社 TOUCH TO GO：TTG Run with the Future
https://ttg.co.jp/
145) Standard Cognition：Standard Congition
https://standardcognition.jp/（参照：2021 年 9 月）
146) Retail AI, Inc.：AI Camera Solutions
https://www.retail-ai.jp/solution/Camera
147) Simbe Robotics, Inc.：Say hello to Tally 3.0
https://www.simberobotics.com/platform/tally/
148) TRAX IMAGE RECOGNITION：Trax
https://traxretail.com/ja/
149) Bousquette, I.：Google Cloud Introduces Shelf Inventory AI Tool for Retailers, *The Wall Street Journal*
https://www.wsj.com/articles/google-cloud-introduces-shelf-inventory-ai-tool-for-retailers-11673549442
150) NEC Corporation：棚定点観測サービス
https://jpn.nec.com/shelf-monitoring/index.html
151) ウミトロン株式会社：ウミトロン，スマート魚体測定システム「UMITRON LENS」を開発
https://pr-ja.umitron.com/post/637063686796754944/umitronlens
152) YANMAR HOLDINGS CO., LTD.：画像認識技術を用いた「自動魚数カウントシステム」を商品化
https://www.yanmar.com/jp/news/2020/12/03/84150.html
153) X Development LLC.：Tidal: Protecting the ocean while feeding humanity sustainably
https://x.company/projects/tidal/
154) Janai, J., *et al.*：Computer Vision for Autonomous Vehicles: Problems, Datasets and State of the Art (2021)
155) Cao, Z., *et al.*：Realtime Multi-Person 2D Pose Estimation using Part Affinity Fields (2017)
156) Microsoft Corporation：Azure Kinect DK
https://azure.microsoft.com/ja-jp/services/kinect-dk/（参照：2021 年 9 月）
157) FXGear Inc.：FXMIRROR
http://www.fxmirror.net/ja/main
158) TOPPAN INC.：試着シミュレーションサービス「バーチャルフィッティング」
https://www.toppan.co.jp/solution/service/VF.html
159) NEXT-SYSTEM Co., Ltd.：Virtual Fashion 2.5D
https://www.next-system.com/virtualfashion

160) BANDAI NAMCO Amusement Inc.：ナレルンダー！仮面ライダーゼロワン
https://www.narerunda.jp/
161) darkhorse：カナダの医療チームが「Kinect」を外科手術の現場で採用，執刀医の作業負担を大幅に削減，*Gigazine*
https://gigazine.net/news/20110407_xbox_kinect_hospital/
162) 富士通株式会社：体操採点支援システム
https://sports-topics.jp.fujitsu.com/sports_digital_solution/gymnastics-scoring-support/（参照：2021 年 9 月）
163) NTT DOCOMO, INC.：GOLFAI
https://golfai.jp/（参照：2021 年 9 月）
164) 株式会社 TAFDATA：Tennis Labo
https://www.taf-data.co.jp/product（参照：2021 年 9 月）
165) 吉田勝：映像から「いつもと違う作業」を検出しミスを防ぐ，日経クロステック
https://xtech.nikkei.com/dm/atcl/cvcnt/15/110400015/120400027/
166) Mitsubishi Electric Corporation：AI でカメラ映像から特定の動作を自動検出する「骨紋」を開発
https://www.mitsubishielectric.co.jp/news/2019/1009.html
167) artoolkit.org：AR Toolkit
https://artoolkitx.org/
168) 橋本直：ARToolKit を使った拡張現実感プログラミング
http://kougaku-navi.net/ARToolKit/
169) Geisha Tokyo Entertainment, Inc.：電脳フィギュア ARis
https://www.geishatokyo.com/jp/ar-figure/
170) ITmedia：「電脳フィギュア ARis」，9800 円で 10 月 19 日発売　声はゆかなさん，*ITmedia NEWS*
https://www.itmedia.co.jp/news/articles/0810/08/news054.html
171) 永井美智子：棒で突いて楽しめる，あの電脳フィギュア「ARis」が 9800 円で発売，*CNET Japan*
https://japan.cnet.com/article/20381653/
172) Sony Interactive Entertainment Inc.：THE EYE OF JUDGMENT BIOLITH REBELLION ～機神の叛乱～ SET.1
https://www.jp.playstation.com/software/title/bcjs30007.html（参照：2021 年 9 月）
173) Sony Interactive Entertainment Inc.：Book of Spells
https://www.jp.playstation.com/software/title/bcjs30087.html（参照：2021 年 9 月）
174) Berna, J.：Lego Digital Box: A Clever New Way to Sell Lego, *WIRED*
https://www.wired.com/2011/11/lego-digital-box-a-clever-new-way-to-sell-lego/

175) darkhorse_log：プレミアムモルツで AR 体験ができる SUNTORY の iPhone 用無料アプリ「金曜日はプレモルの日」を体験してみました，*Gigazine*
https://gigazine.net/news/20110307_premium_malts_app/
176) 太田亮三：ももクロがアイスのフタの上でライブ，スマホ向け AR アプリ，ケータイ Watch
https://k-tai.watch.impress.co.jp/docs/news/595904.html
177) pauls：グリコぬりえ：ぬり絵のドラえもんが 3D で動き出す AR アプリ．試してみたら超楽しいー!!，*AppBank*（参照：2021 年 9 月）
178) 佐藤慶一：スマホをかざすと美女が下着姿に!?　アプリを使ったワンダーブラの広告キャンペーン事例，*Wired*
https://wired.jp/2012/10/13/wonderbra-decoder/
179) Amazon.com：Amazon ショッピングアプリ
https://www.amazon.co.jp/b?ie=UTF8&node=3211799051
180) Google LLC：Google レンズ
https://play.google.com/store/apps/details?id=com.google.ar.lens&hl=ja&gl=US
181) イケア・ジャパン株式会社：IKEA 原宿アプリの AR 機能をつかって，インタラクティブなお買い物体験を楽しもう！，*PR Times*
https://prtimes.jp/main/html/rd/p/000000276.000006550.html
182) Snap Inc.：Snapchat
https://www.snapchat.com/
183) LINE Corporation：エフェクト機能の使い方
https://guide.line.me/ja/services/camera-effect.html
184) Apple Inc.：iPhone や iPad で FaceTime を使う
https://support.apple.com/ja-jp/105088
185) Google LLC：Be together in the moment with Google Duo
https://duo.google.com/about/（参照：2021 年 9 月）
186) SNOW Corporation：SNOW - Beauty & makeup camera
https://apps.apple.com/app/id1022267439
187) EmbodyMe, inc.：xpression camera
https://xpressioncamera.com/
188) London, L.：Virtual Try-On Is More Than A Pandemic Trend And These Brands Are Reaping The Rewards, *Forbes*
https://www.forbes.com/sites/lelalondon/2021/05/20/virtual-try-on-is-more-than-a-pandemic-trendand-these-brands-are-reaping-the-rewards/?sh=69c574436c82
189) Kite-Powell, J.：Check Out These New Shoppable AR Lenses From Snapchat And MAC Cosmetics, *Forbes*
https://www.forbes.com/sites/jenniferhicks/2021/05/21/check-out-these-

new-shoppable-ar-lenses-from-snapchat-and-mac-cosmetics/?sh=627abe8f02d0

190) Perez, S.：Pinterest launches an AR-powered try-on experience for eyeshadow, *Tech Crunch*
https://techcrunch.com/2021/01/22/pinterest-launches-an-ar-powered-try-on-experience-for-eyeshadow/

191) Makena, K.：Facebook starts testing AR ads in the News Feed, *The Verge*

192) Amazon.com：バーチャルメイク
https://www.amazon.co.jp/b?ie=UTF8&node=6453577051

193) FASHION TECH NEWS：SNOW のノウハウや技術力を活かした AR 商品体験「Virtual Try On」，*FASHION TECH NEWS*
https://fashiontechnews.zozo.com/beauty/snowjapan

194) Shiseido Co., L.：バーチャルメイク
https://www.shiseido.co.jp/sw/simulation/index_pc.html

195) Pardes, A.：iPhone でメガネを "試着" できるサーヴィスが示す，小売りにおける AR の可能性，*Wired*
https://wired.jp/2019/02/18/warby-parker-ar-app/

196) KAZAK：MEGANE on MEGANE
https://kazak.co.jp/works/megane-on-megane/

197) Inter IKEA Systems B.V.：Say hej to IKEA Place
https://www.ikea.com/au/en/customer-service/mobile-apps/say-hej-to-ikea-place-pub1f8af050（参照：2021 年 9 月）

198) BMW ID：VIRTUAL & AUGMENTED REALITY
https://www.bmw.co.id/en/topics/offers-and-services/bmw-apps/virtual-and-augmented-reality.html

199) Niantic, Inc.：AR+モードでポケモンを捕まえる
https://niantic.helpshift.com/a/pokemon-go/?s=finding-evolving-hatching&f=catching-pokemon-in-ar-mode（参照：2021 年 9 月）

200) Niantic, Inc.：ピクミンブルーム
https://pikminbloom.com/ja/

201) Nintendo and Velan Studios：MARIOKART LIVE HOME CIRCUIT
https://www.nintendo.co.jp/switch/rmaaa/index.html

202) Sony Interactive Entertainment Inc.：プレイルーム PS4
https://www.jp.playstation.com/games/the-playroom-ps4/（参照：2021 年 9 月）

203) Google LLC：検索で 3D と拡張現実を体験する
https://support.google.com/websearch/answer/9817187

204) Google LLC：Build global-scale, immersive, location-based AR experiences with the ARCore Geospatial API

https://developers.google.com/ar/develop/geospatial
205) Apple Inc.：ARGeoAnchor
https://developer.apple.com/documentation/arkit/argeoanchor
206) Microsoft Corporation.：Azure Spatial Anchors
https://azure.microsoft.com/ja-jp/products/spatial-anchors/
207) Niantic, Inc.：Lightship VPS
https://lightship.dev/products/vps
208) Google LLC：Google AR/VR Augmented Reality
https://arvr.google.com/
209) Apple Inc.：ARKit 5 でさらに充実した AR 体験を
https://developer.apple.com/jp/augmented-reality/arkit/（参照：2021 年 9 月）
210) Google LLC：ARCore
https://developers.google.com/ar
211) PTC ジャパン：Vuforia：市場をリードするエンタープライズ AR
https://www.ptc.com/ja/products/vuforia
212) Wikitude, a Qualcomm company：Wikitude Augmented Reality SDK
https://www.wikitude.com/products/wikitude-sdk/
213) XLsoft Corporation：モバイルアプリに AR（拡張現実）を提供
https://www.xlsoft.com/jp/products/kudan/index.html
214) Blippar：Augmented Reality SDK
https://www.blippar.com/sdk/static/sdk.html（参照：2021 年 9 月）
215) Zappar Ltd.：Universal AR SDK
https://zap.works/universal-ar/
216) 8th Wall Inc.：WebAR Delivers Real Value
https://www.8thwall.com/webar
217) Cloud CIRCUS, Inc.：LESSAR（レッサー）とは
https://less-ar.jp/lessar.html
218) palan Inc.：WebAR の作り方
https://palanar.com/about_palanar
219) artoolkit.org：ARToolkit5
https://github.com/artoolkit/ARToolKit5
220) artoolkitx.org：artoolkitx
http://www.artoolkitx.org/
221) artoolkitx.org：artoolkitx
https://github.com/artoolkitx/artoolkitx
222) AR.js Org：AR.js - Augmented Reality on the Web
https://ar-js-org.github.io/AR.js-Docs/
223) Apple Inc.：Clips に没入感のある新しい AR 空間を追加

https://www.apple.com/jp/newsroom/2021/04/
clips-adds-immersive-new-arspaces/

224) Google LLC：Use the ARCore Depth API for immersive augmented reality experiences
https://codelabs.developers.google.com/codelabs/arcore-depth#0

225) Microsoft Corporation.：Microsoft HoloLens 2
https://www.microsoft.com/ja-jp/hololens

226) Magic Leap, Inc.：magie leap 1
https://www.magicleap.com/ja-jp/magic-leap-1（参照：2021 年 9 月）

227) Apple Inc.：Apple Vision Pro
https://www.apple.com/apple-vision-pro/

228) 日刊工業新聞：トヨタとマイクロソフトがタッグ！ AR で車両整備を効率化，日刊工業新聞
https://newswitch.jp/p/24015

229) vGIS Inc.：BIM and GIS Data In Augmented Reality
https://www.vgis.io/esri-augmented-reality-gis-ar-for-utilities-municipalities-locate-and-municipal-service-companies/（参照：2021 年 9 月）

230) Google LLC：GLASS
https://www.google.com/glass/start/（参照：2021 年 9 月）

231) Meta：Meta Quest2
https://www.meta.com/jp/quest/products/quest-2/

232) Sony Interactive Entertainment Inc.：PlayStation VR
https://www.playstation.com/ja-jp/ps-vr/

233) Meta：Meta Quest Pro
https://www.meta.com/jp/quest/quest-pro/

234) HTC Corporation：VIVE XR Elite
https://www.vive.com/jp/product/vive-xr-elite/overview/

235) The Khronos Group Inc.：OpenXR
https://khronos.org/openxr

236) Sohl-Dickstein, J., *et al.*：Deep unsupervised learning using nonequilibrium thermodynamics, in *Proc. ICML* (2015)

237) Ho, J., *et al.*：Denoising diffusion probabilistic models, *Advances in Neural Information Processing Systems* (2020)

238) Adobe Inc.：Adobe Sensei
https://www.adobe.com/jp/sensei.html（参照：2023 年 2 月）

239) ばりぐっど大学：似顔絵ばりぐっどくん
https://vgu.community/house/varygoodkun/nigaoe

240) RADIUS5 Inc.：mimic
https://illustmimic.com/

241) OpenAI, L.L.C.：DALL·E 2
https://openai.com/index/dall-e-2/
242) Craiyon LLC.：Craiyon
https://www.craiyon.com/
243) midjourney.com：Midjourney
https://www.midjourney.com/home/
244) Stable Diffusion Online：Stable Diffusion Online
https://stablediffusionweb.com/
245) NovelAI：NovelAI
https://novelai.net/
246) AI Picasso Inc.：AI PICASSO
https://www.aipicasso.app/
247) 株式会社 mign：画像生成 AI の Stable Diffusion を組み込んだ建築デザイン支援ツール studiffuse を提供開始，*PR Times*
https://prtimes.jp/main/html/rd/p/000000013.000100410.html
248) Microsoft Corporation.：Microsoft Designer
https://designer.microsoft.com/
249) Microsoft Corporation.：Image Creator from Microsoft Bing
https://www.bing.com/create
250) VINCENT, J.：The scary truth about AI copyright is nobody knows what will happen next, *The Verge*
https://www.theverge.com/23444685/generative-ai-copyright-infringement-legal-fair-use-training-data
251) 紀村まり：AI で作ったイラストの著作権は誰のもの？【弁護士解説】，*Workship Magazine*
https://goworkship.com/magazine/ai-vs-copyright-1/
252) 新清士：AI の著作権問題が複雑化，*ASCII.jp*
https://ascii.jp/elem/000/004/124/4124486/
253) gigazine：画像生成 AI「Stable Diffusion」と「Midjourney」に対して集団訴訟が提起される，*Gigazine*
https://gigazine.net/news/20230116-stable-diffusion-midjourney-litigation/
254) gigazine：画像生成 AI「Stable Diffusion」を Getty Images が著作権侵害で提訴，これで 2 回目の法的手続き，*Gigazine*
https://gigazine.net/news/20230207-getty-sues-stability-ai/
255) コンタケ，ねとらぼ：クリスタが “画像生成 AI 機能” の搭載を中止「なぜ要望が多い機能の改善に取り組まず，問題視されている機能を追加するのか理解できない」などの声を受け，ITmedia ねとらぼ
https://nlab.itmedia.co.jp/nl/articles/2212/03/news065.html

256) gigazine：画像生成 AI「Stable Diffusion」「Midjourney」「DALL-E」などで生成した画像のアップロードと販売を Getty Images が禁止，ユーザーが法的なリスクに直面する可能性があるという懸念が理由，*Gigazine*
https://gigazine.net/news/20220922-copyright-issues-getty-images-bans-ai-generated-artwork/
257) Lunden, I.：After inking its OpenAI deal, Shutterstock rolls out a generative AI toolkit to create images based on text prompts, *Tech Crunch*
https://techcrunch.com/2023/01/25/after-inking-its-openai-deal-shutterstock-rolls-out-a-generative-ai-toolkit-to-create-images-based-on-text-prompts/
258) Adobe Inc.：Adobe Stock ジェネレーティブ AI コンテンツ
https://helpx.adobe.com/jp/stock/contributor/help/generative-ai-content.html
259) Adobe Inc.：Adobe Firefly
https://www.adobe.com/sensei/generative-ai/firefly.html
260) 笠原一輝：Adobe から画像生成 AI「Firefly」登場，権利関係もクリア，*PC Watch*
https://pc.watch.impress.co.jp/docs/news/1487097.html
261) Heaven, W. D.：生成 AI が新章突入，Stable Diffusion 共同開発元が動画版を発表，*MIT Technology Review*
https://www.technologyreview.jp/s/298659/the-original-startup-behind-stable-diffusion-has-launched-a-generative-ai-for-video/
262) stability.ai：Stability for Blender
https://platform.stability.ai/docs/integrations/blender（参照：2023 年 3 月）
263) Runway AI Inc.：Gen-2 by Runway
https://research.runwayml.com/gen2
264) NVIDIA Corporation：NVIDIA Picasso
https://www.nvidia.com/ja-jp/gpu-cloud/picasso/
265) Amazon.com：AWS 深層学習 AMI
https://aws.amazon.com/jp/machine-learning/amis/
266) Google LLC：Deep Learning VM Image
https://cloud.google.com/deep-learning-vm/
267) Microsoft Corporation：Data Science Virtual Machines
https://azure.microsoft.com/ja-jp/services/virtual-machines/data-science-virtual-machines/
268) Google LLC：MLOps：機械学習における継続的デリバリーと自動化のパイプライン
https://cloud.google.com/architecture/mlops-continuous-delivery-and-automation-pipelines-in-machine-learning
269) Amazon.com：Amazon SageMaker

https://aws.amazon.com/jp/sagemaker/

270) Google LLC：AI Platform の概要
https://cloud.google.com/ai-platform/docs/technical-overview（参照：2021 年 9 月）

271) Microsoft Corporation：Azure Machine Learning
https://azure.microsoft.com/ja-jp/services/machine-learning/

272) ABEJA Technologies, Inc.：ABEJA PLATFORM
https://abejainc.com/platform/ja/

273) Google LLC：Colaboratory へようこそ
https://colab.research.google.com/notebooks/welcome.ipynb

274) Amazon.com：Amazon Rekognition
https://aws.amazon.com/jp/rekognition/

275) Google LLC：Cloud Vision API
https://cloud.google.com/vision

276) Microsoft Corporation：Azure Computer Vision
https://azure.microsoft.com/ja-jp/services/cognitive-services/computer-vision/

277) NTT DOCOMO, INC.：ドコモ画像認識プラットフォーム
https://www.nttdocomo.co.jp/biz/service/dirp/（参照：2021 年 10 月）

278) CloudSight, Inc.：CloudSight
https://cloudsight.ai/

279) Clarifai, Inc.：clarifai
https://clarifai.com/

280) Imagga Technologies Ltd.：imagga
https://imagga.com/

281) Future Standard：Scorer
https://www.scorer.jp/

282) Idein Inc.：Actcast
https://actcast.io/

283) NTT DOCOMO, INC.：映像エッジ AI プラットフォーム EDGEMATRIX™
https://www.nttdocomo.co.jp/biz/service/edgematrix/

284) Panasonic Corporation：vieureka
https://tech.panasonic.com/jp/bi/vieureka/

285) KDDI CORPORATION：KDDI Video Management Service
https://biz.kddi.com/service/video-management/

索　　　引

—— 編者・著者略歴 ——

日浦　慎作（ひうら　しんさく）

1993年　大阪大学基礎工学部制御工学科退学（飛び級）
1995年　大阪大学大学院基礎工学研究科博士前期課程修了（物理系専攻）
1997年　大阪大学大学院基礎工学研究科博士後期課程修了（物理系専攻），博士（工学）
1999年　大阪大学助手
2003年　大阪大学助教授
2007年　大阪大学准教授
2010年　広島市立大学教授
2019年　兵庫県立大学教授，現在に至る

香川　景一郎（かがわ　けいいちろう）

1996年　大阪大学工学部応用物理学科卒業
1995年　大阪大学大学院工学研究科修士課程修了（物質・生命工学専攻）
2001年　大阪大学大学院工学研究科博士課程修了（物質・生命工学専攻），博士（工学）
2007年　奈良先端科学技術大学院大学助教
2007年　大阪大学特任准教授
2011年　静岡大学准教授
2020年　静岡大学教授，現在に至る

久保　尋之（くぼ　ひろゆき）

2006年　早稲田大学理工学部物理学科卒業
2008年　早稲田大学大学院理工学研究科修士課程修了（物理学及応用物理学専攻）
2011年　早稲田大学大学院先進理工学研究科博士後期課程修了（物理学及応用物理学専攻）
2011年　早稲田大学助手
2012年　博士（工学）（早稲田大学）
2012年　キヤノン株式会社勤務
2014年　奈良先端科学技術大学院大学助教
2020年　東海大学特任講師
2022年　千葉大学准教授，現在に至る

玉木　徹（たまき　とおる）

1996年　名古屋大学工学部情報工学科卒業
1998年　名古屋大学大学院工学研究科博士前期課程修了（情報工学専攻）
2001年　名古屋大学大学院工学研究科博士後期課程修了（情報工学専攻），博士（工学）
2001年　新潟大学助手
2005年　広島大学准教授
2020年　名古屋工業大学教授，現在に至る

小池　崇文（こいけ　たかふみ）

1995年　東京工業大学理学部物理学科卒業
1997年　東京大学大学院工学研究科修士課程修了（計数工学専攻）
1997年　株式会社日立製作所勤務
2006年　東京大学大学院情報理工学系研究科博士課程修了（電子情報学専攻），博士（情報理工学）
2013年　法政大学教授，現在に至る

延原　章平（のぶはら　しょうへい）

2000年　京都大学工学部電気電子工学科卒業
2002年　京都大学大学院情報学研究科修士課程修了（知能情報学専攻）
2005年　京都大学大学院情報学研究科博士後期課程修了（知能情報学専攻），博士（情報学）
2005年　京都大学特任助教
2007年　京都大学グローバル COE 助教
2010年　京都大学講師
2019年　京都大学准教授
2023年　京都工芸繊維大学教授，現在に至る

皆川　卓也（みながわ　たくや）

1997年　慶應義塾大学理工学部電気工学科卒業
1999年　慶応義塾大学大学院理工学研究科修士課程修了（電気工学専攻）
1999年　日本ヒューレット・パッカード株式会社（同年，アジレントテクノロジー株式会社へ分社）勤務
2003年　Kizna Corporation 勤務
2004年　日本空間情報技術株式会社勤務
2005年　ニブンビジョン株式会社勤務
2006年　ジェイマジック株式会社勤務
2009年　ビジョン& IT ラボ設立（2018 年法人化），現在に至る
2014年　慶応義塾大学大学院理工学研究科博士課程修了（開放科学専攻），博士（工学）

コンピュータビジョン **－デバイス・アルゴリズムとその応用－**
Computer Vision —Devices, Algorithms and Applications—

2024 年 10 月 25 日　初版第 1 刷発行 ★

検印省略

編　者　日浦慎作
著　者　香川景一郎
　　　　小池崇文
　　　　久保尋之
　　　　延原章平
　　　　玉木徹
　　　　皆川卓也
発行者　株式会社 コロナ社
　　　　代表者 牛来真也
印刷所　三美印刷株式会社
製本所　株式会社 グリーン

112–0011 東京都文京区千石 4–46–10
発行所 株式会社 コロナ社
CORONA PUBLISHING CO., LTD.
Tokyo Japan
振替 00140–8–14844・電話(03)3941–3131(代)
ホームページ https://www.coronasha.co.jp

ISBN 978–4–339–01377–1 C3355 Printed in Japan (松岡)